電子回路
基礎から応用まで

工学博士 **坂本康正** 著
Yasutada Sakamoto

共立出版

まえがき

　本書はアナログ電子回路の基礎に重点をおいて執筆しました．何事も基礎が大切です．それは，基礎を完全に理解することから応用の問題が理解できるようになり，さらに新しい回路の開発，創造へとつながっていくからです．

　アナログ電子回路の基礎は増幅回路です．その基礎を理解した上で各種増幅回路，発振回路，変復調回路，それらの集大成であるラジオについて詳しく説明しています．さらにFETの回路やオペアンプの回路をわかりやすく説明し，電源回路についても記述しています．

　先に，共立出版から『基礎から学ぶ電子回路』を出版していますが，その本を精査し，教える立場と教わる立場の両面からわかりやすいことを目的に教科書用として作りました．特徴としては，2色刷りで演習問題を大幅に増やすことでよりわかりやすくしました．

　本書は著者が長年にわたる講義や学生実験のレポート面接指導の中で，「電子回路のこんなところにつまずきがあったのか」ということを肌で感じ，それに対する解決策を含め，系統的にまとめたものです．

　アナログ電子回路を理解するには，その回路が形成される過程が書かれていると，非常にわかりやすく理解できるものです．そこで第6章では増幅回路ができるまでの過程を細かく記述しています．

　小信号等価回路といえば，複雑な回路を理解しやすくするための回路なのですが，何故そのような等価回路が導き出されるのかを明確に示した本が少なく，かえってわかりにくい回路であるという先入観を持つ人が多いのも事実です．そこで第8章では，等価回路の導き方を，詳細に順を追って解説しています．この章を読めば，等価回路に親しみさえ感じるようになると思います．第10章では，信号の流れ方や直流電源の流れ方をしっかり説明したことで電子回路の見方を理解しやすくなったと思います．また，第21章では，スーパーヘテロダイン方式のラジオにおいて，特に高周波増幅回路と局部発振回路とミキシング回路が1つのトランジスタで構成され，非常にわかりにくいので，それをわかりやすく説明しています．さらに，第24章では，オペアンプを解析するコツをしっかり説明しているので，そのコツを理解していただければ，電子回路をパズルのように面白く回路を解析できるようになります．

　なぜそうなるのか，書かれていないからわからない，わからないから面白くない，面白くないからやらない，というように悪循環を繰り返すよりも，できるだけわかりやすい本を作ることで電子回路を面白くし，やる気を出させることが大切だと考えています．そして電子回路技術者がより多くなることで，読者が世界の工業界に貢献できることを願っています．

2013年8月

坂本康正

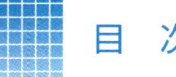

目　次

第1章　直流と交流

1.1　直流と交流　　1
1.2　直流と交流の相違点と必要性　　2

第2章　電子回路に使う電源と各素子

2.1　電源　　4
2.2　抵抗　　7
2.3　コイル（インダクタンス）とトランス　　8
2.4　コンデンサ（キャパシタンス）　　9
2.5　各種受動素子（抵抗，コンデンサ，コイル）　　11
　　　演習問題　　12

第3章　電気回路の基礎

3.1　オームの法則　　13
3.2　電圧降下　　14
3.3　開放と短絡　　14
3.4　直列接続　　16
3.5　並列接続　　17
3.6　抵抗の直並列接続　　17
3.7　分圧比　　18
3.8　分流比　　20
3.9　キルヒホッフの法則　　22
3.10　重ね合わせの理（重畳法または重ねの理）　　24
　　　演習問題　　27

第4章　ダイオード

4.1　電子と正孔　　33
4.2　ダイオードの構造図と記号　　33
4.3　ダイオードの種類　　34

4.4 直流を印加したときの整流ダイオード　35
4.5 ダイオード回路における解法のコツ　36
4.6 ダイオード回路の解析法　37
4.7 交流を印加したときの整流ダイオード　40
4.8 順方向・逆方向バイアスについて　42
演習問題　43

第5章 トランジスタ

5.1 トランジスタ　45
5.2 トランジスタの型名と規格　46
5.3 トランジスタの動作原理　47
演習問題　50

第6章 増幅回路ができるまで

6.1 増幅器ができるまでの過程　52
6.2 増幅回路における抵抗，コンデンサの働き　56
演習問題　57

第7章 静特性と h パラメータ

7.1 静特性　58
7.2 バイアス点と動作点　61
7.3 負荷線　62
7.4 h パラメータ　67
7.5 静特性と動特性　69
7.6 バイアス点による増幅の仕方　70
演習問題　74

第8章 増幅回路の等価回路

8.1 直流の等価回路　75
8.2 小信号等価回路と h パラメータ　76
演習問題　80

第9章 マッチング
演習問題　84

第10章 増幅回路における電流・電圧の関係と周波数特性
10.1　電流の流れ方　85
10.2　電圧と電流の算出法　90
10.3　直流電圧と直流電流の算出法　91
10.4　交流電圧と交流電流の算出法　94
10.5　周波数による回路への影響（周波数特性）　95
演習問題　97

第11章 電子回路と温度
11.1　熱暴走　100
11.2　熱暴走防止法　101
11.3　安定度　102
演習問題　103

第12章 回路の改良
12.1　回路の改善策　104
12.2　回路の改善策のまとめ　111
演習問題　115

第13章 増幅回路の各種接地方式
13.1　接地方式の見分け方　116
13.2　接地方式の違いによる特徴　117
演習問題　118

第14章 直流バイアス回路
14.1　直流バイアス回路の種類　119
14.2　固定バイアス回路　119
14.3　自己バイアス回路　120
14.4　直流バイアス回路と安定度　123

演習問題　124

第15章　増幅回路の結合方法
15.1　CR結合　125
15.2　トランス結合　126
15.3　直接結合　126

第16章　電力増幅回路
16.1　電力増幅回路とは　127
16.2　電力増幅回路の種類　127
16.3　設計にあたっての注意　131
16.4　ダーリントン接続（ダーリントン回路）　132
　　　演習問題　134

第17章　負帰還増幅回路
17.1　正帰還と負帰還　135
17.2　負帰還増幅回路の原理　135
17.3　負帰還増幅回路の特徴　136
17.4　負帰還増幅回路の種類　137
17.5　負帰還増幅回路の解析　138
　　　演習問題　140

第18章　発振回路
18.1　発振回路とは　141
18.2　CR発振回路　142
18.3　LC発振回路　144
18.4　水晶発振回路　146
　　　演習問題　147

第19章　変調・復調回路
19.1　変調の必要性　148
19.2　変調と復調の原理　149
19.3　変調の種類　150

19.4 振幅変調　151
19.5 振幅復調　154
19.6 周波数変調回路　155
19.7 周波数復調　157
演習問題　158

第20章　ラジオの送信と受信について

第21章　ストレート方式とスーパーヘテロダイン方式

21.1 ストレート方式のラジオ　160
21.2 スーパーヘテロダイン方式のラジオ　161
21.3 周波数変換について　163
21.4 スーパーヘテロダイン方式の利点と欠点　164

第22章　ラジオの各回路の説明

22.1 同調回路　167
22.2 トランジスタを3個使用したときの高周波増幅回路と局部発振回路と混合回路における各電流の流れ方　167
22.3 トランジスタ1個で高周波増幅と局部発振と混合（ミキシング）の働きをする回路　173
22.4 中間周波増幅回路　176
22.5 検波回路　177
22.6 AGC回路　177
22.7 電圧増幅回路　179
22.8 電力増幅回路　179

第23章　電界効果トランジスタ（FET）

23.1 FETとバイポーラトランジスタとの比較　180
23.2 FETの分類　180
23.3 各種FETの記号　182
23.4 各種FETの構造と動作原理　183
23.5 FETの静特性　185
23.6 FETの増幅回路　187
演習問題　189

第24章　オペアンプ

24.1　オペアンプとは，どんなものか？　190
24.2　オペアンプの条件　191
24.3　オペアンプの基本的性質　191
24.4　オペアンプを用いた基本的回路　192
24.5　オペアンプの中身について　207
　　　演習問題　209

第25章　電源回路

25.1　変圧回路　213
25.2　整流回路　213
25.3　平滑回路　214
25.4　定電圧安定化回路　215
25.5　直流定電圧安定化電源の回路例　216

付録

A.1　NPN型トランジスタの動作原理　217
A.2　PNP型トランジスタの動作原理　220
A.3　ダイオードを用いた回路における各部波形の正確な求め方　220

解答集　221
索引　249
おわりに　253

第1章 直流と交流

1.1 直流と交流

電子回路では直流，交流のほかに直流＋交流の考え方を理解する必要がある．

一般に直流とは，時間に対して常に電圧，または電流の方向（極性）と大きさが一定のものをいう．図1.1は，直流のもっとも簡単な回路と，電圧と電流の波形を示したものである．直流電圧や直流電流を発生させるものとして身近にあるものは，乾電池や車のバッテリー，ACアダプターなどである．専門的には直流安定化電源が使われる．

交流とは，時間に対して電圧，または電流の大きさ，および方向（極性）が変化するものをいう．図1.2は，交流のもっとも簡単な回路と代表的な正弦波交流波形を示したものである．交流電圧や交流電流を発生させるもので身近に感ずるものといえば，家庭用コンセントがある．ここで，交流の代表的な波形は正弦波であるが，正弦波以外の交流波形としては，ノコギリ波，三角波，矩形波などがある．

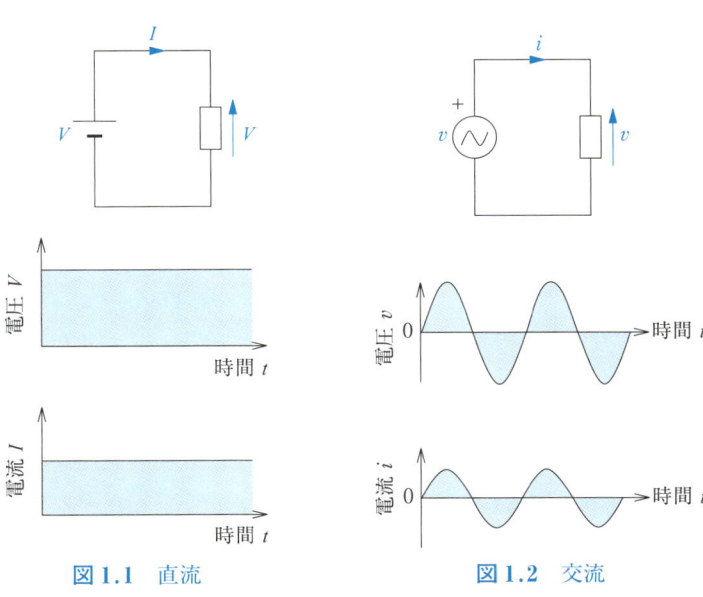

図1.1　直流　　　　　　図1.2　交流

電子回路では，一般に直流は大文字，交流は小文字で表わす．たとえば直流電流は I，交流電流は i と表記する．電子回路で交流を小文字にする理由は，小信号の意味からである．

図 1.3 は直流＋交流の回路と波形を示す．図 1.3(a) は直流＋交流（正弦波），また図 1.3(b) は直流＋交流（矩形波）の各回路と波形を示している．この回路も直流分＋交流分から成ると考える．

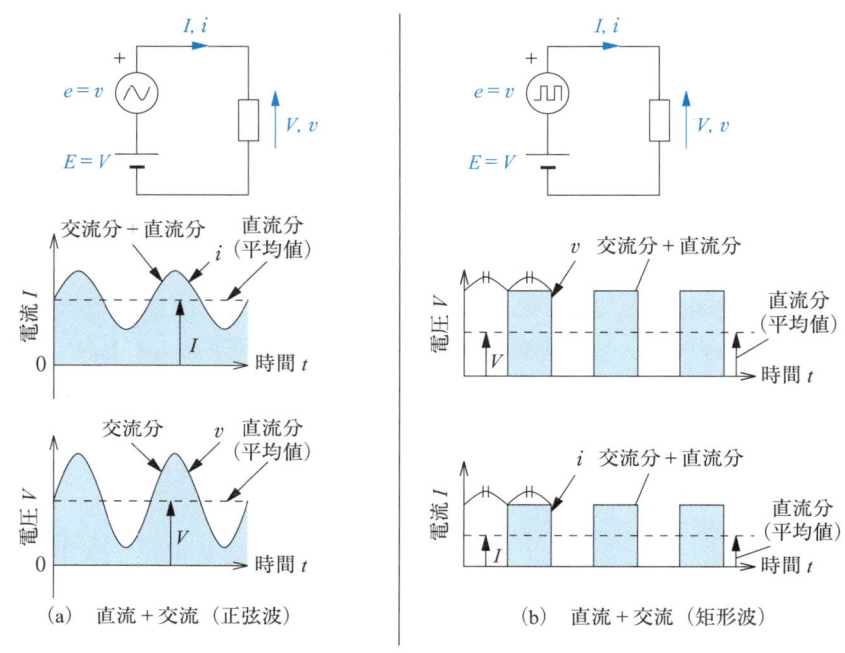

図 1.3　直流＋交流の波形

1.2　直流と交流の相違点と必要性

電気の中には直流と交流があることはよくご存じのことと思う．しかし，なぜ直流と交流が必要なのであろうか．たとえば，懐中電灯は乾電池を使い，冷蔵庫や洗濯機は家庭用のコンセントからの電源を使っているのはなぜだろうか？

この答えはいろいろと考えられるが，1 つの例をとって身の回りの電気器具について考えてみる．懐中電灯や腕時計，電卓などの持ち運びに便利なものには乾電池が使われており，冷蔵庫や洗濯機，テレビなどの大きくて持ち運びに不便なものには家庭用コンセントからの電源が使われている．また，スマートフォンに使用される充電式の電池は家庭用コンセントからの交流電圧を直流電圧に変換し，直流エネルギーを蓄えている．

つまり，"電気を持ち運べるか否か" で直流と交流の必要性に違いが出てくる．直流は蓄電することができるが，交流はできない．しかし，直流は電圧を変圧することが困難である．それに対し交流は，トランス（変圧器）を用いて簡単に変圧できる．これらのことをまとめると，表 1.1，表 1.2 のようになる．ただし，表 1.2 において最近は太陽電池や燃料電池の発達に伴って直流も発電しやすくなってきた．

表 1.1　電気器具に使われている直流と交流の関係

	冷蔵庫	洗濯機	懐中電灯	スマートフォン
直　流	×	×	○	○
交　流	○	○	×	×

表 1.2　直流と交流の扱いやすさ

	持ち運び	充　電	発　電	変　圧	コスト
直　流	○	○	△	×	×
交　流	×	×	○	○	○

　以上のことは，身の回りの電気器具の電源という観点から考えたが，これから私たちが学んでいく電子回路での直流と交流の区別は重要な意味をもっている．たとえば，電子回路の増幅器では直流はエネルギー供給電源として，また交流は主に増幅される信号として使われており，ここでも直流と交流の区別が必要になってくる．詳しくは第 6 章で学ぶ．

第2章 電子回路に使う電源と各素子

電子回路を学ぶ上で，抵抗やコンデンサなどの素子と電源はなくてはならないものである．この章では，直流と交流における電源と各素子との関係を考えていくことにする．

2.1 電源

電源とは電気を供給するものであり，表2.1のように電圧発生源と電流発生源に大別され，電圧発生源は直流と交流に分類される．

表2.1 電源の記号

	電圧発生源		電流発生源	
	電圧源	定電圧源	電流源	定電流源
直流	$r \neq 0$	$r = 0$	$r \neq \infty$, $\dot{Z} \neq \infty$	$r = \infty$, $\dot{Z} = \infty$
交流	$\dot{Z} \neq 0$	$\dot{Z} = 0$		

$r =$ 内部抵抗，$\dot{Z} =$ 内部インピーダンス

　直流定電圧源に内部抵抗 r が直列に接続されているものが直流電圧源になる．ここで，電圧源の内部抵抗 $r = 0 [\Omega]$ のものを定電圧源という．ただし，この定電圧源の内部抵抗 $r = 0 [\Omega]$ は理想的なもので，実際の r はきわめて小さな抵抗を有する．しかし，ほとんど無視して $r = 0 [\Omega]$ と考える．また，交流については抵抗 r の代わりにインピーダンス $\dot{Z}$ を用いる．

　直流定電流源に内部抵抗 r が並列に接続されているものが直流電流源になる．ここで，電流源の内部抵抗 $r = \infty [\Omega]$ のものを定電流源という．定電流源の内部抵抗 $r = \infty [\Omega]$ は理想的なもので，実際には $r =$ 数 $10 [\mathrm{M}\Omega]$ の抵抗があるが，∞ として考える．交流については，直流の場合の内部抵抗 r の代わりに内部インピーダンス $\dot{Z}$ を用いる．

(1) 定電圧源

電源につなぐ抵抗 R の値が変化しても常に電源の出力電圧が一定であるものを定電圧源と言い，先に述べたように電圧源の内部抵抗 $r=0[\Omega]$ のものである．図 2.1 の (a) は電圧源，(b) は定電圧源を示す．

では，(a) の電圧源（内部抵抗 $r\neq 0[\Omega]$）の場合と，(b) の定電圧源（電圧源の内部抵抗 $r=0[\Omega]$）の場合とでは，どのような違いがあるか考えてみる．

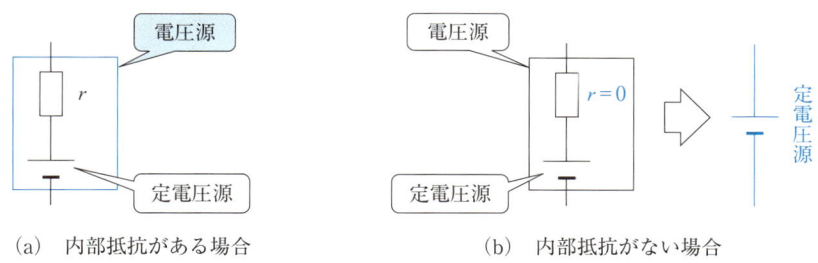

(a) 内部抵抗がある場合　　　　　　(b) 内部抵抗がない場合

図 2.1　電圧源の説明図

(a) 電圧源（内部抵抗 $r\neq 0[\Omega]$）の場合

図 2.2 に示すように，内部抵抗 r があるので，この r にも電圧がかかることになる．そこでいま，$E=12[V]$，$r=100[\Omega]$ で，① $R=100[\Omega]$ のときと，② $R=200[\Omega]$ のときの，R の両端の電圧値 V を比較してみると，

① $R=100[\Omega]$ のとき

合成抵抗 $=r+R$

$$\therefore I=\frac{E}{R+r} \tag{2-1}$$

よって，R の両端の電圧 V は，

$$V=IR=\frac{E}{R+r}R=\frac{12}{100+100}\times 100=6[V] \tag{2-2}$$

となる．

② $R=200[\Omega]$ のとき

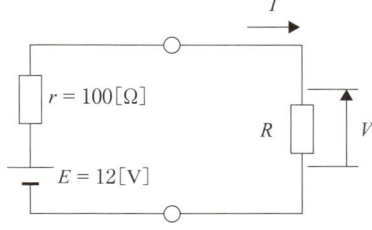

図 2.2　電圧源（内部抵抗 $r\neq 0[\Omega]$）

R の両端の電圧 V は，

$$V=IR=\frac{E}{R+r}R=\frac{12}{200+100}\times 200=8[V] \tag{2-3}$$

となる．まとめると

① $R=100[\Omega]$ で $V=6[V]$

② $R=200[\Omega]$ で $V=8[V]$

となり，R の値によって V の値が変化している．

つまり，電圧源に内部抵抗があると，抵抗の変化に対して一定の電圧を回路に印加できなくなる（印加とは電圧を加えることを意味する）．このように r を含んだ電源を単に電圧源という．回路解析の基礎は第 3 章を参照する．

(b) 定電圧源（内部抵抗 $r=0[\Omega]$）の場合

図 2.3 に示すように (a) の回路は (b) のように書き換えることができる．

つまり，抵抗 R の両端にかかる電圧は，

$$V=E=IR \tag{2-4}$$

となり，電源電圧そのものが R にかかり，R が $100[\Omega]$ の場合も $200[\Omega]$ の場合も $V=E$ で変化しない．したがって，V は一定の電圧となる．これが定電圧源の働きである．

ここでは，R が変化することで，I が変化することになる．

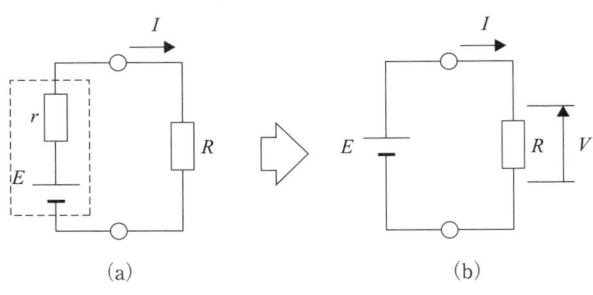

図 2.3　定電圧源（内部抵抗 $r=0[\Omega]$）

(2) 定電流源

図 2.4(a) の場合は $r \neq \infty$ で電流源を示す．図 2.4(b) の場合は $r=\infty$ で定電流源を示す．

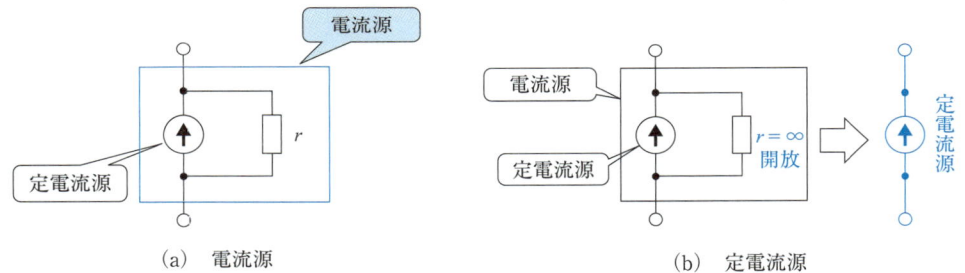

図 2.4　電流源の説明図

それでは，(a) の電流源（電流源の内部抵抗 $r \neq \infty [\Omega]$）の場合と (b) の定電流源（電流源の内部抵抗 $r=\infty [\Omega]$）の場合とではどのような違いがあるかを考えてみる．

(a) 電流源（内部抵抗 $r \neq \infty [\Omega]$）の場合

図 2.5 に示すように内部抵抗 r が並列に入るため，r の方にも電流が流れ，電流源の電流値 I のすべてが R へ流れなくなる．つまり，

$$I=I_1+I_2 \tag{2-5}$$

$$I_1=\frac{V}{r},\ I_2=\frac{V}{R}$$

である．したがって，R を大きくすると R に流れる電流 I_2 は小さくなる．たとえば，$I=2[A]$，$r=10[\Omega]$ のとき，$R=10[\Omega]$ では $I_2=1[A]$，$R=40[\Omega]$ では $I_2=0.4[A]$ となり R の値で I_2 の値が変化することがわかる．

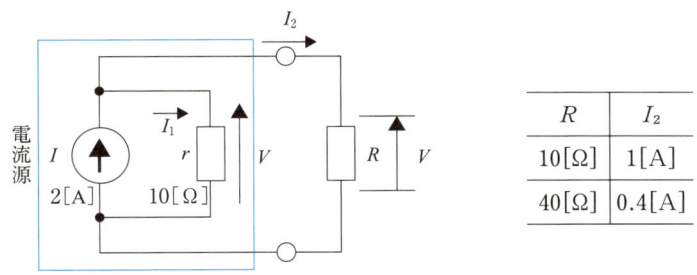

図 2.5 電流源（内部抵抗 $r \neq \infty [\Omega]$ の場合）

(b) 定電流源（電流源の内部抵抗 $r = \infty [\Omega]$）の場合

図 2.6 に示すように (a) の回路は (b) のように書き換えることができる．つまり，抵抗 R に流れる電流は，$I = I_R$ となり，R の変化に関係なく I_R は一定となる．たとえば，R を 3 倍にすれば，V も 3 倍になり，I_R は常に I と同じ値になる．これが定電流源の働きである．

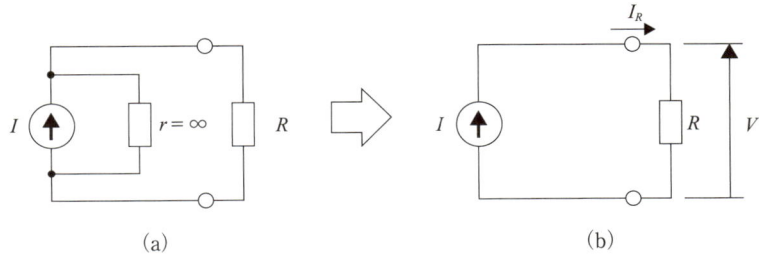

図 2.6 定電流源（内部抵抗 $r = \infty [\Omega]$ の場合）

(3) まとめ

定電圧源は，図 2.3 (b) に示す R を変化させても V は変わらず I が変化する．

定電流源は，図 2.6 (b) に示す R を変化させても I_R は変わらず V が変化する．

2.2 抵抗

抵抗とは，その名の通り，直流，交流に関係なく電流の流れを妨げる働きをしている．図 2.7 は，回路中での抵抗の記号を示しているが，抵抗にもいろいろな種類がある．固定抵抗とは抵抗値が決まっているものを指し，可変抵抗とは，抵抗値を自由に変化できるもので，ボリュームやポテンショメータなども可変抵抗の一種である．

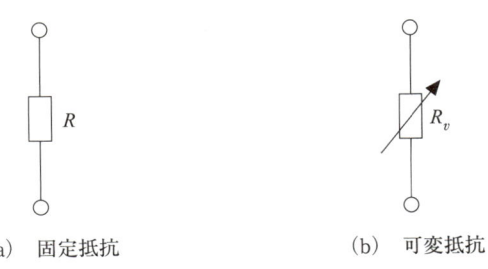

図 2.7 抵抗の回路記号

抵抗は，これから学ぶ電子回路において，どのようにかかわるのか．オームの法則から抵抗と電流，電圧との関係について考えてみる．

　いま，図2.8のように直流と交流の2つの回路があるとすると，それぞれの回路の関係はオームの法則より，

　　$V = IR$（直流の場合）
　　$v = iR$（交流の場合）

となり，直流，交流のどちらに対しても同じオームの法則が成り立つ．

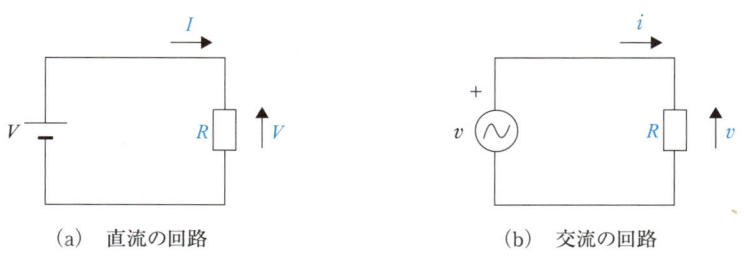

(a) 直流の回路　　　　　　　(b) 交流の回路

図 2.8　抵抗と電圧・電流の関係

2.3　コイル（インダクタンス）とトランス

　コイルとは導線を渦巻き状に巻いたもので，電流を流すと磁界を発生する素子である．図2.9は，コイルの回路記号であるがコイルは身近なものとして，スピーカやトランスによく使われている．

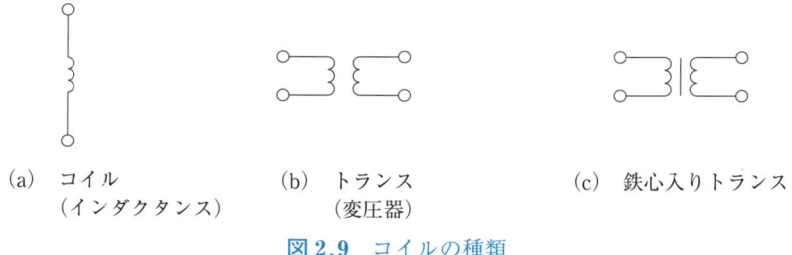

(a) コイル　　　　　(b) トランス　　　　(c) 鉄心入りトランス
　　（インダクタンス）　　　（変圧器）

図 2.9　コイルの種類

　それでは，このコイルには一体どのような性質があるのか？
　コイルは先ほど述べたように，導線を渦巻き状にしたもので，インピーダンスを持っている．コイルのインピーダンス $\dot{Z}$ は，

　　$\dot{Z} = j\omega L = j2\pi fL$ 　　　　　　　　　　　　　　　　　　　　　　(2-6)

　　（$\dot{Z}$：インピーダンス，j：位相関係，ω：角周波数，f：周波数，L：インダクタンス）

で表わされ（実際には導線の抵抗 r が存在するため $\dot{Z} = r + j\omega L$ となるが，r は無視して考える），直流と交流の場合では全く違った値のインピーダンスを持つ．つまり，直流の場合は，周波数が $0（f=0）$ であるから当然インピーダンスは，

　　$\dot{Z} = j\omega L = j2\pi fL = j \times 2 \times \pi \times 0 \times L = 0 [\Omega]$ 　　　　　　　　(2-7)

となり，図 2.10 に示すように，回路中では短絡とみなすことができる．（一般に，直流ではインピーダンスという言葉は使われないが，ここでは，便宜上使っている）

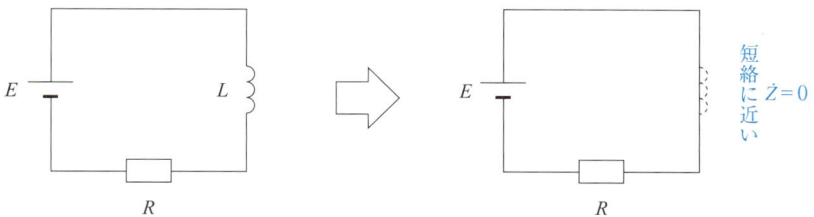

図 2.10　コイルのインピーダンス

たとえば，スピーカなどに直流を流すと周波数は 0 なのでインピーダンスも 0 になり，電流が多く流れてコイルが焼き切れるおそれがある．しかし，交流の場合は周波数があるので式 (2-6) の計算式からコイルにインピーダンスが生じることがわかる．

コイルはその実用例としてスピーカやトランスなどがあり，トランスなどは交流の電圧や電流の大きさを自由に変化（変圧や変流）させることができる．

2.4　コンデンサ（キャパシタンス）

コンデンサは電気を蓄える働きをする．図 2.11 はコンデンサの回路記号を示したものであるが，(a) は一般にコンデンサ全般を意味し，(b) の電解コンデンサは一般に容量（コンデンサの値）の大きいものが必要なときに使う．また，この電解コンデンサのほとんどは＋，－の極性があり，その極性を間違えて使用すると，破損する恐れがある．(c) のバリアブルコンデンサは，可変抵抗と同じように自由に容量を変えることができるコンデンサである．

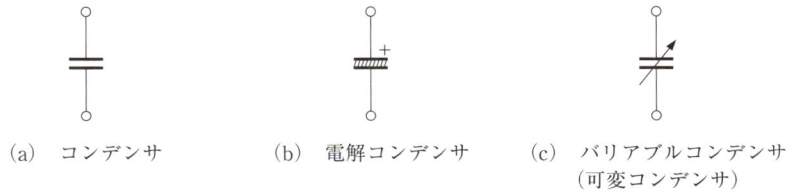

(a)　コンデンサ　　(b)　電解コンデンサ　　(c)　バリアブルコンデンサ
　　　　　　　　　　　　　　　　　　　　　　　　（可変コンデンサ）

図 2.11　コンデンサの種類

一般に，コンデンサはコイルに比べ，はるかに多くの電子回路の中で使われている．そのコンデンサの大きな特徴の 1 つは，直流と交流に対してまったく違った働きをすることである．以下に詳しく説明する．

いま，図 2.12(a) のように，直流を用いた回路の場合，コンデンサは最初充電され，瞬時的に電流は流れるが，充電が完了すると電流は流れなくなり，結果として図 2.12(b) に示すように，直流に対しては開放と同じになる．（§3.3 参照）

しかし，交流を用いた図 2.13(a) の回路は，周波数 f で＋，－の極性が時間的に変化する．

したがって，コンデンサでは充電，放電を繰り返し，その結果，高い周波数の交流の電源に対し，図 2.13(b) のようにコンデンサは短絡とみなすことができる．そこで，コンデンサのインピ

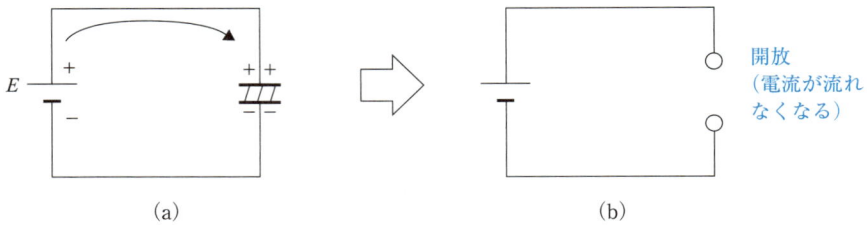

図 2.12　直流に対するコンデンサの種類

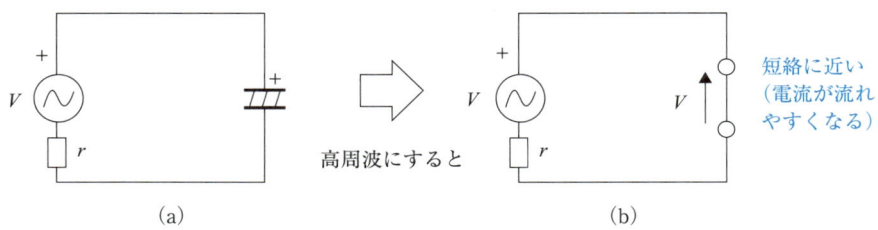

図 2.13　交流に対するコンデンサの種類

ーダンスが交流ではどうなっているかを考えてみると，コンデンサのインピーダンスは，

$$\dot{Z} = \frac{1}{j\omega C} = \frac{1}{j2\pi f C} \tag{2-8}$$

（$\dot{Z}$：インピーダンス，j：位相関係，ω：角周波数，f：周波数，C：キャパシタンス）
で表わされる．したがって，この式より，周波数がだんだん高くなっていくとインピーダンス $\dot{Z}$ は反対にだんだん小さくなり，コンデンサは高い周波数になるほど短絡状態に近づいていくことがわかる．しかし，逆に低い周波数では，インピーダンス $\dot{Z}$ の値が大きくなる．

また，コンデンサのインピーダンスは周波数の他に，コンデンサの容量によっても大きさが違ってくることが式からわかる．（§3.3 参照）

開放は，図 2.12(b) に示す通り，何も接続されていない状態を意味し，抵抗値は ∞ となり電流 I は流れない．

短絡は，図 2.13(b) に示す通り，導線で接続した状態を意味し，抵抗値は $0[\Omega]$ となり，電圧 V は $0[\mathrm{V}]$ となる．

2.5 各種受動素子（抵抗，コンデンサ，コイル）

抵抗，コンデンサ，コイルなどの記号や単位等をまとめたものを表 2.2 に示す．

表 2.2　各受動素子（抵抗，コンデンサ，コイル）のまとめ

名称	記号	単位	読み方	具体例	備考
抵抗 レジスタンス	R	Ω	オーム		抵抗のみを示す場合と $\dot{Z}$ の実数部のみを示す場合がある
インダクタンス （コイル）	L	H	ヘンリー		$j\omega L$
キャパシタンス （コンデンサ）	C	F	ファラド		$-j\dfrac{1}{\omega C}$
インピーダンス	$\dot{Z}$	Ω	オーム		$\dot{Z}=R+jX$
リアクタンス	X	Ω	オーム		$\dot{Z}$ の虚数部
誘導性 リアクタンス	X_L	Ω	オーム		X に正符号がつくときを X_L とする
容量性 リアクタンス	X_C	Ω	オーム		X に負符号がつくときを X_C とする
アドミタンス	$\dot{Y}$	S	ジーメンス		$\dot{Y}=\dfrac{1}{\dot{Z}}$（並列回路の計算に有効）
コンダクタンス	G	S	ジーメンス		$G=\dfrac{1}{R}$ または $\dot{Y}$ の実数部
サセプタンス	B	S	ジーメンス		$B=\dfrac{1}{X}$ または $\dot{Y}$ の虚数部

第2章 演習問題

1. 次の各表を完成させよ．

(1)

量名	量記号	単位記号	単位の名称
周波数		Hz	ヘルツ
電圧	V		ボルト
電流	I	A	
抵抗	R		オーム
アドミタンス			
インダクタンス			
リアクタンス			
キャパシタンス			

(2)

	電流源	定電流源	電圧源	定電圧源
交流				
直流				

2. 以下の計算をしなさい．数値はすべて整数で書け．

(1) $8[\mu V] \div 2[mA] =$

(2) $4 \times 10^{-3}[MV] \times 2[nA] =$

(3) $280[nA] \div 7[pV] =$

(4) $300 \times 10^{-13}[GV] \div 3 \times 10^{5}[mA] =$

第3章
電気回路の基礎

3.1 オームの法則

図 3.1 において，電流 I と電圧 V と抵抗 R の間の関係は，式（3-1）のオームの法則で表わされる．

$$I = \frac{V}{R} \tag{3-1}$$

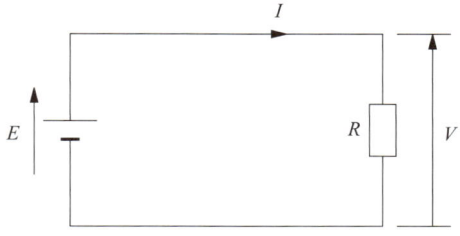

図 3.1　オームの法則を説明する回路

また，E の値と V の値は等しいため，式（3-2）も成立する．

$$I = \frac{E}{R} \tag{3-2}$$

次に，具体的な例を図 3.2 に示す．実際には，E, I, V には，それぞれ方向（極性）があり注意が必要で，この極性を理解することが大変重要である．

図 3.2 において $E = +1[V]$ の矢印の方向と $I = +1[A]$ の矢印の方向が同じ方向を向いているのに対し，$V = +1[V]$ の矢印の方向と $I = +1[A]$ の矢印の方向は逆向きである．

それは電源と抵抗の違いによるものでエネルギーを発生するものとエネルギーを消費するものの違いから矢印の向きも逆になる．

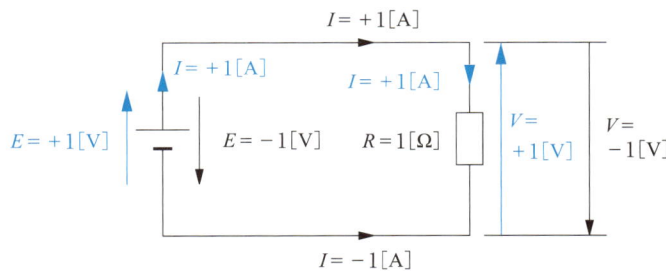

図 3.2　具体的な数値を示した回路

3.2　電圧降下

図 3.2 において，抵抗の両端の電圧 V に注目すると式 (3-3) の関係がある．この電圧 V は電圧降下と呼ばれ，起電力 E と区別させる．

$$V = IR \tag{3-3}$$

式 (3-3) は式 (3-1) のオームの法則を変形したものである．

ここで，電圧降下の極性（＋，－）と電流の流れの向きの関係を図 3.3 より明確にする．この図における電流の向きと電圧の向きの関係をしっかり理解しないと，この後の章も理解できなくなるので注意が必要である．

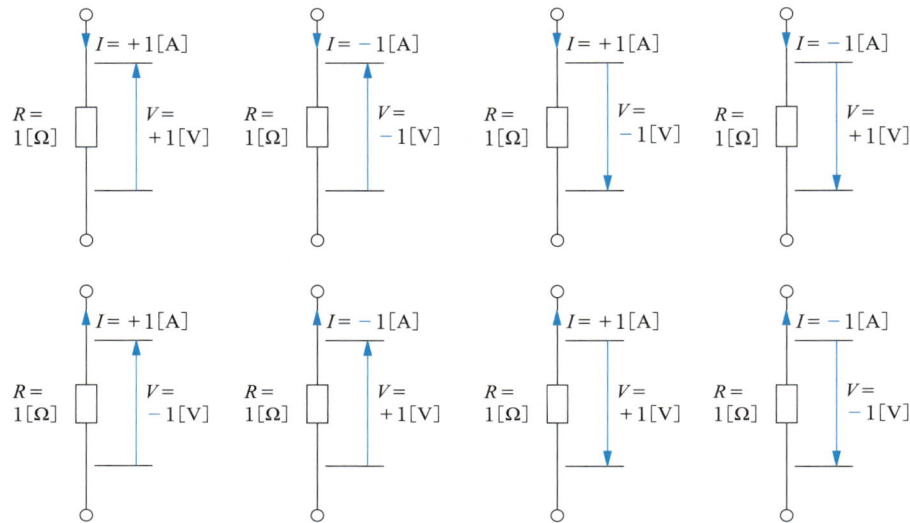

図 3.3　電圧降下の極性と電流の流れる向きの関係

3.3　開放と短絡

電子回路において開放・短絡という言葉がよく使われる．簡単な言葉であるが，意外と学生は理解していないので，しっかり理解しておく必要がある．

開放とは導線（電線）がつながっていない状態であり，図 3.4 に示す通り抵抗が接続してある回路から抵抗を取り除くことを「開放」という．このとき，抵抗値は∞となり電流は流れない．

次に短絡について説明する．短絡とは導線（電線）で端子間を接続することで図 3.5 に示す通

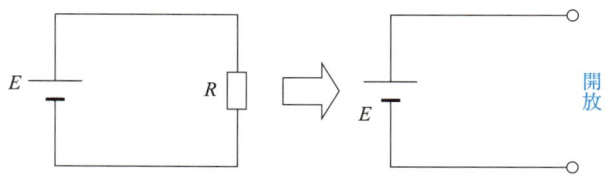

図 3.4　回路を開放したときの関係

り抵抗 R の両端を導線で結ぶことを「短絡」という．抵抗は $0[\Omega]$ となり，電圧は $0[V]$ となる．

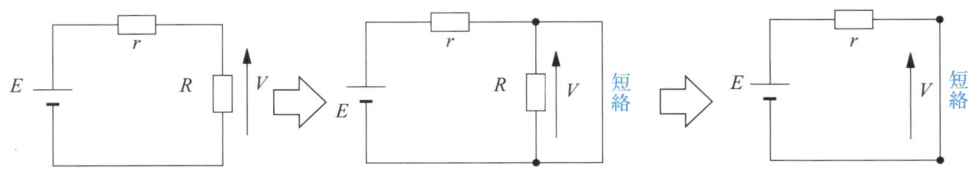

図 3.5　回路を短絡したときの関係

以下に開放，短絡に関する例題を示す．

▶ 例題 3-1

図 3.6 の回路における各部の電圧・電流値を求めよ．

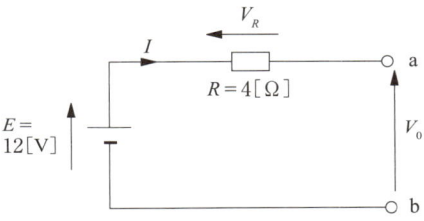

図 3.6　例題 3-1 の開放の問題

▶ 解　答

図 3.6 より a-b 端子間は開放のため電流は流れない．すなわち，

$I = 0[A]$
$V_R = IR = 0 \times 4 = 0[V]$
$V_0 = E - V_R = 12[V] - 0[V] = 12[V]$

となる．

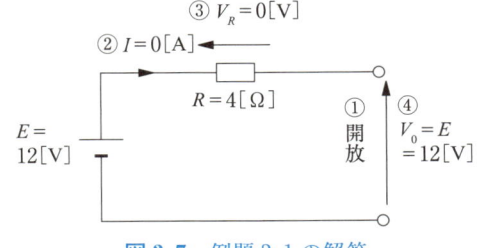

図 3.7　例題 3-1 の解答

詳しく解説をすると，まず，この回路は開放であることを認識する．すると電流 I は流れないので $I = 0[A]$ となる．$I = 0[A]$ であれば $V_R = IR = 0[V]$ となり，$V_0 = E - V_R = E = 12[V]$ となる．よって，図 3.7 のようになる．

この問題を解くには順番が重要で，

① 開放　　② $I = 0[A]$　　③ $V_R = 0[V]$　　④ $V_0 = E[V]$

の順で解くとよい．

3.3　開放と短絡　　15

例題 3-2

図 3.8 の回路における各部の電圧，電流値を求めよ．

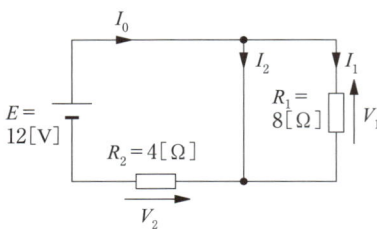

図 3.8 短絡回路の例題

解 答

① R_1 の両端は短絡している．
② $I_1 = 0\,[\mathrm{A}]$（I_2 へすべて流れる）
③ $V_1 = R_1 I_1 = 8\,[\Omega] \times 0\,[\mathrm{A}] = 0\,[\mathrm{V}]$
④ $V_2 = E - V_1 = 12 - 0 = 12\,[\mathrm{V}]$
⑤ $I_0 = \dfrac{V_2}{R_2} = \dfrac{12}{4} = 3\,[\mathrm{A}]$
⑥ $I_2 = I_0 - I_1 = 3 - 0 = 3\,[\mathrm{A}]$

3.4 直列接続

2 つ以上の抵抗を直列か，並列，または直列と並列を組み合わせたものを合成抵抗と呼ぶ．

図 3.9 は直列接続であり，a-b 間の合成抵抗 R を求めると，

$$R_0 = R_1 + R_2 \tag{3-4}$$

となり，直列に抵抗を 2 つ以上組み合わせた場合の合成抵抗は，単に抵抗値を加算すればよい．

各素子が直列に接続された場合の各回路と各合成値をまとめたものを表 3.1 に示す．ただし，定電流源の直列接続はあり得ない回路なので記述していない．

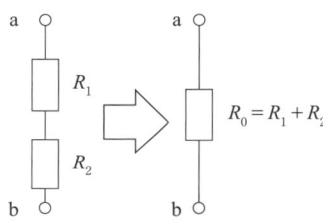

図 3.9 直列合成抵抗

表 3.1 直列接続

素子	定電圧源	抵抗	コイル（インダクタンス）	コンデンサ（キャパシタンス）
回路	$E_1 = 1\,[\mathrm{V}]$, $E_2 = 2\,[\mathrm{V}]$, $E_3 = 3\,[\mathrm{V}]$ ⇒ $E_0 = 2\,[\mathrm{V}]$	R_0 ⇒ R_1, R_2, R_3	L_0 ⇒ L_1, L_2	C_0 ⇒ C_1, C_2
合成の値	$E_0 = E_1 + E_2 + E_3$ $= 1 - 2 + 3$ $= 2\,[\mathrm{V}]$	合成抵抗 $R_0 = R_1 + R_2 + R_3$	合成インダクタンス $L_0 = L_1 + L_2$	合成キャパシタンス $C_0 = \dfrac{C_1 C_2}{C_1 + C_2}$

3.5　並列接続

図3.10は並列接続であり，a-b間の合成抵抗R_0を求めると，

$$\frac{1}{R_0}=\frac{1}{R_1}+\frac{1}{R_2}$$

$$\therefore \quad R_0=\frac{R_1 R_2}{R_1+R_2} \tag{3-5}$$

　　　　（この式は抵抗が2つのときだけ使用可）

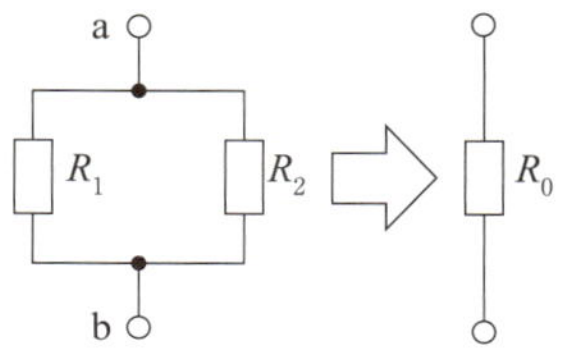

となるが，並列に3つ以上組み合わせると，

$$\frac{1}{R_0}=\frac{1}{R_1}+\frac{1}{R_2}+\frac{1}{R_3}+\frac{1}{R_4}\cdots\cdots \tag{3-6}$$

図3.10　並列合成抵抗

というように，抵抗値の逆数が加算されたものが，合成抵抗の逆数となる．

各素子が並列に接続された場合の各回路と各合成の値を表3.2に示す．ただし，異なる電圧値の定電圧源の並列接続はよくない接続なので記述していない．具体的には5[V]の定電圧源と3[V]の定電圧源を並列に接続すると大きい方の定電圧源の電圧5[V]は小さい方の定電圧源の電圧3[V]に一気に減圧される．

表3.2　並列接続

素子	定電流源	抵抗	コイル（インダクタンス）	コンデンサ（キャパシタンス）
回路	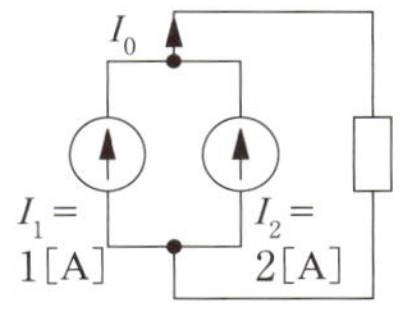 $I_1=1[A]$, $I_2=2[A]$	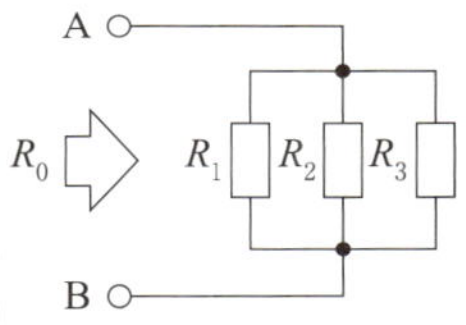 $R_0 \Rightarrow R_1 \| R_2 \| R_3$	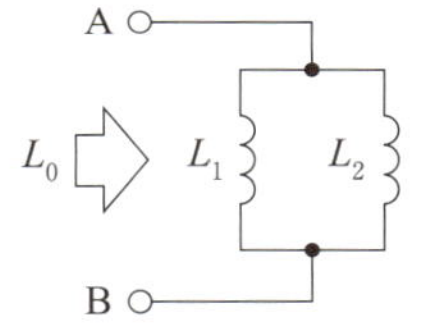 $L_0 \Rightarrow L_1 \| L_2$	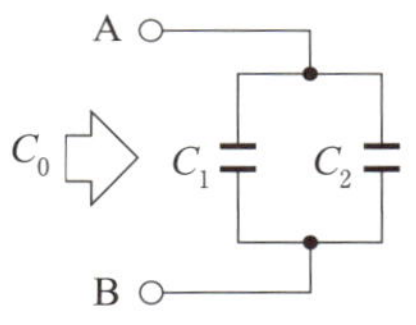 $C_0 \Rightarrow C_1 \| C_2$
合成の値	$I_0=I_1+I_2$ $=1+2$ $=3[A]$	合成抵抗 $R_0=\dfrac{R_1 R_2 R_3}{R_1 R_2+R_2 R_3+R_3 R_1}$ $\dfrac{1}{R_0}=\dfrac{1}{R_1}+\dfrac{1}{R_2}+\dfrac{1}{R_3}$	合成インダクタンス $L_0=\dfrac{L_1 L_2}{L_1+L_2}$	合成キャパシタンス $C_0=C_1+C_2$

3.6　抵抗の直並列接続

図3.11のように，R_2とR_3を並列に接続したものにR_1を直列接続すると，A-B端子から見た合成抵抗R_0は以下の式で与えられる．

$$R_0=R_1+\frac{R_2 R_3}{R_2+R_3} \tag{3-7}$$

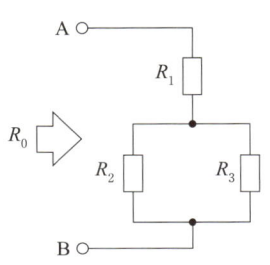

図3.11　抵抗の直並列接続

3.7 分圧比

図 3.12 に示す回路のように，定電圧源 E に抵抗 R_1 と R_2 が直列に接続されているとき，それぞれの抵抗の両端の電圧を V_1，V_2 とすると，V_1，V_2 は以下の式 (3-8)～式 (3-11) のように抵抗 R_1 と R_2 の比で求められる．

$$\frac{V_1}{V_2}=\frac{R_1}{R_2} \tag{3-8}$$

$$V_1=\frac{R_1}{R_2}V_2 \tag{3-9}$$

$$\frac{V_1}{E}=\frac{R_1}{R_1+R_2} \tag{3-10}$$

$$V_1=\frac{R_1}{R_1+R_2}E \tag{3-11}$$

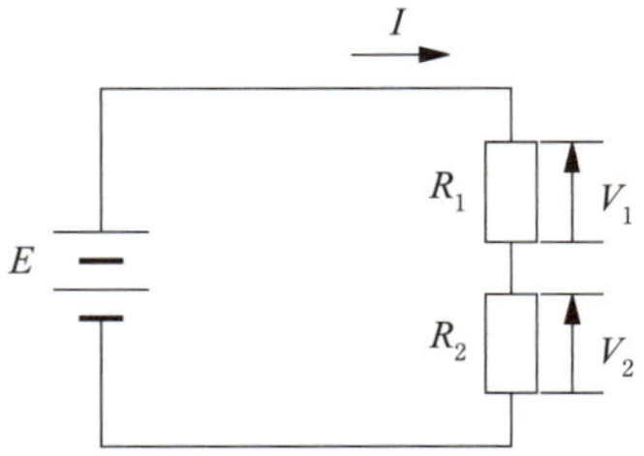

図 3.12 抵抗の直列接続回路

以下にそれぞれの式の導出方法を示す．

図 3.12 より回路の合成抵抗は R_1+R_2 であるから，回路に流れる電流を I とすると電圧降下の式より，以下の連立方程式が成り立つ．

$$\begin{cases} IR_1=V_1 & (3\text{-}12) \\ IR_2=V_2 & (3\text{-}13) \end{cases}$$

上の連立方程式を変形すると，

$$\begin{cases} I=\dfrac{V_1}{R_1} & (3\text{-}14) \\ I=\dfrac{V_2}{R_2} & (3\text{-}15) \end{cases}$$

式 (3-14) と式 (3-15) から，

$$\frac{V_1}{R_1}=\frac{V_2}{R_2} \tag{3-16}$$

または，

$$\frac{V_1}{V_2}=\frac{R_1}{R_2} \tag{3-17}$$

が成立し，式 (3-8) が導出されたことになる．また，式 (3-17) を変形すると，

$$V_1=\frac{R_1}{R_2}V_2 \tag{3-18}$$

となり，式 (3-9) が導出されたことになる．
ここで，

$$I=\frac{E}{R_1+R_2} \tag{3-19}$$

であるから，式 (3-12) に式 (3-19) を代入すると，

$$V_1=\frac{R_1}{R_1+R_2}E \tag{3-20}$$

となり，式 (3-11) が導出される．この式の両辺を E で割ると，

$$\frac{V_1}{E} = \frac{R_1}{R_1 + R_2} \tag{3-21}$$

となり，式 (3-10) が導出される．

次に分圧をわかりやすく説明するための一例を示す．

図 3.13 は，図 3.12 の回路において $E=3[\mathrm{V}]$，$R_1=2[\Omega]$，$R_2=1[\Omega]$ としたときの各部の電位を立体的に示したもので，縦軸は電圧（電位）V である．

図 3.13 の回路において，電流 I は a→b→c→d→e→f の方向に流れると考えられる．始めに，電位 E のもっとも高い電位の a 点から流れ出す電流 I は，電圧降下を生じないまま同電位の b 点へ向かい，b 点から c 点に向かうときに抵抗 R_1 によって電圧降下を生じ，c 点から d 点へは同じ電位で移動し，さらに d 点から e 点に向かうときに抵抗 R_2 によってまた電圧降下が生じ，e 点から電圧降下がないまま f 点へ到達する．

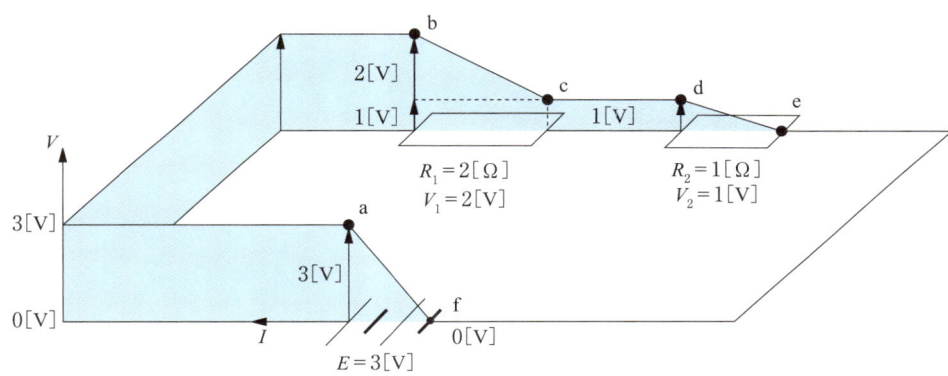

図 3.13　抵抗の直列接続回路における電位イメージ図

図 3.13 を見ればわかるように，電源から供給された電圧は回路内の抵抗ですべて減衰される．

また，抵抗値は大きいほど電圧降下は大きくなっている．図 3.13 の場合は $R_1=2[\Omega]$，$R_2=1[\Omega]$ であり，R_1 では R_2 の 2 倍の電圧降下が生じて，実際の分圧の式 (3-20) に $E=3[\mathrm{V}]$，$R_1=2[\Omega]$，$R_2=1[\Omega]$ を代入すると，

$$V_1 = \frac{2}{2+1} \times 3 = 2[\mathrm{V}] \tag{3-22}$$

となり，式 (3-8) の

$$\frac{V_1}{V_2} = \frac{R_1}{R_2}$$

より，V_2 を求める式に変形し，$V_1=2[\mathrm{V}]$ を代入すると，

$$V_2 = \frac{R_2}{R_1} V_1 = \frac{1}{2} \times 2 = 1[\mathrm{V}] \tag{3-23}$$

となり，$V_1=2[\mathrm{V}]$，$V_2=1[\mathrm{V}]$ と分圧されていることがわかる．

▶ 例題 3-3

図 3.14 のような回路における合成抵抗 R_0, 電流 I, 電圧 V_1, V_2, V_0 の各値を求めよ.

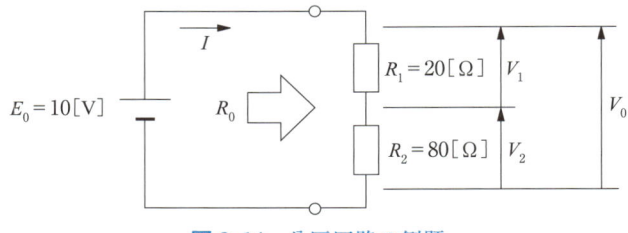

図 3.14 分圧回路の例題

▶ 解　答

合成抵抗 R_0 は,
$$R_0 = R_1 + R_2 = 20 + 80 = 100\,[\Omega]$$
よって, オームの法則により電流は,
$$I = \frac{E}{R_0} = \frac{10}{100} = 0.1\,[\text{A}]$$
ここで, $V_0 = 10\,[\text{V}]$ のとき, V_1 と V_2 をそれぞれ求めると,
$$V_1 = R_1 I = 20 \times 0.1 = 2\,[\text{V}]$$
$$V_2 = R_2 I = 80 \times 0.1 = 8\,[\text{V}]$$
となり,
$$V_0 = V_1 + V_2 = 2 + 8 = 10\,[\text{V}]$$
となる.

3.8　分流比

図 3.15 に示す回路のように, 定電流源 I_0 に抵抗 R_1 と R_2 が並列に接続されているとき, R_1, R_2 に流れる電流をそれぞれ I_1, I_2 とすると, I_1, I_2, R_1, R_2 の間に式 (3-24)～式 (3-26) で与えられる関係がある.

$$\frac{I_1}{I_2} = \frac{R_2}{R_1} \tag{3-24}$$

$$I_1 = \frac{R_2}{R_1} I_2 \tag{3-25}$$

$$I_1 = \frac{R_2}{R_1 + R_2} I_0 \tag{3-26}$$

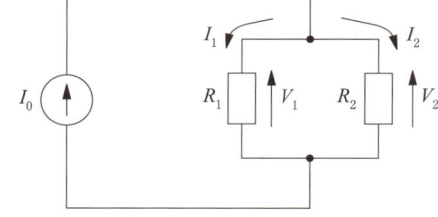

図 3.15 分流比を説明する回路

以下にそれぞれの式の導出方法を示す.

図 3.15 において R_1 の両端の電圧を V_1, R_2 の両端の電圧を V_2 とすると, 電圧降下の式より,

$$V_1 = R_1 I_1 \tag{3-27}$$

$$V_2 = R_2 I_2 \tag{3-28}$$

となり，キルヒホッフの電圧則により $V_1=V_2$ なので，式（3-27）と式（3-28）の各右辺も等しくなり，

$$R_1 I_1 = R_2 I_2 \tag{3-29}$$

両辺を R_1 で割ると，

$$I_1 = \frac{R_2}{R_1} I_2 \tag{3-30}$$

となり，式（3-25）が導出される．さらに式（3-30）の両辺を I_2 で割ると，

$$\frac{I_1}{I_2} = \frac{R_2}{R_1} \tag{3-31}$$

となり，式（3-24）が導出される．この式が分流比の式である．

また，回路に流れる全電流を I_0 とすると，$I_0 = I_1 + I_2$ で，

$$I_2 = I_0 - I_1 \tag{3-32}$$

である．ここで式（3-30）の I_2 に式（3-32）を代入すると，

$$I_1 = \frac{R_2}{R_1}(I_0 - I_1) = \frac{R_2}{R_1} I_0 - \frac{R_2}{R_1} I_1 \tag{3-33}$$

I_1 の項をまとめ，両辺に R_1 をかけると，

$$R_1 I_1 + R_2 I_1 = R_2 I_0 \tag{3-34}$$

式（3-34）を $I_1 =$ の式に整理すると，

$$I_1 = \frac{R_2}{R_1 + R_2} I_0 \tag{3-35}$$

となり，式（3-26）が導出される．

I_2 の値も式（3-36）で与えられる．

$$I_2 = \frac{R_1}{R_1 + R_2} I_0 \tag{3-36}$$

式（3-35）と式（3-36）が並列回路の電流を求めるときによく使用される分流の式である．

次に分流の一例を記す．図 3.16(b) は図 3.16(a) の回路において $I_0 = 6[\text{A}]$，$R_1 = 5[\Omega]$，$R_2 = 1[\Omega]$ としたときの，各抵抗に流れる電流の様子をイメージしたものである．

抵抗は電流の流れを妨げる働きがあることから，図 3.15 に示すように，それぞれ同じ量の電流を流すことのできる導線に抵抗を接続するならば，$R_2 = 1[\Omega]$ のように $R_1 = 5[\Omega]$ に比べ障害

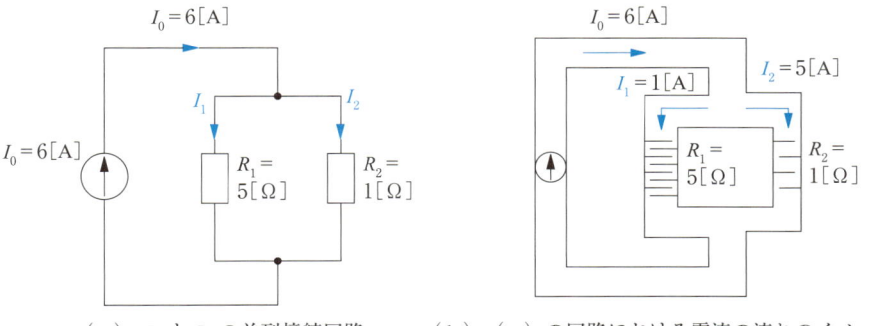

（a）R_1 と R_2 の並列接続回路　　（b）（a）の回路における電流の流れのイメージ図

図 3.16　分流比の説明図

物の少ない道の方が電流は流れやすい．図 3.16 の場合は $R_1=5[\Omega]$，$R_2=1[\Omega]$ であるから，R_2 は R_1 に比べ電流が 5 倍流れやすいことになる．

実際に分流の式 (3-35) を用いて各抵抗に流れる電流値を求めると，次のようになる．
$I=I_0=6[A]$，$R_1=5[\Omega]$，$R_2=1[\Omega]$ を式 (3-35) に代入すると，
$$I_1=\frac{1}{5+1}\times 6=1[A]$$
また，$I_0=I_1+I_2$ より，
$$I_2=I_0-I_1=6-1=5[A]$$
となり，$I_0=6[A]$ の電流は $I_1=1[A]$ と $I_2=5[A]$ に分流されることがわかる．

▶ 例題 3-4

図 3.17 のような回路における R_1 と R_2 の合成抵抗 R，V，I_1，I_2，I_0 の各値を求めよ．

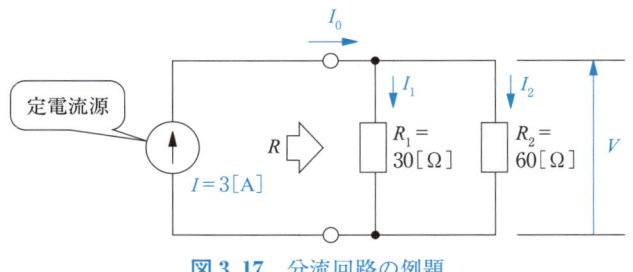

図 3.17　分流回路の例題

▶ 解　答

合成抵抗 R は，
$$R=\frac{R_1 R_2}{R_1+R_2}=\frac{30\times 60}{30+60}=20[\Omega]$$
並列回路では抵抗 R_1，R_2 にかかる電圧は合成抵抗 R にかかる電圧と同じであり，また，$I=3[A]=I_0$ なので，
$$V=I_0 R=3\times 20=60[V]$$
となり，
$$I_1=\frac{V}{R_1}=\frac{60}{30}=2[A]$$
$$I_2=\frac{V}{R_2}=\frac{60}{60}=1[A]$$

よって，検算すると
$$I_0=I_1+I_2=2+1=3[A]$$
となる．

ここで，I_1，I_2 を求める方法として式 (3-35) と式 (3-36) を使うと便利である．すなわち
$$I_1=\frac{R_2}{R_1+R_2}I_0=\frac{60}{30+60}\times 3=2[A]$$
$$I_2=\frac{R_1}{R_1+R_2}I_0=\frac{30}{30+60}\times 3=1[A]$$

3.9　キルヒホッフの法則

オームの法則とキルヒホッフの法則を使用すれば，簡単な回路は解析することができる．オームの法則については §3.1 ですでに記述しているので，ここではキルヒホッフの法則について述

べる.

キルヒホッフの法則には第一法則と第二法則があり，第一法則は電流則，第二法則は電圧則とも呼ばれる．実際の回路を解析するときには，これらの2つの法則をうまく使い分ける必要がある．

(1) キルヒホッフの第一法則（電流則）

キルヒホッフの第一法則（電流則）はその名前の通り，電流に関する法則である．この法則は，回路中の任意の点において流入する電流の和は流出する電流の和に等しいというものである．

この法則を，たとえば図3.17の回路に適用してみると，a点において，a点に流れ込む電流I_1とI_2の和は，a点から流れ出る電流I_3に等しく，式（3-37）で与えられる.

$$I_1 + I_2 = I_3 \qquad (3\text{-}37)$$
（a点に入る電流）　（a点から出る電流）

また，b点においても，b点に流れ込む電流I_3の値はb点から流れ出る電流I_4とI_5とI_6の電流和に等しく，式（3-38）で与えられる.

$$I_3 = I_4 + I_5 + I_6 \qquad (3\text{-}38)$$
（b点に入る電流）　（b点から出る電流）

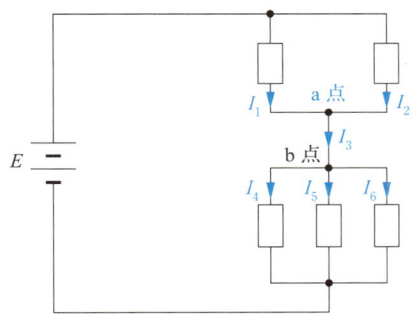
図3.18 キルヒホッフの第一法則（電流則）

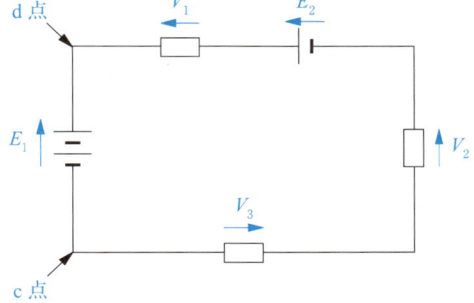
図3.19 キルヒホッフの第二法則（電圧則）

(2) キルヒホッフの第二法則（電圧則）

キルヒホッフの第二法則（電圧則）は電圧に関するものである．それは，ある閉回路において，その閉回路中に存在する電源の電圧（起電力）の和と電圧降下の和をすべて加算すると0になるという法則である．

ここで，各電圧の極性に注意しなければならない．この法則をたとえば図3.19の回路に適用してみると，c点から出発してE_1，$-V_1$，$-E_2$，$-V_2$，$-V_3$の総和が0となる式を立てると，

$$E_1 - V_1 - E_2 - V_2 - V_3 = 0 [\text{V}] \qquad (3\text{-}39)$$

となる．または，c点からd点に到るときE_1のルート（通り道）とV_3，V_2，E_2，V_1のルートの2ルートを考えたとき，それぞれのルートの起電力と電圧降下の和は等しいという考え方ができる．それを式で考えると式（3-40）になる.

$$E_1 = V_3 + V_2 + E_2 + V_1 \qquad (3\text{-}40)$$

3.10 重ね合わせの理（重畳法または重ねの理）

重ね合わせの理は，ある1つの回路内に複数個の電源が存在するときに使用すると非常に便利であり，特に電子回路を理解したり，解析したりするときには，この重ね合わせの理の考え方が非常に重要である．

複数の電源から流れ出す電流を同時に考えると混乱が生じ，回路が非常に難しいと感じるが，この重ね合わせの理を使用すれば，1個の電源だけに注目するため，非常にわかりやすくなる．以下，重ね合わせの理について具体例を用いて説明する．

① 2つの定電圧源がある回路の例

図3.20に示すように，直列に接続された定電圧源 E_1 と E_2 に抵抗 R が接続された回路があるとする．その回路に流れる電流 I_0 を重ね合わせの理で求めてみる．

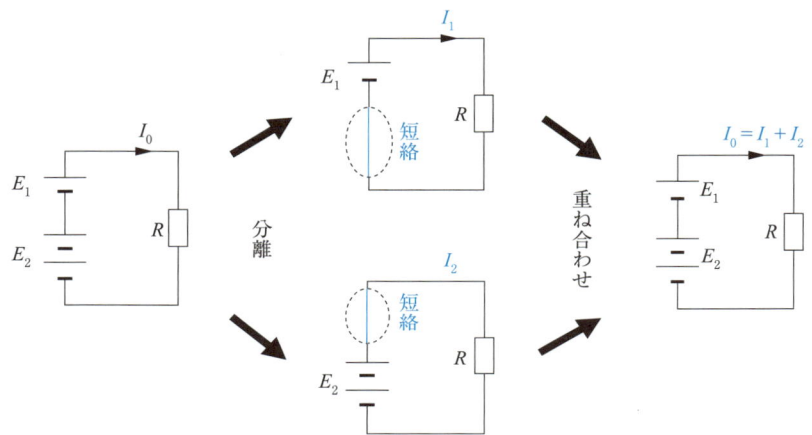

図3.20 2つの定電圧源がある場合

まず，定電圧源 E_1 だけに注目し，E_1 によって抵抗 R に流れる電流 I_1 を求める（図3.20中央上の図）．この場合，E_2 の定電圧源は内部抵抗が0であるため E_2 が存在するところは短絡と見なす．そのため，E_1 と R だけの回路になり，$I_1 = E_1/R$ で求められる．また，同じように E_2 だけに注目し，E_2 によって抵抗 R に流れる電流 I_2 を求めると（図3.20中央下の図），E_1 の定電圧源の内部抵抗は0であるため E_1 は短絡と見なすことができ，ゆえに E_2 と R だけの回路となり，$I_2 = E_2/R$ で求められる．したがって，もとの回路に流れる電流 I_0 は，E_1 による電流 I_1 と E_2 による電流 I_2 の和と考えられ，式（3-41）が成立する．

$$I_0 = I_1 + I_2 = \frac{E_1}{R} + \frac{E_2}{R} = \frac{E_1 + E_2}{R} \tag{3-41}$$

以下のように，各定電圧源は別々に考え，それぞれの電流を求めてから，それぞれの電流の和を求めれば，もとの回路の電流を求めることができる．

実際には E_1 と E_2 の和を求め，それを R で割って電流を求めれば，その方が簡単に I_0 の値を計算できるが，図3.20の回路はもっとも簡単な回路であり，基本的には各電源を別々に考えていく方法を理解しておくと，より複雑な回路を考える場合に便利である．また，電圧を求める場

合も同様の手法を用いることができる.

② 2つの定電流源がある回路の例

図 3.21 に示すように，並列に接続された定電流源 I_1 と I_2 に抵抗 R が接続された回路があるとする．ここで抵抗 R にかかる電圧 V_0 を重ね合わせの理で求めてみる．

まず，定電流源 I_1 だけに注目し，I_1 によって抵抗 R にかかる電圧 V_1 を求める．この場合，I_2 の定電流源は内部抵抗が ∞ であるため，定電流源 I_2 が存在するところは開放と見なす．そのため，定電流源 I_1 と R だけの回路となり $V_1 = I_1 R$ で求められる．また，同じように定電流源 I_2 だけに注目し，定電流源 I_2 によって抵抗 R にかかる電圧 V_2 を求めると，I_1 の定電流源の内部抵抗は ∞ であるため定電流源 I_1 は開放と見なすことができ，ゆえに，定電流源 I_2 と R だけの回路となり，$V_2 = I_2 R$ の式で求められる．したがって，もとの回路の抵抗 R にかかる電圧 V_0 は式（3-42）で与えられる．

$$V_0 = V_1 + V_2 = I_1 R + I_2 R = (I_1 + I_2) R \tag{3-42}$$

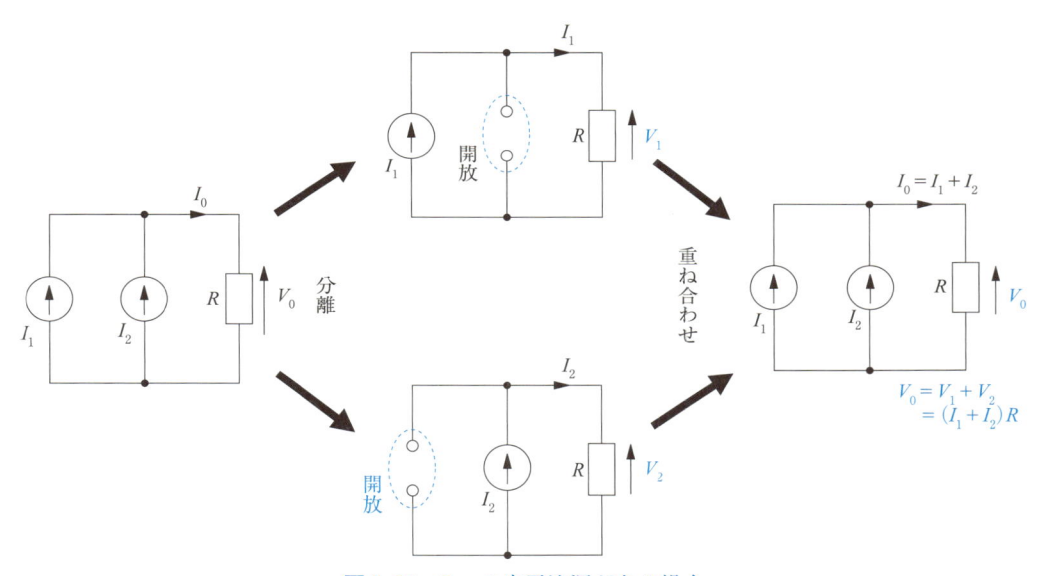

図 3.21 2つの定電流源がある場合

③ 直流の定電圧源と交流の定電圧源がある回路の例

次に，図 3.22 に示すように，直列に接続された交流の定電圧源 e と直流の定電圧源 E に，抵抗 R をつないだ回路があるとする．この回路に流れる電流 I_0 を重ね合わせの理で求めてみる．

定電圧源は，交流も直流も内部抵抗が 0 であるため短絡と見なすことができる．そのため，直流の求め方は図 3.20 で求めた方法と同じである．ゆえに，定電圧源 e によって R に流れる電流は $i = e/R$，定電圧源 E によって R に流れる電流は $I = E/R$ で求められる．したがって，もとの回路に流れる電流 I_0 は式（3-43）で与えられ，波形的には図 3.23 のような電流が流れることになる．

$$I_0 = i + I = \frac{e}{R} + \frac{E}{R} = \frac{e+E}{R} \tag{3-43}$$

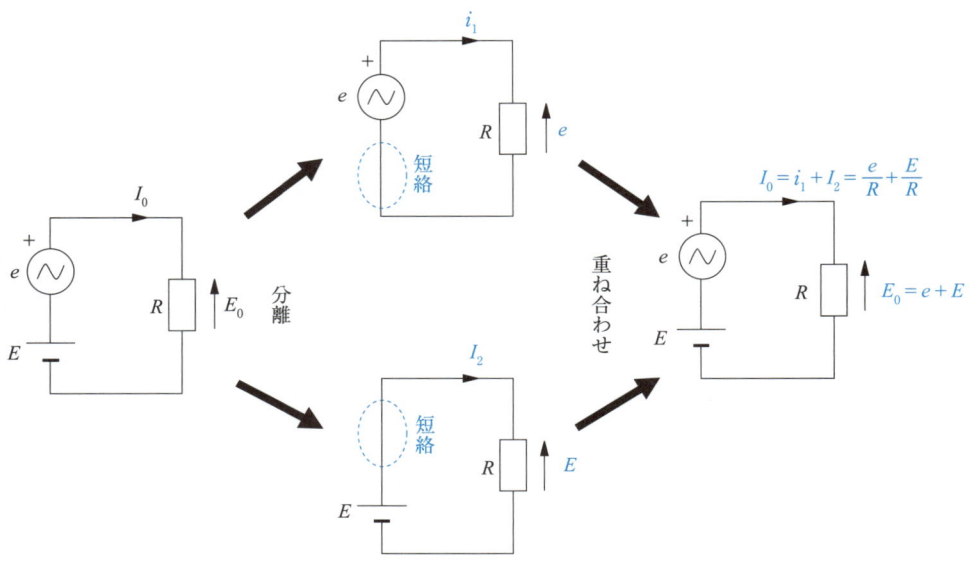

図 3.22 直流と交流の定電圧源が存在する場合

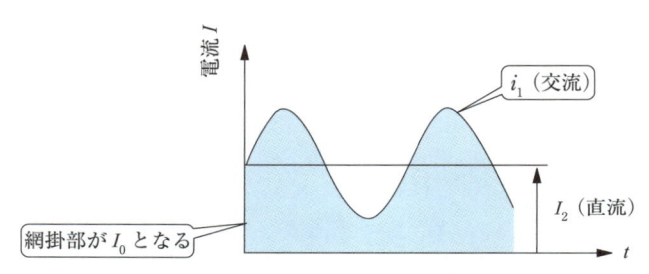

図 3.23 交流電流 i_1 と直流電流 I_2 が重なった波形

▶ 例題 3-5

図 3.24 における回路の各部の電圧,電流値を重ね合わせの理を用いて求めよ.

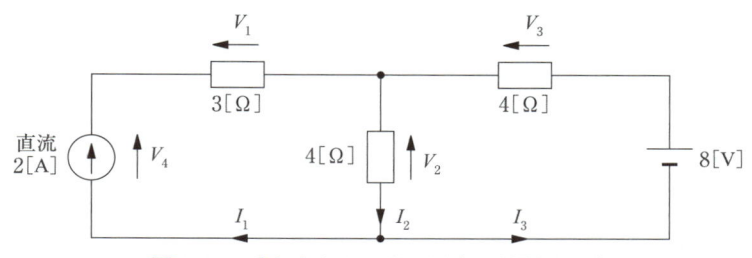

図 3.24 重ね合わせの理に関する例題の回路

▶ 解答

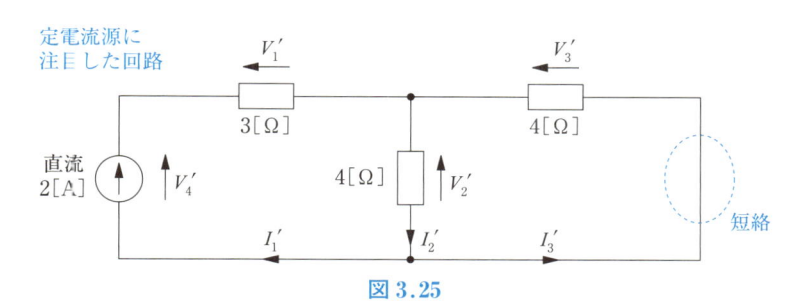

定電流源に注目した回路

図 3.25

$V_1'=6[V]$
$V_2'=4[V]$
$V_3'=4[V]$
$V_4'=10[V]$
$I_1'=2[A]$
$I_2'=1[A]$
$I_3'=-1[A]$

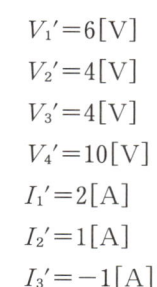

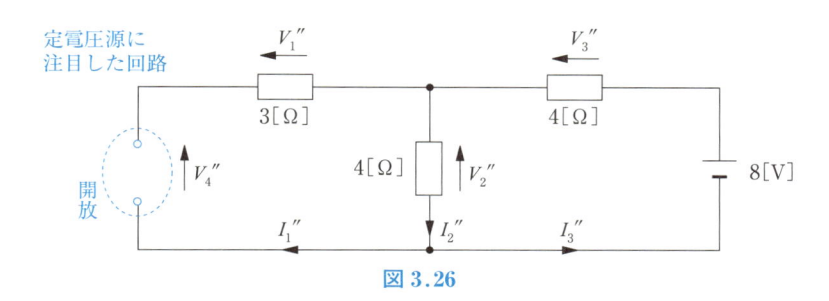

定電圧源に注目した回路

図 3.26

$V_1''=0[V]$
$V_2''=4[V]$
$V_3''=-4[V]$
$V_4''=4[V]$
$I_1''=0[A]$
$I_2''=1[A]$
$I_3''=1[A]$

$V_1=V_1'+V_1''=6[V]+0[V]=6[V]$
$V_2=V_2'+V_2''=4[V]+4[V]=8[V]$
$V_3=V_3'+V_3''=4[V]-4[V]=0[V]$
$V_4=V_4'+V_4''=10[V]+4[V]=14[V]$
$I_1=I_1'+I_1''=2[A]+0[A]=2[A]$
$I_2=I_2'+I_2''=1[A]+1[A]=2[A]$
$I_3=I_3'+I_3''=-1[A]+1[A]=0[A]$

第3章 演習問題

1. 図 Q3.1 において $E=6[V]$, $R=2[\Omega]$ のときの V_R, I_1, I_2 の値を求めよ.

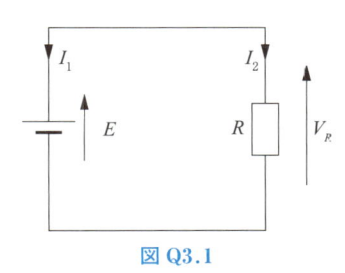

図 Q3.1

2. 図 Q3.2 において $R_1 = 1[\Omega]$, $R_2 = 3[\Omega]$, $R_3 = 8[\Omega]$, $R_4 = 2[\Omega]$, $R_5 = 1[\Omega]$, $R_6 = 3[\Omega]$, $E = 24[V]$, のときの V_1, V_2, V_3, V_4, V_5, V_6, I_1, I_2, I_3, I_4 の値を求めよ.

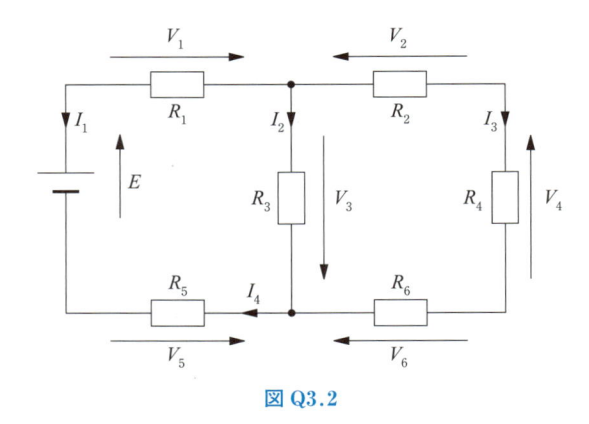

図 Q3.2

3. 図 Q3.3 の回路 (a), (b), (c) の各可変抵抗の値を各図に示すように変化させると各部の電圧 V_1, V_2, 電流 I_1 は, どう変化するか. 大きくなる場合は L, 小さくなる場合は S, 変わらない場合は N を書け.

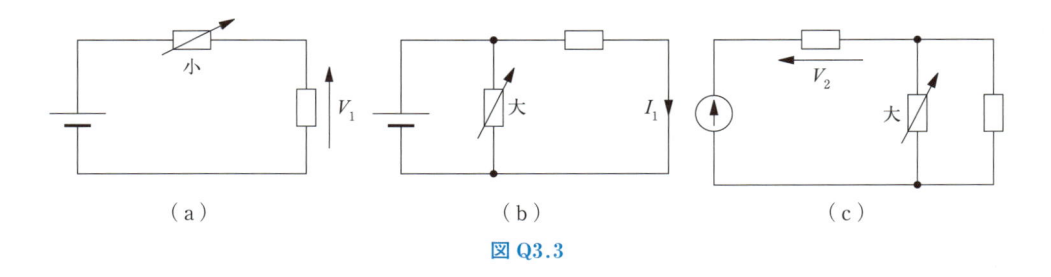

図 Q3.3

4. 図 Q3.4 の回路 (a), (b) における V_1, V_C, V_4, I_1 を求めよ.

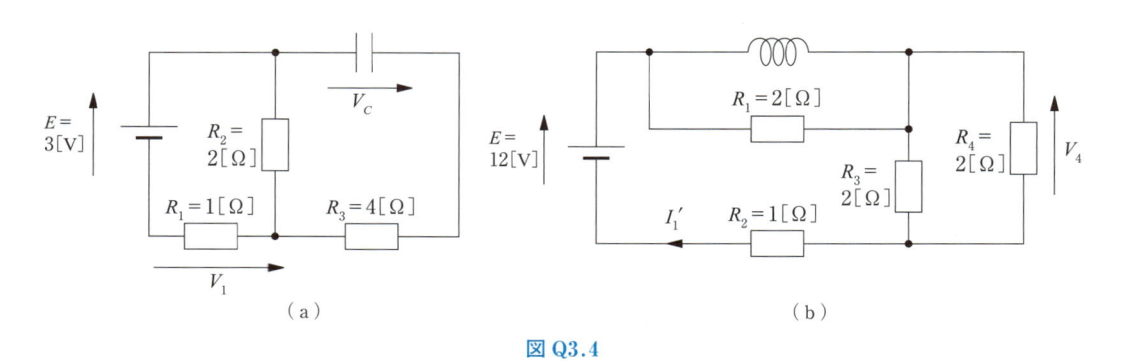

図 Q3.4

5. 図 Q3.5 の回路における合成抵抗 R_0 を求めよ.

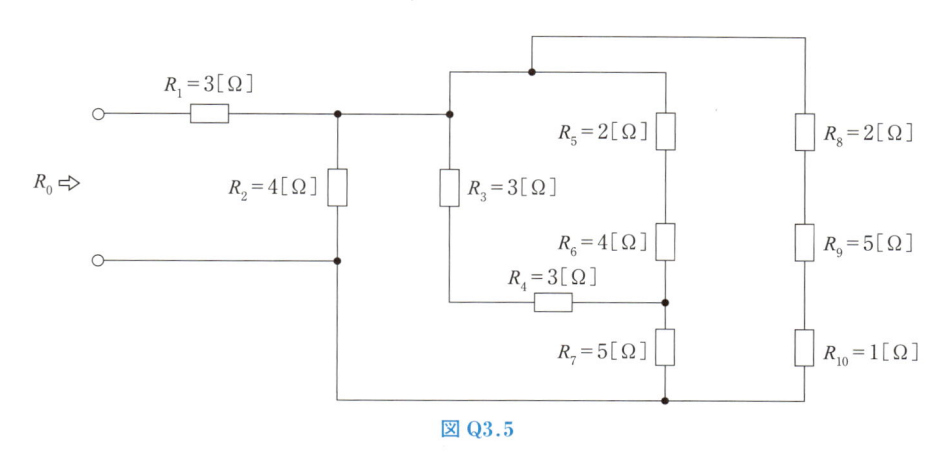

図 Q3.5

6. 図 Q3.6 の回路の V_1, V_2 を重ね合わせの理を用いて求めよ.

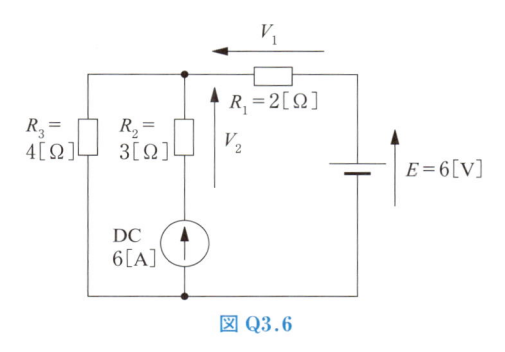

図 Q3.6

7. 図 Q3.7 の (a) と (b) における各 A-B 間の合成抵抗を求めよ.

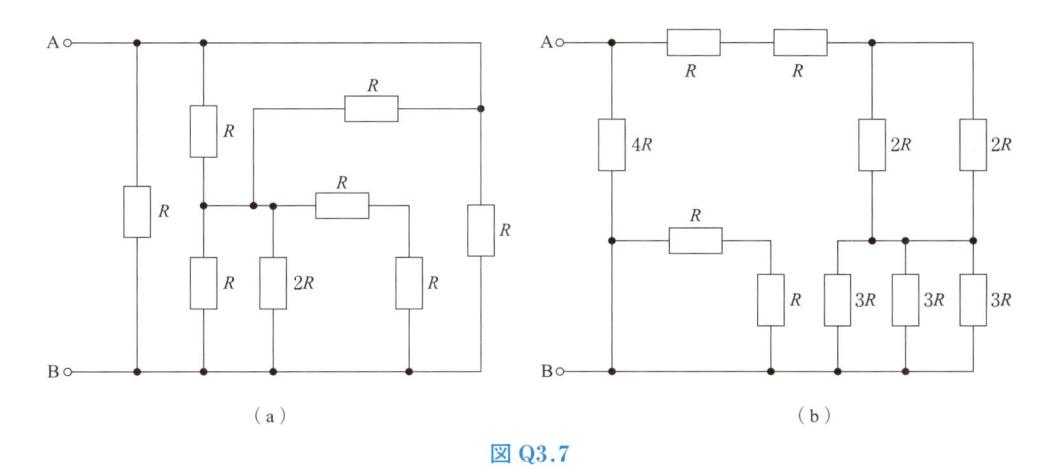

(a)　　　　　　　　　　(b)

図 Q3.7

第 3 章　演習問題

8. 図 Q3.8 の回路の各部の直流電圧 V と交流電圧 v の値を求めよ.

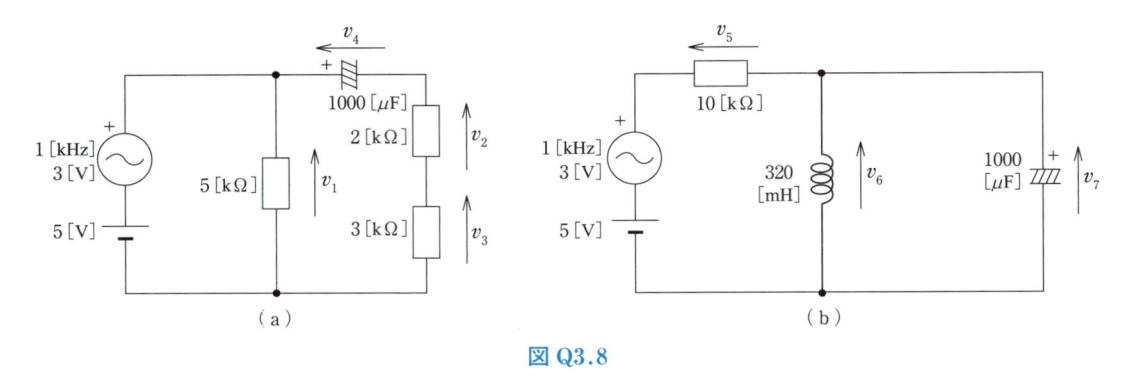

図 Q3.8

9. 図 Q3.9 の回路の各部の直流電圧 $V_1, \cdots, V_6$ と交流電圧 $v_1, \cdots, v_6$ の値を求めよ.

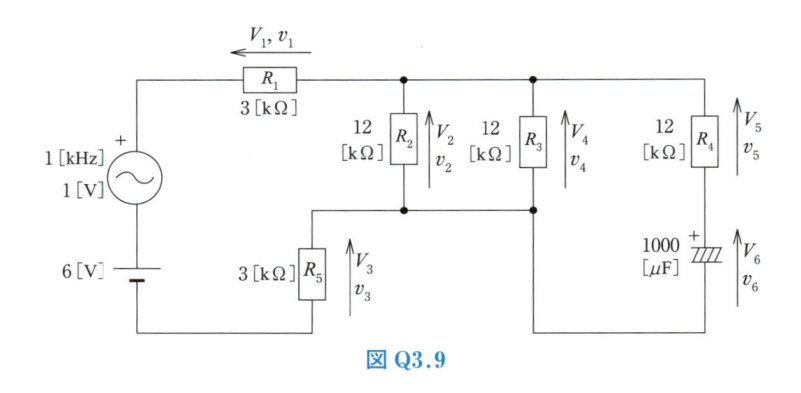

図 Q3.9

10. 図 Q3.10 の回路の電流 i_1 と i_2 を求めよ.

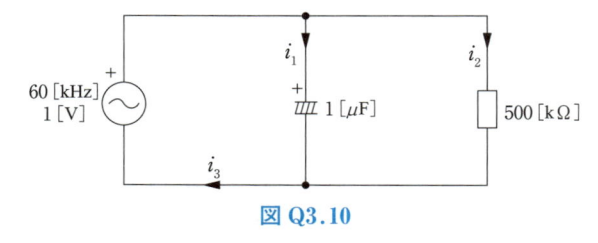

図 Q3.10

11. 長さと抵抗率は同じで断面積が異なる A と B の 2 つの発熱棒がある．それを図 Q3.11 のように直列，または並列に接続した場合，どちらの発熱が熱くなるか答えよ．

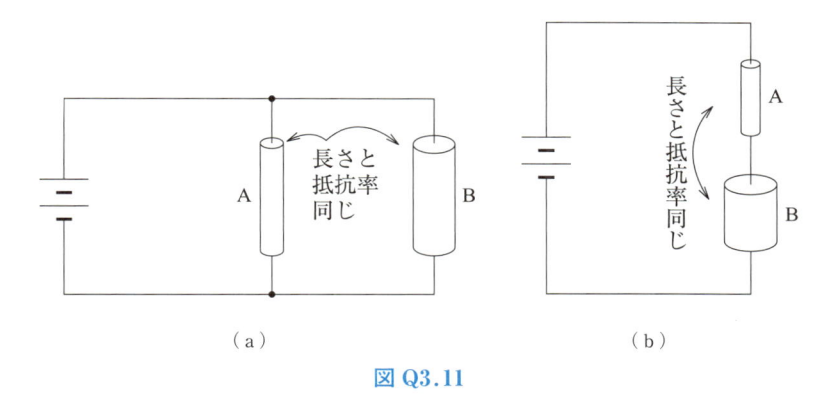

図 Q3.11

12. 図 Q3.12 の回路中にある抵抗 R_2 にかかる電圧 V は，入力端子に交流電圧を印加した場合と直流電圧を印加した場合とでは同じか違うか，理由を述べて説明せよ．ただし交流入力電圧は 10[V]，その周波数は 100[kHz]，直流入力電圧は，10[V] とする．

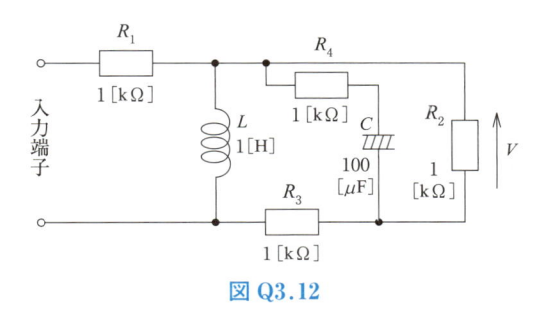

図 Q3.12

13. 図 Q3.13 の (a)〜(d) の各回路図で R の値を大きくすると，各電流 I_a, I_b, I_c, I_d と電圧 V_a は大きくなるか，小さくなるか，変わらないかを答えよ．

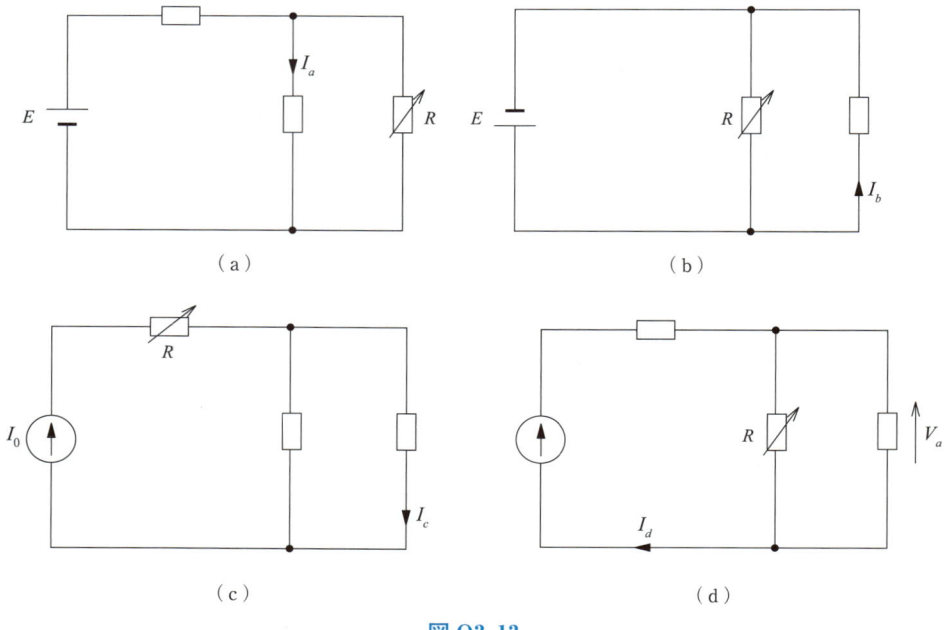

図 Q3.13

第4章 ダイオード

この章では，トランジスタの考え方の基礎となるダイオードについて考える．ダイオードは整流作用があり，電流の流れを一方通行のように，ある方向にしか電流を流さないという働きがあり，交流を直流に変換する整流器や，振幅変調波（AM 波）から信号波のみを取り出す検波器として実際に多く使用されている．ダイオードにはいろいろな種類があるが，ここでは，特にPN 接合型ダイオードについて記述する．

4.1 電子と正孔

ダイオードは，電子と正孔の性質をうまく利用した素子である．そこでまず，ダイオードの働きを知る前に電子と正孔について考える．

図 4.1 に示すように電子は，負（−）の電荷を帯び，負（−）の電位に反発し，正（＋）の電位に引き寄せられる性質がある．一方，正孔は電子とは逆で，正（＋）の電位に反発し，負（−）の電位に引き寄せられる性質をもっている．

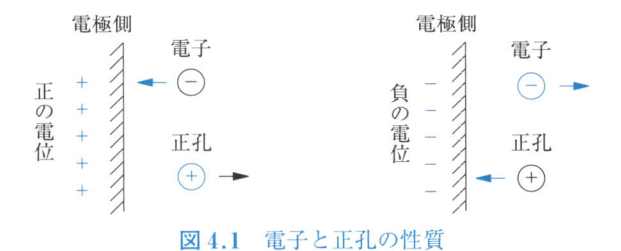

図 4.1 電子と正孔の性質

電子や正孔の流れが電流になるが，電流の向きは電子の流れの逆向きで，正孔が流れる向きと同じ向きである．

ダイオードはこれらの電子と正孔の性質をうまく利用しているが，それに基づいて以下，ダイオードの動作原理について考えてみる．

4.2 ダイオードの構造図と記号

ダイオードは電子がたくさん入っている N 型半導体と，正孔がたくさん入っている P 型半導体（正確には「電子が多数キャリアである N 型半導体と正孔が多数キャリアである P 型半導体」という表現を使う）を接合した素子で，構造と回路記号は図 4.2 のようになる．

(a) 構造図　　　　　(b) ダイオードの記号

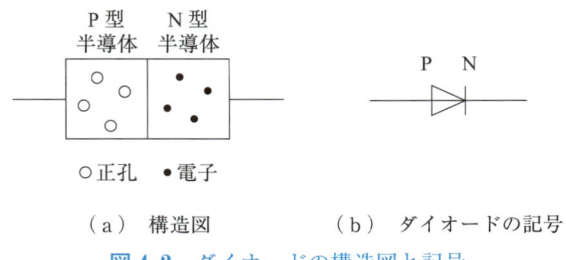

図 4.2 ダイオードの構造図と記号

では，ダイオードはどのように動作するのかを直流については§4.4 で，交流については§4.7 で分けて考えてみる．

4.3　ダイオードの種類

ダイオードといっても多くの種類が実際に使われている．表 4.1 に各種ダイオードをまとめたものを示す．

表 4.1 ダイオードの種類

名　称	記　号	作　用	用　途
整流用ダイオード		整流作用	電源回路
定電圧ダイオード （ツェナーダイオード）		定電圧作用	電源回路 基準電圧回路
ショットキー バリアダイオード		検波作用	検波回路 復調回路
定電流ダイオード		定電流作用	LED 回路
発光ダイオード （LED）		発光作用	光源 ディスプレイ装置
フォトダイオード		光検出作用 光電作用	センサー

4.4 直流を印加したときの整流ダイオード

(1) 直流順方向（P側に正（＋），N側に負（−）の電位をかけた場合）

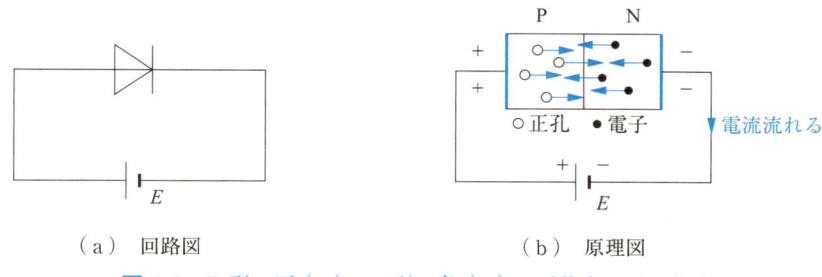

（a）回路図　　　　　　　（b）原理図

図 4.3　P型に正（＋），N型に負（−）の電位をかけた場合

図 4.3(a) の回路は直流順方向の状態で，(b) は電子や正孔の流れを示した図である．

図 4.3(b) のように電圧をかけると，N 領域中の電子は正（＋）の電位に引き寄せられ，P 領域中の正孔は負（−）の電位に引き寄せられる．さらに電子と正孔は互いに接合面を突き抜けて電源に向かい，その結果として電流が流れることになる．しかし，ダイオードのPとNの接合面を電子や正孔が突き抜けるには，当然，それ相応の電圧が必要であり，あまりにも電圧が小さいと電子や正孔が接合面を突き抜けられず，電流が流れない．

では，どの程度の電圧をかけると接合面を突き抜けられるかというと，一般に Si（シリコン）のダイオードは約 0.65[V] 以上であり，もし 0.5[V] や 0.2[V] などの 0.65[V] 未満の電圧であれば，電子や正孔は接合面を突き抜けられないので電流が流れない．（正確に理解を深めたい人はバンド理論を勉強されるとよい．）

このように，ダイオードのP側に正（＋）の電位を，またN側に負（−）の電位をかけて，しかも 0.65[V] 以上の電位差をもたせることを順方向状態という．

(2) 直流逆方向（P側に負（−），N側に正（＋）の電位をかけた場合）

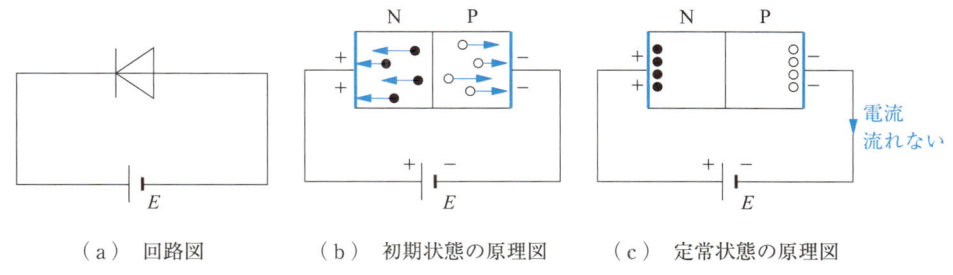

（a）回路図　　　（b）初期状態の原理図　　　（c）定常状態の原理図

図 4.4　P型に負（−），N型に正（＋）の電位をかけた場合

今度は，図 4.3 とは逆にダイオードの向きを図 4.4 のようにする．図 4.4(b) に示すように，N 領域中の電子は正（＋）の電位に引き寄せられ，P 領域中の正孔は負（−）の電位に引き寄せられるので，電子と正孔は最初，それぞれダイオードの両端に移動し，その後，図 4.4(c) に示すように電子と正孔の動きが止まり電流も流れなくなる．このように，(1) とは逆にP側に負（−）の電位を，N側に正（＋）の電位をかけることを逆方向状態という．

(3) まとめ

以上の (1), (2) をシリコンダイオードの特性図で考えると，図 4.5 のようになり，逆方向では，電流は流れないが非常に高い電圧をかけるとトンネル効果となだれ効果により電流が大量に流れ，破壊される．また，順方向でも 0.65[V] 未満の電圧のときは電流は流れない．順方向に 0.65[V] 以上の電圧をかけると電流が流れる．

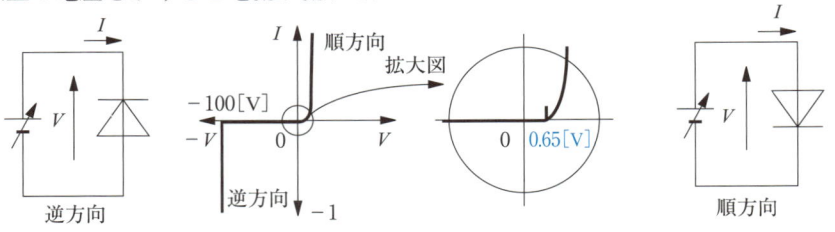

図 4.5 ダイオードの V–I 特性

順方向，逆方向に関わらずダイオードに多くの電流が流れると，ダイオードで消費される電力（電圧と電流の積）も大きくなり，ダイオード自体が破壊される恐れが出てくる．そこで，一般的には，定電圧源を直接ダイオードに接続する場合，ダイオードに大量の電流を流さないようにするために，図 4.6 のように抵抗を直列に接続する．その抵抗のことを保護抵抗と呼び，この抵抗を接続することで電流 I は E/R 以上流れず，ダイオードを保護することができる．この電流 I の正確な値は，$I \fallingdotseq (E - 0.7[\text{V}])/R$ になる．その理由は §4.6(2) に示す．

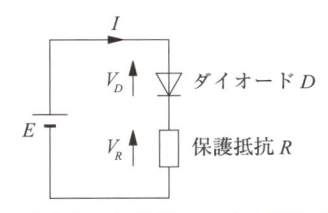

図 4.6 ダイオード保護のための電流制御回路

4.5 ダイオード回路における解法のコツ

先の図 4.6 のようなダイオード回路を解析するとき，以下の順番で解くとわかりやすい．

① 電流の流れる方向とダイオードの方向が逆か同じか，すなわち順方向か逆方向かを調べる．
② 逆方向の場合，電流は流れないので図 4.7 のようにダイオードの両端を開放として考える．
③ 同じ方向（順方向）である場合
   電源電圧 E が 0.7[V] 以上であるか，0.7[V] 未満であるか，を調べる（0.7[V] の理由は次頁に示す）．
④ 電源電圧 E が 0.7[V] 以上である場合
   図 4.8 のようにダイオードを 0.7[V] の定電圧源と置き換えて考える．

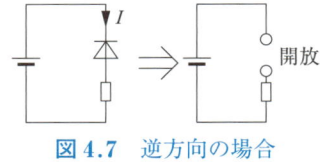

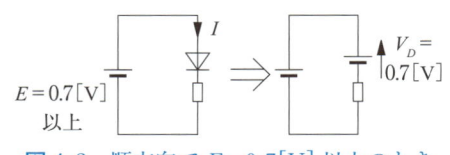

図 4.7 逆方向の場合

図 4.8 順方向で $E = 0.7[\text{V}]$ 以上のとき

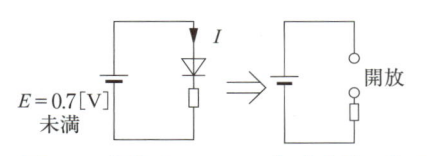

図 4.9 順方向で $E = 0.7[\text{V}]$ 未満のとき

⑤ 電源電圧 E が 0.7[V] 未満である場合

電流は流れないので図4.9のようにダイオードの両端を開放として考える．すなわち図4.7と同じ回路となる．

図4.5の特性図に示した通り，ダイオードの電流が流れ始めるのは 0.65[V] である．しかし，実際に電流が多く流れている状態でのダイオード両端の電圧は 0.7[V] となる（§7.3を参照）．

したがって，上述の③，④，⑤における 0.7[V] という値は，今後ダイオードやトランジスタを学ぶ上で非常に重要な値であるため，覚えておくと便利である．図4.10に上記の関係をよりわかりやすくしたフローチャートを示す．

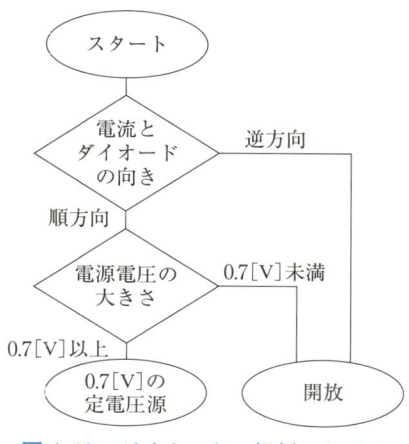

図4.10 ダイオードの解析におけるフローチャート

4.6 ダイオード回路の解析法

§4.5で説明した3パターンのダイオード回路の具体的な解析法を示す．各パターンの回路を，解析するときに順番が重要である．その順番は①，②，③，…で示す．

(1) 電流の流れる方向とダイオードの方向が逆である場合

図4.11(a)の場合，①逆方向であることを確認，②ダイオードは開放となり，図(b)の等価回路に置き換えられる．③ $I=0$[A] となり，④ R の電圧降下 $V_R=IR=0\times R=0$[V] となり，⑤ $V_D=E-V_R=E-0=E$ となる．

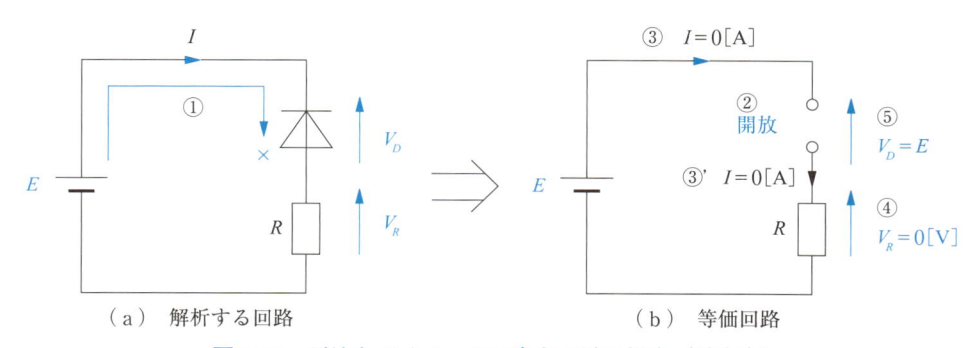

図4.11 電流とダイオードの向きが逆の場合（逆方向）

(2) 電源 E が 0.7[V] 以上でダイオードが順方向である場合

図4.12(a)の回路の場合，①で順方向であることを確認，② $E=0.7$[V] 以上であることを確認すると図(b)の等価回路に置き換えられる．ここで，ダイオードは③ 0.7[V] の定電圧電源になる（電源の極性は重要）．④抵抗にかかる電圧 $V_R=E-V_D=E-0.7$[V] となり，⑤回路の電流 $I=V_R/R=(E-0.7)/R$ となる．

（a）解析する回路　　　　　　　　　　（b）等価回路

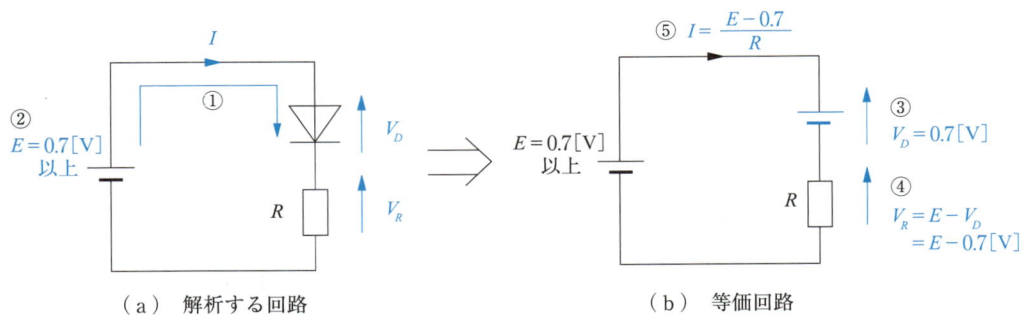

図 4.12　E が 0.7[V] 以上で電流とダイオードの向きが順方向の場合

(3)　電源 E が 0.7[V] 未満で電流とダイオードの向きが順方向である場合

図 4.13(a) の回路の場合，①電源 E は 0.7[V] 以上でないと，②ダイオードに電流が流れない．このため，図 (b) のように③ダイオードがある部分は開放となり，結果は (1) と同じになる．

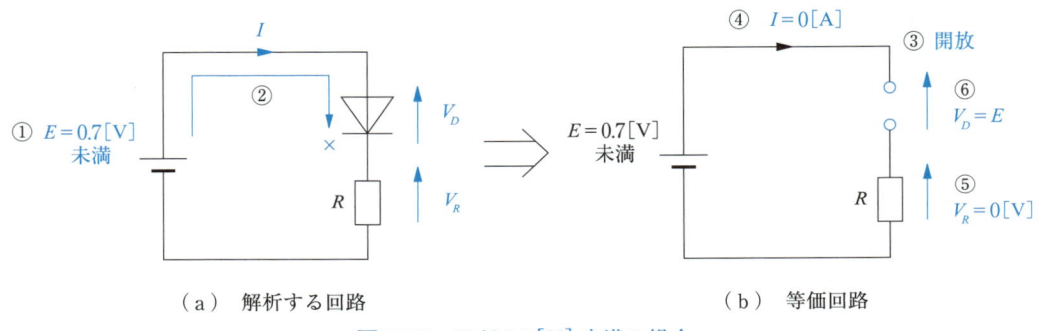

（a）解析する回路　　　　　　　　　　（b）等価回路

図 4.13　E が 0.7[V] 未満の場合

▶ 例題 4-1

図 4.14 に示す回路における V_D，V_R，I の各値を求めよ．

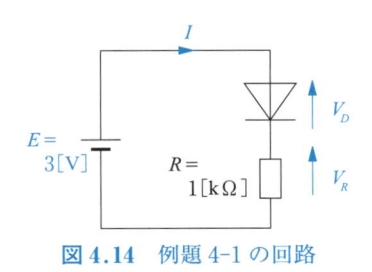

図 4.14　例題 4-1 の回路

▶ 解　答

電源電圧 E が 0.7[V] 以上で電流とダイオードの向きも同じであるため，ダイオードは 0.7[V] の定電圧源となり，図 4.15 となる．

よって，ダイオードにかかる電圧 V_D は，

$$V_D = 0.7[\text{V}]$$

キルヒホッフの電圧則より V_R は，

$$V_R = E - V_D = 3[\text{V}] - 0.7[\text{V}] = 2.3[\text{V}]$$

オームの法則より，

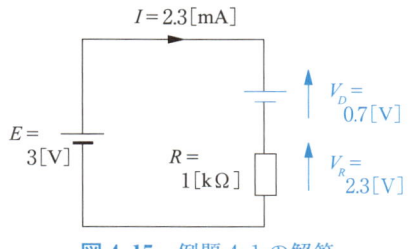

$$I = V_R/R = 2.3[\text{V}]/1[\text{k}\Omega] = 2.3[\text{mA}]$$

図 4.15　例題 4-1 の解答

▶ 例題 4-2

図 4.16 に示す回路における V_D，V_R，I の各値を求めよ．

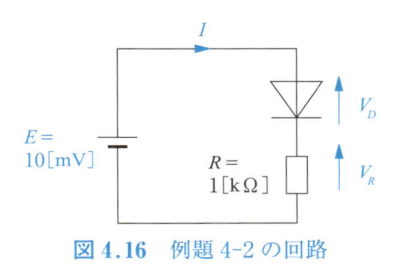

図 4.16　例題 4-2 の回路

▶ 解　答

電流とダイオードの向きは同じであるが，電源電圧 E が 0.7[V] 未満であるため，ダイオードは開放となり，図 4.16 の等価回路は，図 4.17 となる．

回路に電流が流れないため I，V_R は，

$$I = 0[\text{A}]$$

$$V_R = IR = 0 \times R = 0[\text{V}]$$

V_D は，キルヒホッフの電圧則より

$$V_D = E - V_R = E - 0 = E = 10[\text{mV}]$$

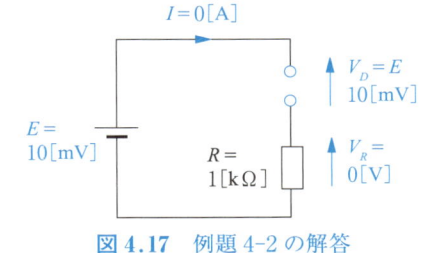

図 4.17　例題 4-2 の解答

▶ 例題 4-3

図 4.18 に示す回路における V_D, V_R, I の各値を求めよ.

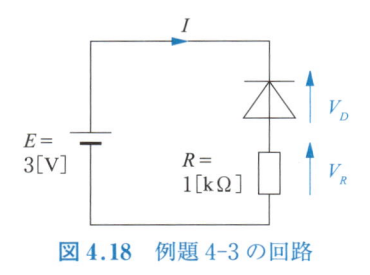

図 4.18 例題 4-3 の回路

▶ 解 答

電流とダイオードの向きが逆向きであるため，ダイオードは開放となり，図 4.18 の等価回路は，図 4.19 のような等価回路となる．

回路に電流が流れないため I, V_R は

$$I = 0 [\text{A}]$$
$$V_R = IR = 0 \times R = 0 [\text{V}]$$

V_D は，キルヒホッフの電圧則より

$$V_D = E - V_R = E - 0$$
$$= E = 3 [\text{V}]$$

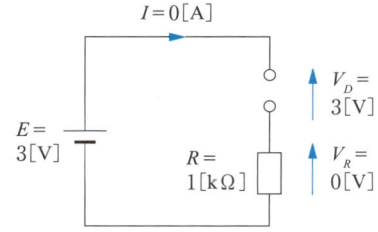

図 4.19 例題 4-3 の解答

4.7 交流を印加したときの整流ダイオード

(1) 交流―その1―（最大値が 0.7 [V] 以上の高い電圧の場合）

いま，図 4.20(a) のような回路があり，交流源は e のような電圧波形であるとするとダイオー

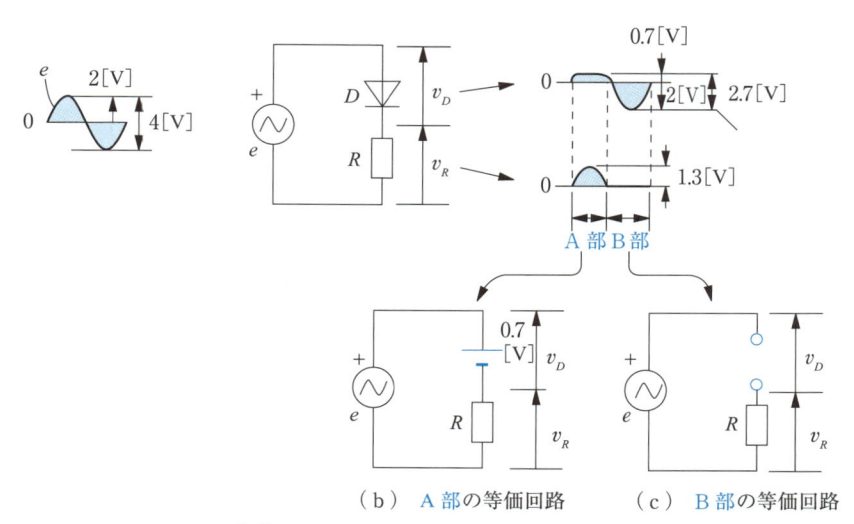

図 4.20 0.7 [V] 以上の交流電圧をかけた場合の各部の電圧波形

(b) A 部の等価回路　　(c) B 部の等価回路

ドの両端の電圧 v_D と，抵抗の両端の電圧 v_R の波形は図 4.20(a) に示すようになる．つまり，ダイオードに 0.7[V] 以上の正の電圧がかかったときだけ電流が流れ，v_R に電圧降下が生じる．すなわち A 部に対しては (b) に示すような等価回路で考えることができる．また，0.7[V] 未満の場合は B 部の波形となり，それは図 (c) に示すような等価回路で考えるとわかりやすい．

なお，抵抗の両端に電圧がかかるのは，A 部のときであるが，それはダイオードに 0.7[V] 以上の電圧がかかり電流が流れているときであり，その電流が抵抗にも流れることによって抵抗両端に電圧降下が生じることになる．

ここで，交流を片方の極性（厳密には 0.7[V] を境界にしている）の波形だけにすることを整流作用といい，この場合，抵抗両端の出力波形が半周期分の波形だけなので半波整流という．

より正確に電圧波形や電流波形を求めたいときは，付録 A.3 を参照すること．

(2) 交流—その 2—（最大値が 0.7[V] 以下の小さい電圧の場合）

図 4.21(a) に示すように，交流源 e の電圧が 12[mV$_{p-p}$] のとき，e は 0.7[V] 未満の電圧であるためダイオードには電流がまったく流れない．したがって，抵抗 R にも電流は流れない．ゆえに，$v_D = e$，$v_R = 0$ となる．ここで等価回路を考えると，図 4.21(b) のようになる．

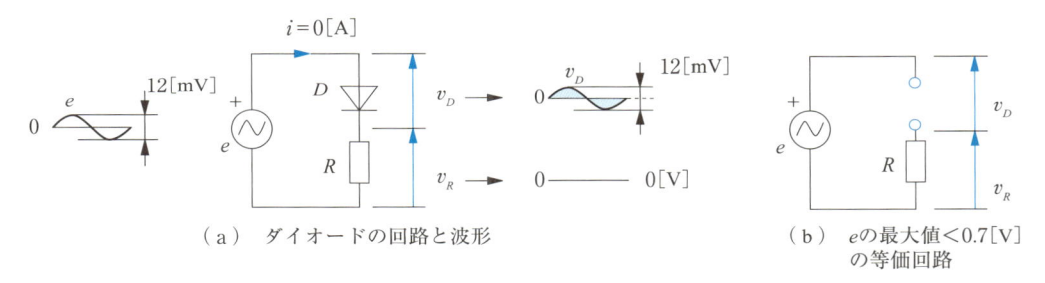

(a) ダイオードの回路と波形　　(b) e の最大値 < 0.7[V] の等価回路

図 4.21 交流電圧が小信号の場合の各部の電圧波形

(3) 直流＋交流（小信号：0.1[V] 以下）

図 4.21 において，回路に電流が流れないのは，ダイオードに peak to peak 値 12[mV$_{p-p}$]（実効値（rms：root mean square value）$\frac{12}{2\sqrt{2}} = 3\sqrt{2} = 4.24$[mV$_{rms}$]）の電圧しか印加されていないからで，電流を流すには，0.7[V] ＝ 700[mV] 以上の電圧が必要であることがわかる．

そこで，図 4.22(a) に示すように直流の電圧 E を交流信号の電源 e に加えてみると，電源の波形は $E + e$ のようになり，ダイオードで 0.7[V] の電圧降下があっても，交流分の電流はすべて流れることになる．このように交流信号に直流を重ね合わせる（加える）ことをバイアスをかけるという．また，信号電圧に直流電圧を重ね合わせた場合のダイオードにかかる直流電圧 V_D を直流バイアス電圧という．直流電流 I はバイアス電流と呼ばれている．

図 4.22(a) の出力電圧波形を解析するには，重ね合わせの理を利用するとよい．すなわち，図 4.22(b) の直流の等価回路と (c) の交流の等価回路を考えるとわかりやすい．

まず直流はダイオードに 0.7[V] 以上かかるので 0.7[V] の直流定電圧源に置き換えられ，$V_D = 0.7$[V]，$V_R = E - V_D = 2 - 0.7 = 1.3$[V] が算出される．そのときの直流バイアス電流 I は $V_R/R = 1.3$[V]$/2$[kΩ] $= 0.65$[mA] となる．

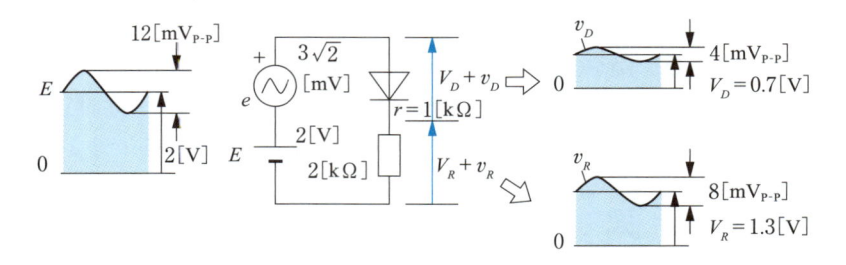

（a） 回路と電圧波形

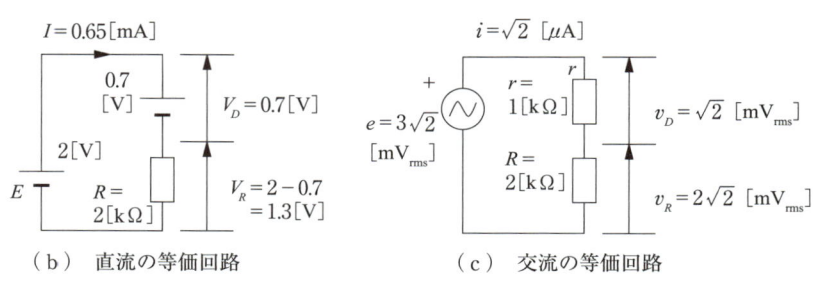

（b） 直流の等価回路

（c） 交流の等価回路

図 4.22 交流の小信号に直流バイアスをかけた場合

　また，交流については図 4.22(c) をみると，$v_D=(r/(r+R))\times e=4[\mathrm{mV_{p\text{-}p}}]$ が計算できる．ここで，r はダイオードの交流インピーダンスを意味し，この例題の場合では $r=1[\mathrm{k\Omega}]$ とする．
　また $v_R=e-v_D$ で $2\sqrt{2}[\mathrm{mV_{rms}}]$ になる．そのときの交流信号電流 $i=v_R/R=2\sqrt{2}[\mathrm{mV_{rms}}]\div 2[\mathrm{k\Omega}]=\sqrt{2}[\mu\mathrm{A}]$ となる．
　ここまでバイアスという言葉が出てきたが，バイアスとは，「かたより」という意味があり，交流信号に直流を印加させることである．この言葉は，電子回路を学ぶ上でたいへん重要な言葉である．

4.8　順方向・逆方向バイアスについて

　図 4.23 において (a) はダイオードに順方向電圧がかかっている．これは先に述べたようにダイオードの P 側に正（＋）の電位を，N 側に負（－）の電位を加え，しかも 0.7[V] 以上の電位差をもたせることである．また図 4.23(b) は逆方向電圧がかかっている．図 4.23(a) とは逆に，P 側に負（－）の電位を，N 側に正（＋）の電位をかけている．図 4.23(c) は，交流信号源の電流が

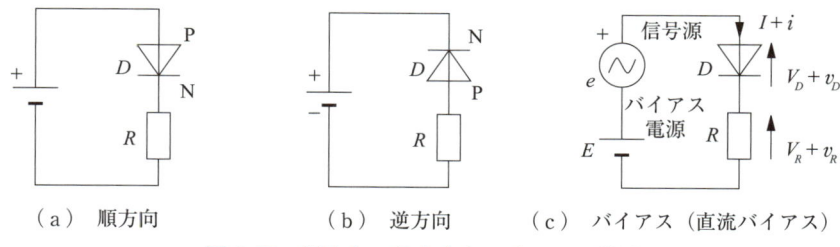

（a） 順方向　　　（b） 逆方向　　　（c） バイアス（直流バイアス）

図 4.23 順方向・逆方向とバイアスの説明

ダイオード D の中を通って流れるように直流バイアスをかけた回路を示す．このバイアス電源 E（電圧値が 0.7[V] 以上）がないと交流信号は流れない．

第4章 演習問題

1. 図 Q4.1 の (a)〜(b) の回路のうち，電流が流れるものを選べ．

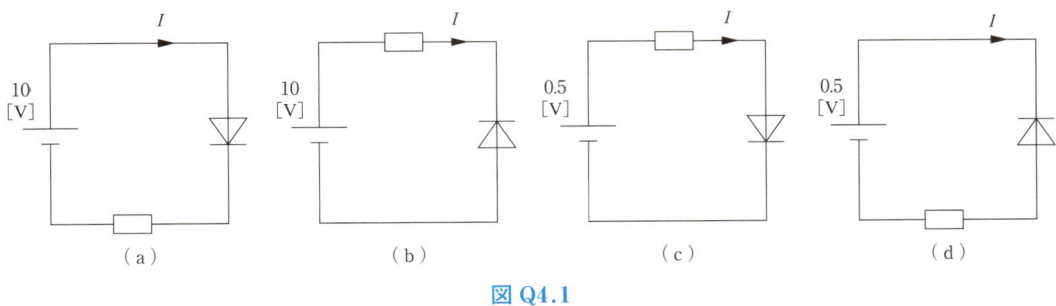

図 Q4.1

2. 次の各問に答えよ．
(1) 図 Q4.2 において，$E=7[V]$，$I=-2.1[mA]$ のとき V_D，V_R，R の各値を求めよ．

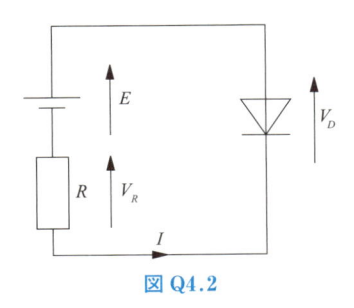

図 Q4.2

(2) 図 Q4.3 において，$E=20[V]$，$R=9.3[k\Omega]$ のとき，V_R，V_{D1}，V_{D2}，I を求めよ．

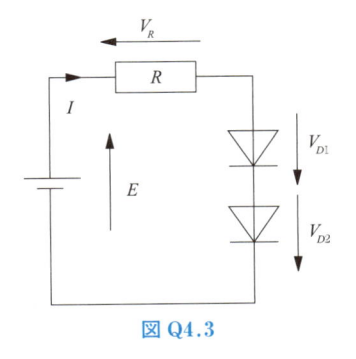

図 Q4.3

(3) 図Q4.4において，直流(DC)$E=10$[V]，交流(AC)$e=50$[mV]，$R_1=5$[kΩ]，$R_2=4.3$[kΩ]，ダイオードの交流インピーダンス $r=0.7$[kΩ]のとき，直流(DC)の V_1, V_2, V_D, I, と交流(AC)の v_1, v_2, v_D, i の各値を求めよ．

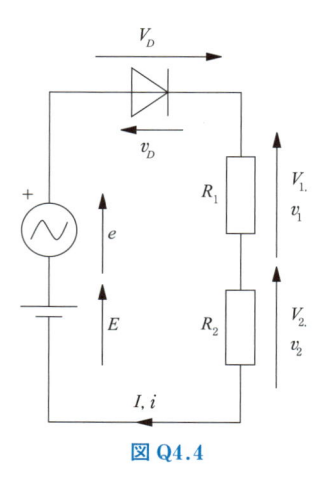

図 Q4.4

第5章 トランジスタ

トランジスタは，主にバイポーラトランジスタとユニポーラトランジスタに大別され，ユニポーラトランジスタの代表的なものが電界効果トランジスタすなわち FET（Field Effect Transistor）である．本書ではバイポーラトランジスタについて記述するが名称は「トランジスタ」を使用する．

トランジスタは電子回路の主役ともいえる素子である．そこで，この章ではトランジスタの構造と動作原理について考える．

5.1 トランジスタ

トランジスタは電流を増幅したり，スイッチとしての働きをしたりする素子であるが，その仕組みはどのようになっているかを考えてみる．

先に述べたダイオードは，図 5.1(a) に示すように P 型半導体と N 型半導体を 1 つずつ合わせた二層構造のものであるが，トランジスタは図 5.1(b)，(c) のように半導体が三層構造になったもので，一般に，NPN 型トランジスタと PNP 型トランジスタの 2 つに大別される．図 5.1 の各構造図の右横に回路記号を示す．

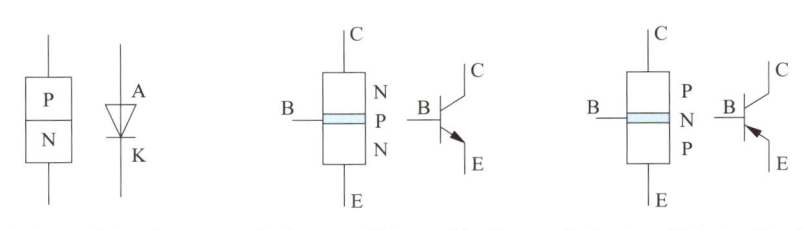

（a）ダイオード　　（b）NPN 型トランジスタ　　（c）PNP 型トランジスタ

図 5.1　ダイオードとトランジスタの各構造図と回路記号

トランジスタには，図 5.1(b)，(c) に示すように 3 つの端子がある．これら 3 つの端子には名称があり，それぞれ B（ベース），C（コレクタ），E（エミッタ）と呼ばれている．これらはその端子につながっている半導体や，その中の自由電子や正孔の密度などで決められており，図 5.2(b) の実際の構造図のように B（ベース）は非常に薄い膜のような P 型半導体の層であり，それがベース電極とつながっている．また，C（コレクタ）と E（エミッタ）の電極は同じ N 型半導体の層につながっているが，体積は E（エミッタ）側の半導体部に比べ，C（コレクタ）側の半導体部の方が大きく，電子（キャリア）の密度は C（コレクタ）側の半導体部に比べ，E

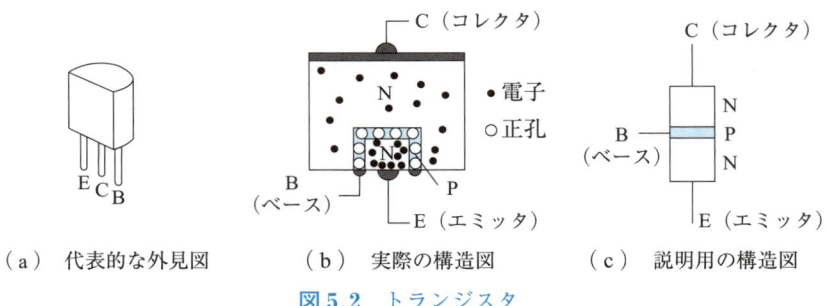

|（a）代表的な外見図|（b）実際の構造図|（c）説明用の構造図|

図 5.2 トランジスタ

（エミッタ）側の半導体部の方が高くなるように作られている．

なお，トランジスタには§5.2 に示すように多くの種類があるが，本書では，バイポーラ接合型の NPN 型シリコン・トランジスタを主体に考えていくことにする．PNP 型トランジスタについては付録 A.2 で示す．

5.2　トランジスタの型名と規格

トランジスタの型名と規格について以下に記述する．

（例）　型名：2SC-1815-BL

2→有効電極数から 1 引いた数になる．
・ダイオードは足（電極）が 2 本（2 極）あるので，2−1＝1 で型名の最初の数は 1 になる
・3 極トランジスタは 3−1＝2 で型名の最初の数字は 2 になる．
・4 極トランジスタは 4−1＝3 で型名の最初の数字は 3 になる．

S→Semiconductor の頭文字を意味する．

C→NPN 型の高周波用を意味し，A～M の 8 種類に分類される．

　以下にそれぞれの意味を示す．
　　　A……PNP 型の高周波用
　　　B……PNP 型の低周波用
　　　C……NPN 型の高周波用
　　　D……NPN 型の低周波用
　　　F……SCR（サイリスタ）
　　　J……P チャネル電界効果トランジスタ
　　　K……N チャネル電界効果トランジスタ
　　　M……トライアック

1815→登録番号を意味し，11 から始まり EIAJ（日本電子機械工業会）に登録された順に番号が付けられている．

BL（ブルー）→これはトランジスタの h_{FE} の違いを色で表わしたもので，その関係は表 5.1 のようになっている．

さらに，詳しく知りたい人は，トランジスタの規格表を参考にするとよい．

表 5.1　色と h_{FE} の関係

記号	色	h_{FE}
O	オレンジ	70〜140
Y	イエロー	120〜240
GR	グリーン	200〜240
BL	ブルー	350〜700

（ただし，この表示は東芝のみ）

5.3　トランジスタの動作原理

トランジスタの動作原理を (1) 直流の場合と (2) 交流の場合と (3) 小信号の場合に分けて考えてみる．

(1) 直流の場合

図 5.3 のように，トランジスタの B（ベース）−E（エミッタ）間だけに電圧をかけると，B（ベース）−E（エミッタ）間は P 型半導体と N 型半導体を組み合わせたダイオードと同じ形になっているため，ダイオードと同じように 0.7[V] 以上の電圧がかからないと電流が流れない．

（a）回路図　　　　　（b）構造図

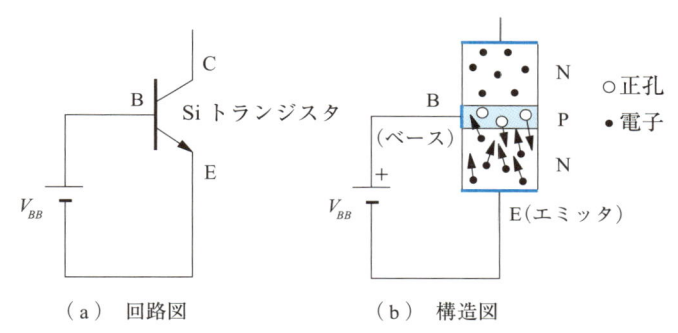

図 5.3　B-E 間に電圧をかけた場合の電子と正孔の動き

次に図 5.4 のように，B（ベース）−E（エミッタ）間の電源 V_{BB} に 0.7[V] 以上の電圧をかけ，さらに，C（コレクタ）−E（エミッタ）間に電源 V_{CC} を接続し，B-E 間の電圧よりも大き

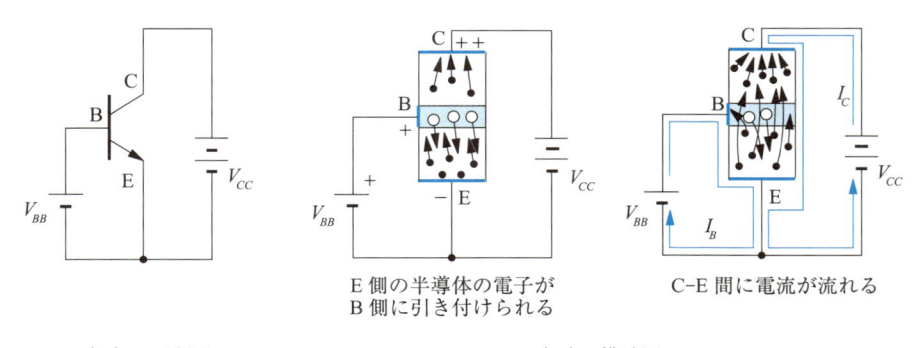

E 側の半導体の電子が　　C-E 間に電流が流れる
B 側に引き付けられる

（a）回路図　　　　　　　　　　　　（b）構造図

図 5.4　トランジスタの増幅作用の動作原理

な電圧をかける．すると，図5.3でE（エミッタ）側のすべての電子はB（ベース）側に流れていたのに，図5.4ではC（コレクタ）側にも大きな正の電圧がかかっているため，エミッタ側にあった電子がベースの薄い層を突き抜けて，コレクタの正の電極によって引き付けられ，結果としてC（コレクタ）からE（エミッタ）に大量の電流が流れることになる．

ここで，E（エミッタ）−C（コレクタ）間に高い電圧をかけても，ベースの電極に電圧がかかっていなければエミッタ側にある電子はベース層に入ることはできない．ゆえに，トランジスタのB（ベース）からE（エミッタ）へ電流が流れない限り，C（コレクタ）からE（エミッタ）へ電流は流れない．また，ベースからエミッタへ流れる電流が大きくなればベースに入る電子の量もそれに比例して多くなり，コレクタへ突き抜ける電子の量も多くなる．ここでコレクタからエミッタへ流れる電流はベースからエミッタへ流れる電流に比べ非常に大きいため増幅作用があると考えられる．

つまり，B（ベース）−E（エミッタ）間に0.7[V]以上の低い直流電圧をかけ，C（コレクタ）−E（エミッタ）間に高い直流電圧をかけると，C（コレクタ）−E（エミッタ）間に大きな電流が流れることがわかる．これがトランジスタの増幅作用の動作原理であり，またトランジスタが電流増幅素子といわれる理由である．なお，トランジスタがどのくらい電流を増幅するかは，トランジスタの種類によって違う．

ここで，一般に多く用いられるエミッタ接地型の回路では，B（ベース）−E（エミッタ）間を入力側，C（コレクタ）−E（エミッタ）間を出力側とよび，入力側に流れる直流電流はI_Bであり，出力側に流れる直流電流はI_Cである．また電流増幅率をh_{FE}とすれば，I_B, I_C, h_{FE}には次のような関係がある．なお，電流増幅率については第7章を参照するとよい．

$$I_B(入力電流) \times h_{FE}(電流増幅率) = I_C(出力電流) \tag{5-1}$$

(2) 交流の場合（小信号ではなく，最大値1[V]以上の交流）

次に，B（ベース）−E（エミッタ）間に交流の電圧をかけた場合について考える．

交流定電圧源の電圧波形が図5.5のv_1に示す最大値1[V]の正弦波であるならば，B（ベー

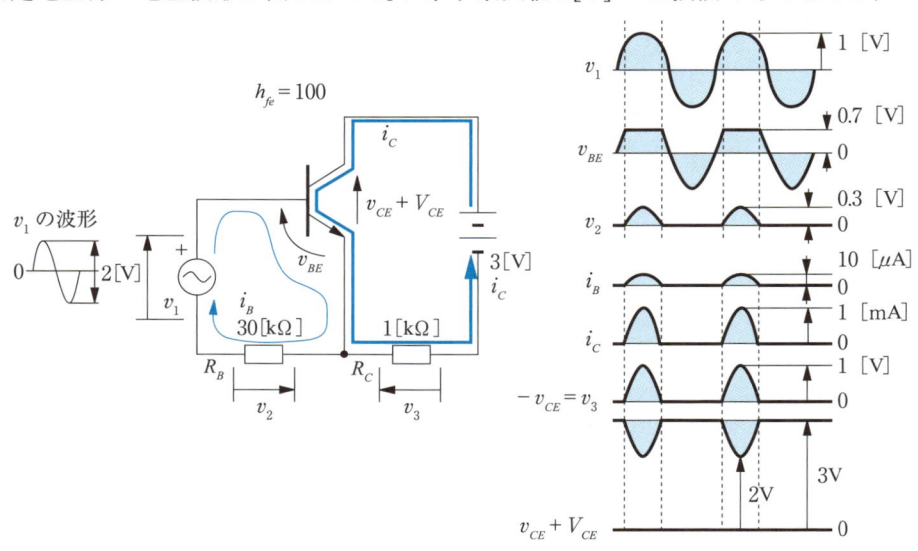

図5.5 交流の場合

ス) — E（エミッタ）間に，0.7[V] 以上の電圧がかかった状態のときだけ入力側に電流 (i_B) が流れる．この i_B の電流がトランジスタで増幅され，出力電流 (i_C) が流れる．その i_C の電流が抵抗 R_C に流れることにより，R_C で電圧降下が生じ，v_3 のような元の波形と異なる電圧波形が出てくる．もちろん，交流でも 0.7[V] 未満の電圧なら，電流は流れないので増幅もされない．たとえば，0.1[V]（P-P値）の電圧は全く増幅されないことになる．

ここで，v_3 のように元の波形と異なる波形を出すのではなく，元の波形を増幅した波形を出したい場合について，次の（3）の小信号の場合で考える．

(3) 小信号の場合（直流 + 交流の小信号）

（2）の v_3 の波形が歪まないように交流分全体の波形を出すためには，図 5.6 のように直流電圧（直流バイアス電圧）を加えてバイアスすればよいことがわかる．この場合の交流入力電圧は，一般に小さい電圧なので小信号と呼ばれる．

第 4 章のダイオードの説明でも述べているが，直流電圧をバイアスすることにより，このトラ

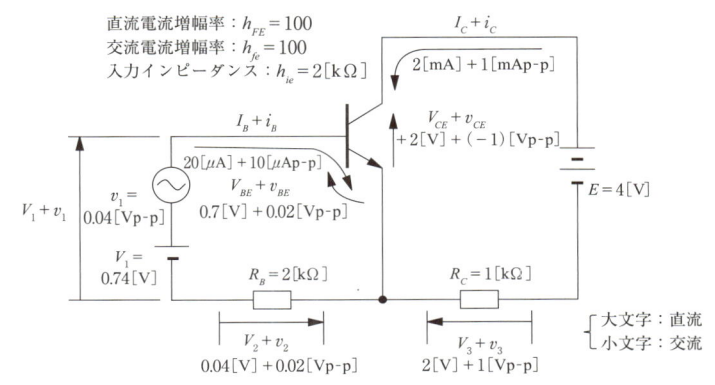

（a） 回路図と各電圧・電流値

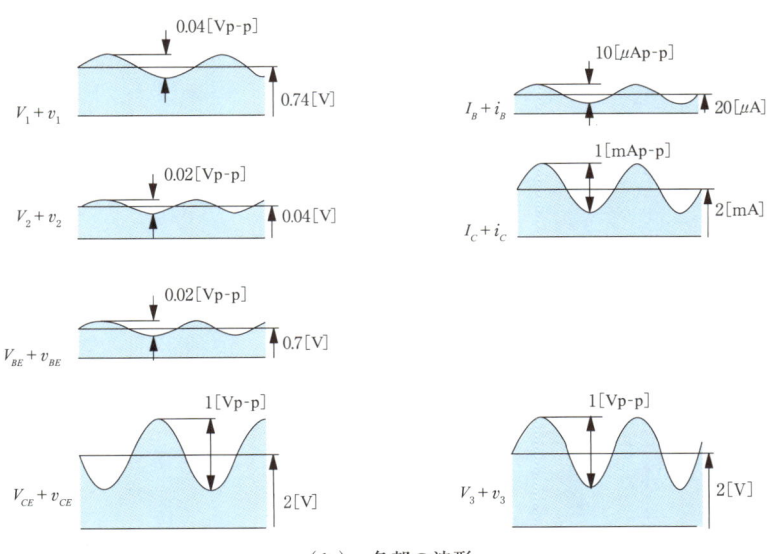

（b） 各部の波形

図 5.6 小信号に直流バイアスをかけた場合のトランジスタの動作

ンジスタの回路においても交流分の電圧波形を歪ませることなく電流を流すことができる．すなわち，トランジスタ回路でもバイアスが必要である．

①入力側の直流電圧と直流電流

図 5.6(a) に示すとおり，入力側の直流電圧を考えると，直流入力電源電圧 V_1 が $0.74[\text{V}]$ のときトランジスタのベース－エミッタ間の直流電圧 V_{BE} は $0.7[\text{V}]$ となり，R_B にかかる直流電圧 V_2 は $0.04[\text{V}]$ となる．

直流電流 I_B は，$I_B = V_2/R_B = 0.04 \div 2000 = 20[\mu\text{A}]$ である．

②入力側の交流電圧と交流電流

また，入力側の交流電圧（小信号交流電圧）を考えると，トランジスタのベース－エミッタ間の入力抵抗 h_{ie} と R_B の値が共に $2[\text{k}\Omega]$ で等しいならば，$v_{BE} = v_2$ となり，$v_1 = 0.04[\text{V}_{\text{p-p}}]$ であるならば $v_{BE} = v_2 = 0.02[\text{V}_{\text{p-p}}]$ となる．

交流入力電流 i_B は，$i_B = v_2/R_B = 0.02 \div 2000 = 10[\mu\text{A}_{\text{p-p}}]$ である．

③出力側の直流電流と直流電圧

次に出力側を考えると，直流に関して入力電流 I_B が $20[\mu\text{A}]$ で，直流の電流増幅度 h_{FE} が 100 倍であるならば，式（5.1）より，$I_C = I_B \cdot h_{FE} = 2[\text{mA}]$ となり I_C は $2[\text{mA}]$ となる．また，$R_C = 1[\text{k}\Omega]$ とすれば，$V_3 = R_C I_C = 1[\text{k}\Omega] \times 2[\text{mA}] = 2[\text{V}]$ となり V_3 は $2[\text{V}]$ となる．また，$E = 4[\text{V}]$ であるので，キルヒホッフの電圧則より V_{CE} は $E - V_3 = 4 - 2 = 2[\text{V}]$ となる．

④出力側の交流電流と交流電圧

次に，交流出力に関しては，$i_B = 10[\mu\text{A}_{\text{p-p}}]$ で，交流の電流増幅度 h_{fe} が 100 倍であるならば，$i_C = i_B \cdot h_{fe} = 1[\text{mA}_{\text{p-p}}]$ 流れ，$v_3 = R_C \cdot i_C = 1[\text{mA}] \times 1[\text{k}\Omega] = 1[\text{V}_{\text{p-p}}]$ となる．

また，$v_{CE} = -v_3$ であるため $v_{CE} = -1[\text{V}_{\text{p-p}}]$ となる．

以上の電圧電流の波形をまとめると図 5.6(b) になる．ここで直流バイアス電圧 V_1 の働きで，出力の電流，電圧ともに波形が歪んでいないことがわかる．

第5章 演習問題

1. 図 Q5.1 において，$E_1 = 3[\text{V}]$，$E_2 = 10[\text{V}]$，$R_1 = 230[\text{k}\Omega]$，$R_2 = 10[\text{k}\Omega]$，$h_{FE} = 40$ である．このときの，V_1，V_2，V_{CE}，I_1，I_2，I_3 の各値を算出せよ．

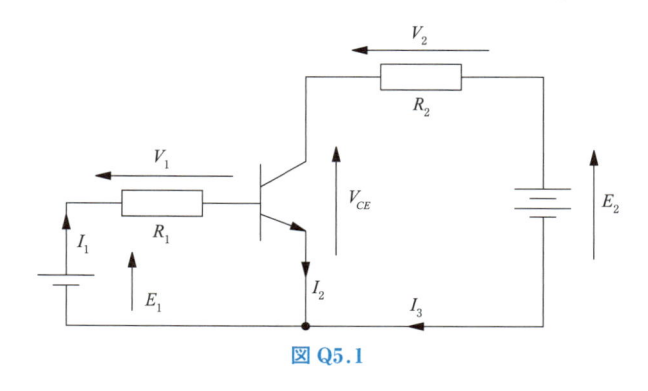

図 Q5.1

2. 図 Q5.2 において，$E_1=1[\mathrm{V}]$，$E_2=25[\mathrm{V}]$，$e=5[\mathrm{mV}]$，$R_1=3[\mathrm{k}\Omega]$，$R_2=1[\mathrm{k}\Omega]$，$h_{FE}=h_{fe}=100$，$h_{ie}=2[\mathrm{k}\Omega]$ である．このとき，直流（DC）V_1，V_2，V_{CE}，I_1，I_2，I_3 と交流（AC）v_1，v_2，v_{CE}，i_1，i_2，i_3 を求めよ．

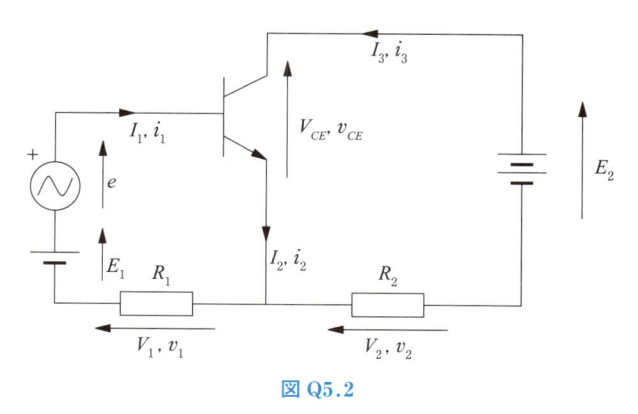

図 Q5.2

第6章 増幅回路ができるまで

この章では基本的な増幅回路ができるまでの過程を1つ1つ段階的に考えてみる.

マイク（マイクロホン）とスピーカは非常に身近なものであるが，実際にマイクとスピーカを直接接続し，マイクに音を入れてもスピーカから音は出てこない．それはマイクとスピーカの間に増幅器がないからである．そこでこのマイクとスピーカの間に入れる増幅器に注目し，信号の流れを明確にすると共に，増幅回路が作られる過程を考える．結果として各素子（抵抗，コンデンサ）の働きを理解する．

6.1 増幅器ができるまでの過程

図 6.1 に示すように，マイクは音声（音波）を電気信号に変えるものであり，スピーカはその電気信号を音声に変えるものである．また，音声は波であるので，マイクは回路上では交流源として取り扱うことができる．

図 6.1 増幅器ができるまで（1）

それでは，マイクに入った音声をスピーカに出力するにはどのようにすればよいか考えてみる．まず，図 6.2 のように直接，マイクとスピーカをつないでみるとどうなるか？

これでは音を出すことはできない．なぜなら，マイクに入った音声は，電気信号に変換されるとたいへん微弱な信号になるため，スピーカを動作させることができない．したがって，図 6.2 の回路では，スピーカから音を出すことはできない．

図 6.2 増幅器ができるまで（2）

そこで，図 6.3 に示すように，マイクからの微小信号をスピーカから出力させるためには増幅器が必要になる．ここでトランジスタが登場することになる．

図 6.3 増幅器ができるまで（3）

しかし，図6.4に示すように，単にマイクとスピーカの間にトランジスタを入れても，ベース－エミッタ間に0.7[V]以上の電圧がかからなければ，トランジスタのベースからエミッタに電流は流れずトランジスタは動作しないので，スピーカからは音は出ない．

そこで，0.7[V]以上の電圧を得るために，図6.5に示すように直流バイアス電圧をかけてみる．しかし，これでは直流電流によってマイクのコイルが焼き切れるおそれがある*ため，直流電流がマイクに流れないようにする必要がある．

ここで，コンデンサは「直流に対しては開放」という性質を利用すると，図6.6に示すように，マイクと直流電圧源の間に直列にコンデンサを入れれば，マイクに直流電流は流れないことになる．しかし，今度は直流電流がコンデンサによってトランジスタの入力側に流れなくなり，直流電圧は，すべてコンデンサ C_1 にかかりトランジスタのB-E間に直流バイアスがかからなくなる．したがって交流信号も流れないことになる．

そこで，図6.7に示すように交流信号源と直流電圧源を並列にし，その間にコンデンサ C_1 を入れる．

こうすることで，直流電流はマイクの方に流れず，トランジスタの入力側（B-E間）へ流れ，バイアスされることになる．しかし，これでは交流信号電流がすべて直流定電圧源（内部抵抗 $r=0$）に流れてしまうので，トランジスタの入力側（B-E間）に流れなくなる．

そこで，図6.8に示すように直流定電圧源に直列に抵抗 R_A を入れる．

これで交流（小信号）電流は，直流定電圧源の他にトランジスタの入力側（B-E間）へも分流して流すことができる．また，直流電流もマイクへ流れずにトランジスタの入力側へ流すことができる．以上の結果，トランジスタの入力側（B-E間）に交流（小信号）も直流バイアス電流も流れ，信号波形を歪まさずにトラン

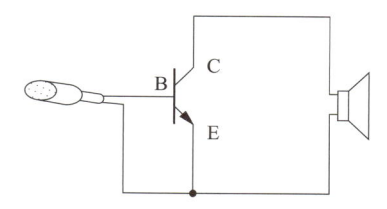

図6.4　増幅回路ができるまで（4）

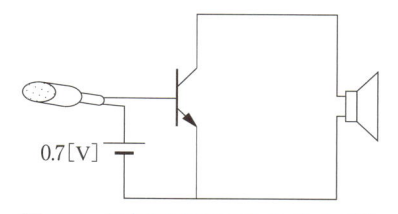

図6.5　増幅回路ができるまで（5）

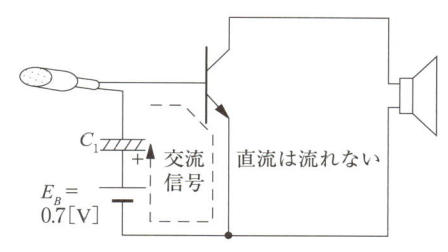

図6.6　増幅回路ができるまで（6）

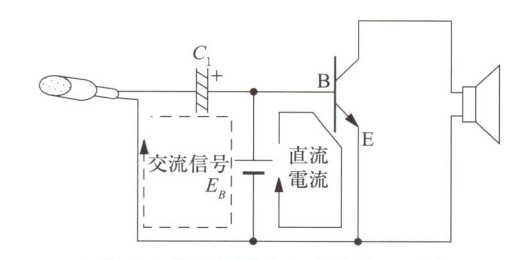

図6.7　増幅回路ができるまで（7）

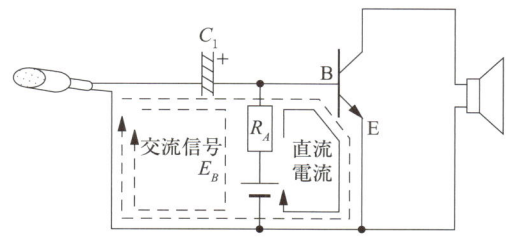

図6.8　増幅回路ができるまで（8）

＊：ダイナミックマイクロホンの内部はコイル L と抵抗 r の直列回路になっていて，抵抗 r は非常に小さく，コイルのインダクタンス L は大きいが直流電流に対しては $j\omega L=0[\Omega]$ となる．したがって，直流電流 $I=E/(r+j\omega L)=E/r$ において r が小さいため I が大きくなり，大量に電流が流れてコイルを焼き切ることがある．

ジスタに入力することができる．

しかし，これでもまだスピーカから音を出すことはできない．なぜなら，コレクタ－エミッタ間に大きな直流電圧をかけるためのエネルギー供給源がなく，電流を増幅できないからである．これではいくら入力側に信号を流すことができても意味がない．そこで，図6.9 に示すように，エネルギー供給源となる直流定電圧電源 V_{CC} をトランジスタの出力側（C-E 間）につける．

しかし，これではスピーカに少し過剰な表現ではあるが大量の直流電流が流れることになり，スピーカの中にあるコイルが焼き切れるおそれがある．そこで，スピーカに直流電流を流さず，交流（小信号）電流だけを流すために，入力側と同じように直流カット用のコンデンサ C_C を図6.10 のように挿入し，スピーカとエネルギー供給源とをトランジスタに対し並列に接続することを考える．

このようにすれば，V_{CC} からの直流電流はスピーカには流れず，すべてトランジスタに流れることになる．しかし，これでは増幅された交流（小信号）電流がエネルギー供給源

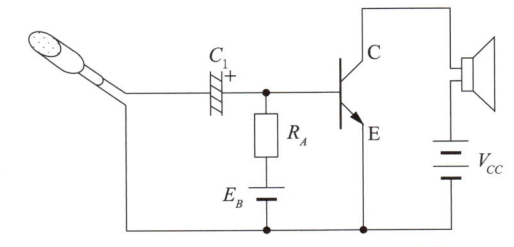

図 6.9 増幅回路ができるまで（9）

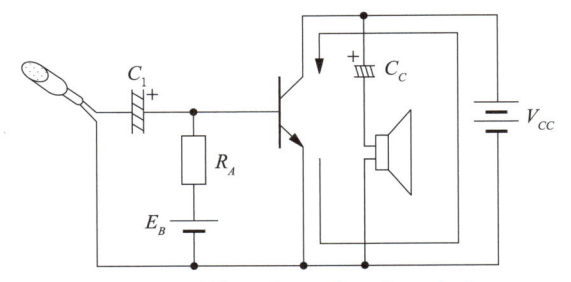

図 6.10 増幅回路ができるまで（10）

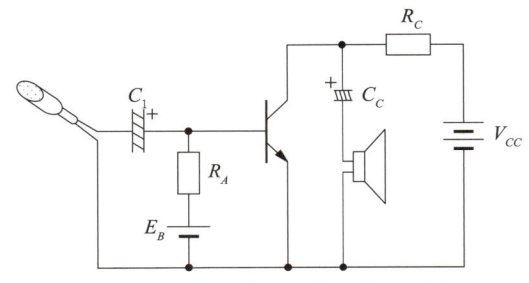

図 6.11 増幅回路ができるまで（11）

V_{CC}（定電圧源であるため内部抵抗 $r=0[\Omega]$）の方へすべて流れてしまい，スピーカへ信号が流れず音は出ない．そこで，図6.11 のようにエネルギー供給源 V_{CC} と直列に抵抗 R_C を入れる．

このようにすれば，出力された交流信号電流はスピーカと V_{CC} の両方に分流され，直流電流もトランジスタに流れたままであるため，この時点でようやくスピーカから音が出るようになる．

図 6.11 の回路では，直流定電圧源が E_B と V_{CC} の 2 つあるので，これを 1 つにまとめることを考えると，図6.12 のようになる．ただし，E_B の電圧値は V_{CC} の電圧値より一般的に小さく，

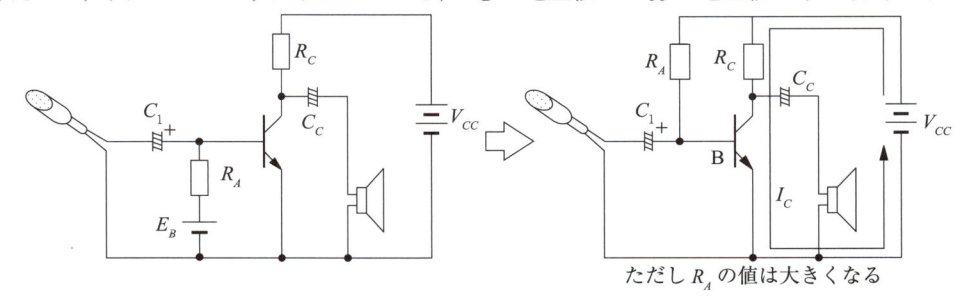

ただし R_A の値は大きくなる

図 6.12 増幅回路ができるまで（12）

E_B をそのまま V_{CC} に置き換えるとベースBの直流電位が高くなり，信号の波形が歪んだり，回路全体の消費電力が大きくなる．そこで，E_B を V_{CC} に置き換えるとき，R_A の値を大きくする必要がある．

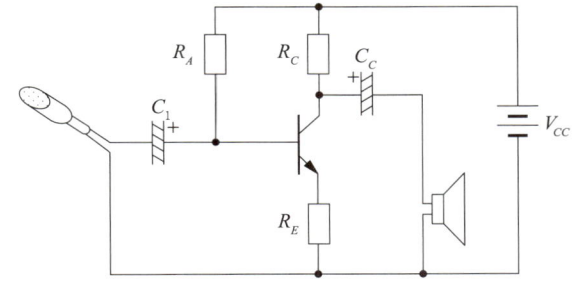

また，もう1つ考えなければならないことは，増幅回路は周囲の温度や電圧の変化に対して，出力が変化したり，回路が壊れてしまうおそれが生ずるということである．すなわち，トランジスタの熱暴走* について考える必要がある．

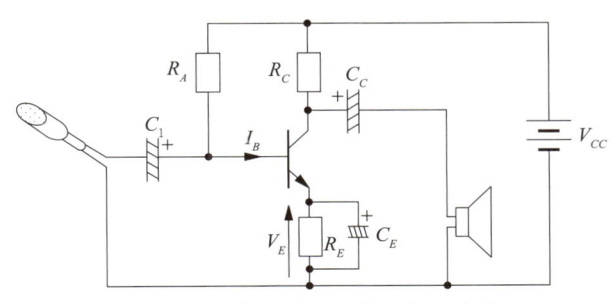

図6.12の回路では周囲の温度が高くなると，直流出力電流 I_C がトランジスタに大量に流れ，トランジスタが熱をもって壊れてしまうおそれが出てくる．

これは，熱暴走と呼ばれる現象で，この現象を防止するために，図6.13のようにトランジスタのエミッタ側に抵抗 R_E を入れる．

図 6.13 増幅回路ができるまで (13)

図 6.14 増幅回路ができるまで (14)

しかし，これでは交流（小信号）電流が流れにくくなる．そこで，図6.14のようにコンデンサ C_E を抵抗 R_E と並列に接続し，直流電流に対しては R_E でしっかり熱暴走を防止し，交流（小信号）電流に対してはバイパスコンデンサ C_E でスムーズに流すことができ，大きな増幅が可能になる．

ここで増幅回路の安定度について考えてみる．

安定度とは，回路周辺の温度変化や電源電圧 V_{CC} の変動に対し，回路の増幅度が変化する度合を意味する．実際には，周辺の温度変化による影響がもっとも顕著であるため，一般には温度変化に対する安定度のみを考える．

周辺の温度の上昇に伴ってトランジスタ内部の温度も上昇すると，ベース－エミッタ間の抵抗 h_{IE} が小さくなる．その結果，I_B，V_E が大きくなり，V_{BE}（ベース－エミッタ間の電圧）が小さくなり，バイアス電圧が小さくなり，増幅度が小さくなる．

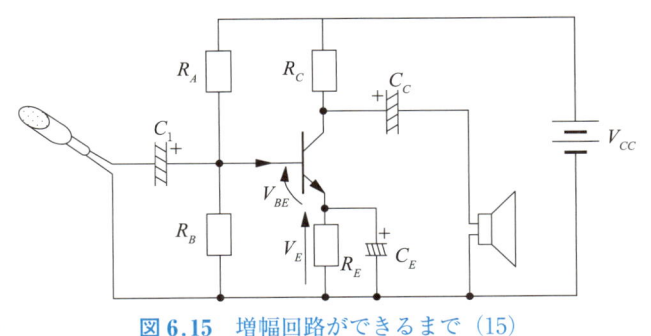

そこで，図6.15のように抵抗 R_B を入れることにより，トランジスタの

図 6.15 増幅回路ができるまで (15)

---

*：熱暴走については第11章で詳しく記述してあるので参照すること．

6.1 増幅器ができるまでの過程

ベース－エミッタ間の電圧 V_{BE} を安定させることが可能になる．結果として増幅回路の増幅度を安定させることができる．

以上で，図 6.15 のような増幅度が安定した増幅器が完成したことになるが，ここで，初めに記述したようにマイクを交流源 v_i に替え，スピーカを出力抵抗 R_L に替えると，図 6.16 に示すようなトランジスタ増幅回路が完成する．

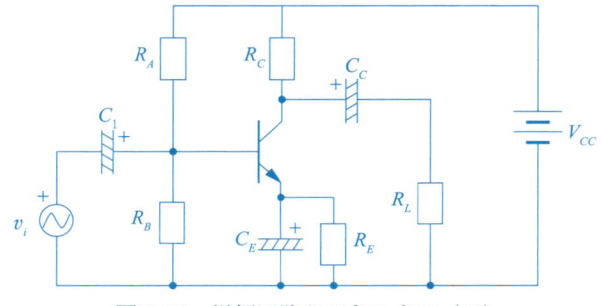

図 6.16 増幅回路ができるまで (16)

ここで，R_E と C_E の位置を交替しているが，これは実際に回路を作製する場合，コンデンサの配線をできるだけ短くする方がノイズが乗りにくく，周波数特性がよくなるからである．なお，この回路は，電流帰還型バイアス回路を有するエミッタ接地方式増幅器であり，トランジスタ増幅器の中ではもっとも一般的に使用されるものである．したがって，この増幅回路を理解すれば他の増幅回路の理解が容易になる．

6.2 増幅回路における抵抗，コンデンサの働き

図 6.16 の各抵抗，コンデンサの名称と働きおよび各素子が短絡された場合と開放された場合，増幅回路はどのようになるかをまとめたのが表 6.1 である．この表を理解することで電子回路がわかるようになる．

表 6.1 増幅回路の各素子の働き

	名称	働き	短絡(導線でつなぐ)	開放(何もつながっていない)
C_1	結合(カップリング)コンデンサ	交流信号源から増幅回路に信号を送り，増幅回路から交流信号源に直流が流れないようにする．	交流信号源に直流が流れる．v_i が定電圧源の場合直流バイアスがかからなくなる	増幅回路に信号を入力できない．
C_S	バイパスコンデンサ	交流入力小信号が R_E で減衰されることを防止する．	安定度が悪くなる(熱暴走が起こりやすい)．	交流入力小信号が R_E で減衰し，出力が小さくなる．(負帰還増幅回路になる)
C_C	結合(カップリング)コンデンサ	増幅回路から負荷抵抗 R_L に信号だけを送り直流電流を流さないようにする．	負荷抵抗 R_L に直流が流れる．	信号が出力されない．(R_L の電圧はゼロになる)
R_A	直流バイアス抵抗	直流バイアス電圧を印加するためと交流小信号がすべて直流定電圧電源に流れないようにするために必要．	バイアス電圧が高くなる．また，交流小信号がすべて V_{CC} に流れベースに入らず出力しない．	バイアス電圧がかからないので，交流小信号が $0.7[V_{max}]$ 以下の場合は出力されず，$0.7[V_{max}]$ 以上の場合は C 級アンプになる．
R_B	ブリーダ抵抗	安定度をよくするために必要．	ベースへ交流小信号が入っていかないため出力しない．	安定度が悪くなる．
R_C	コレクタ抵抗	負荷抵抗 R_L に信号を<u>分流</u>するために必要．	出力しない(出力信号はすべて V_{CC} に流れ R_L に流れない)．	動作電流が流れなくなり，出力されない．
R_E	エミッタ抵抗	安定度をよくするために必要．(熱暴走防止)	直流電圧 V_{BE} が大きくなり直流電流 I_B が大きくなり I_C も大きくなる(熱暴走が起こりやすい)．	バイアス電流，動作電流が流れなくなり，出力しない．
R_L	負荷抵抗	増幅回路の出力に接続する抵抗．	出力電圧はゼロになる．	出力電圧が最大になる．出力電流は流れない．

第 6 章 演習問題

1. C_1，C_C のコンデンサは何のために必要か答えよ．
2. R_A を大きくするとどうなるか，また小さくするとどうなるかを答えよ．
3. R_E を短絡するとどうなるか，また開放するとどうなるか答えよ．

第7章 静特性と h パラメータ

この章ではトランジスタの入力と出力の関係を電圧，電流の観点から考えてみる．さらに，回路設計上，非常に重要な意味をもつトランジスタの静特性と h パラメータについて記述する．

7.1 静特性

静特性は，トランジスタ単体の特性であり，ダイオードでいう V–I 特性である．つまり，トランジスタの次の4つの関係を1つの図に示したものである．①入力における電圧，電流の関係，②出力における電圧，電流の関係，③出力電圧に対する入力電圧の関係，④入力電流に対する出力電流の関係．

ここで静特性とは，直流電流や直流電圧に対する特性を示すのに対し，動特性は交流小信号に対する特性を意味する．

本章では，実際のトランジスタ，2SC-18 □□-Y を使って，この特性がどんな意味をもつのか考えてみる．

図7.1は，トランジスタの各端子間の電圧，電流を示したものである．（エミッタ接地）

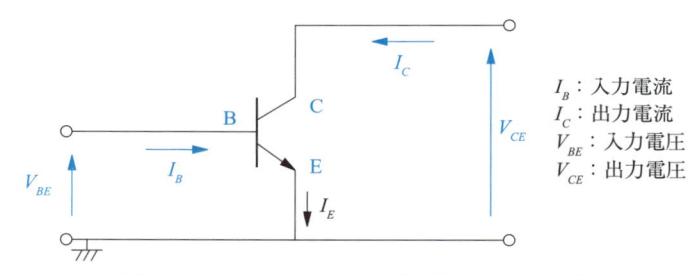

I_B：入力電流
I_C：出力電流
V_{BE}：入力電圧
V_{CE}：出力電圧

図7.1 トランジスタの各端子間の電圧と電流

図7.1における入出力の電圧と電流の関係は，図7.2に示す4つの組み合わせを考えて示される．この特性図にトランジスタの記号を重ねると I_B，I_C の軸はそれぞれトランジスタのベース端子とコレクタ端子と一致し，コレクターエミッタ間の電圧は V_{CE} の軸に対応し，残りの V_{BE} に関しては対応していないがエミッタ端子を少しずらすことで対応できる．これらの各特性の実例を1つのグラフ上に表わすと，図7.3のように表わされる．

図7.3の静特性図において，第1象限〜第4象限の各象限について詳しく考える．

図7.2 静特性の座標

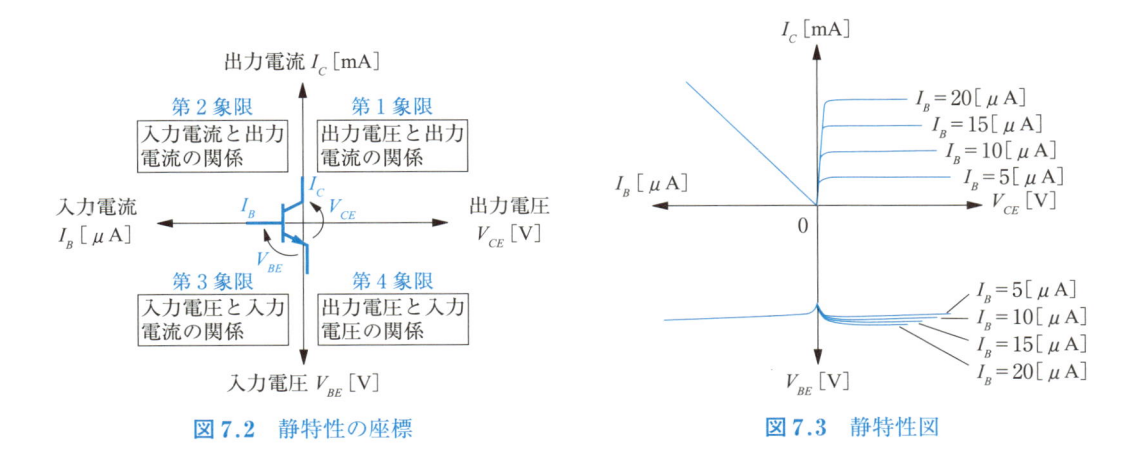

図7.3 静特性図

(1) 第1象限

第1象限は，図7.4のように出力電流I_Cと，出力電圧V_{CE}との関係を示したもので，$I_B=$一定（I_Bをパラメータとする）ならば，V_{CE}を0[V]から正の電圧に変化させると最初急激にI_Cが流れ，すぐに飽和状態になり，I_Cはほぼ一定値となる．このことはI_Bの値が決まれば，V_{CE}の値が変化してもI_Cはほぼ一定であることを意味している．なお，図7.4はシリコントランジスタの特性を示し，$I_B=0$のときI_Cは流れないが，ゲルマニウムトランジスタでは$I_B=0$でもI_Cが少し流れる．

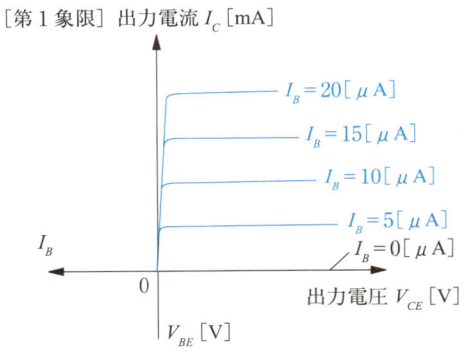

図7.4 第1象限（V_{CE}-I_C特性）

(2) 第2象限

第2象限は，図7.5のように入力電流I_Bと出力電流I_Cとの関係を示したもので，この特性より，トランジスタの直流の電流増幅率h_{FE}が決まる．

この特性を見ると，I_Bが0付近では，穏やかな曲線（非線形）で，その後直線の特性（線形）になり，さらにI_Bが大きすぎると，曲線になる．増幅率は，I_Bの大きさによって変わるが，I_Bが図7.5に示すAの範囲では交流の増幅度$h_{fe}=\Delta I_C/\Delta I_B$はほぼ一定になる．また，直流の電流増幅率$h_{FE}$は式（7-1）で与えられる．

7.1 静特性

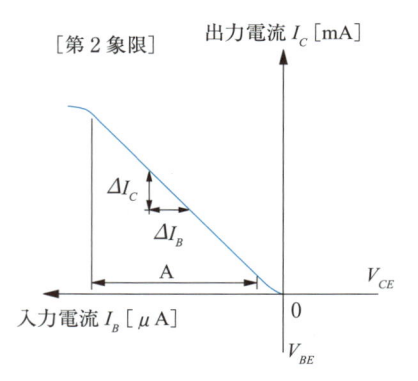

図7.5　第2象限（I_B-I_C特性）

$$h_{FE} = \frac{I_C}{I_B} \tag{7-1}$$

(3) 第3象限

第3象限は，図7.6に示すように，入力電圧 V_{BE} と入力電流 I_B との関係を示したもので，トランジスタのベース−エミッタ間にどの程度の電圧をかければベース電流が流れるかがわかる．つまり，この特性は第4章の図4.5で示したダイオードの V-I 特性（順方向）と同じものである．したがって，ベース−エミッタ間に大きな電圧をかけ過ぎると，電流 I_B が大量に流れてトランジスタを壊すおそれがあることも，この特性からわかる．図7.6の特性では V_{BE} が 0.65[V] 以上になると I_B が流れる．

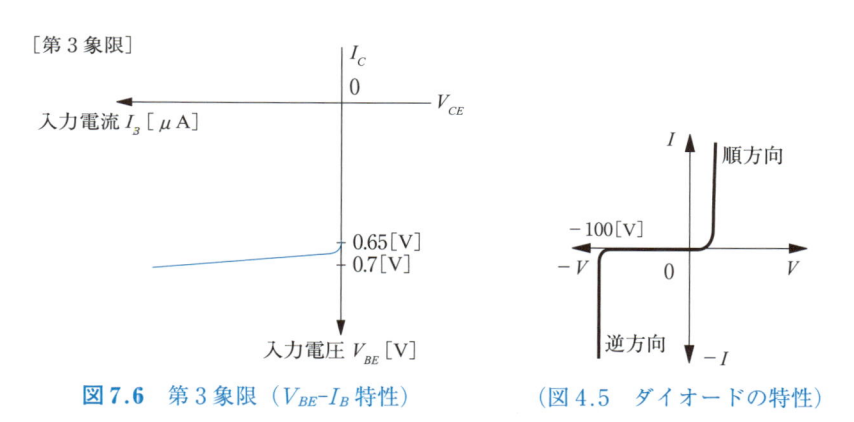

図7.6　第3象限（V_{BE}-I_B特性）　　（図4.5　ダイオードの特性）

(4) 第4象限

第4象限は，図7.7に示すように入力電圧 V_{BE} と出力電圧 V_{CE} との関係を示したもので，出力電圧 V_{CE} を変化させたとき，ベース−エミッタ間の入力にどれくらいの電圧が出てくるかを見た特性である．この図では，I_B をパラメータとしている．この特性から，出力電圧 V_{CE} を変化させても V_{BE} はあまり変化しないことがわかる．

以上の静特性からトランジスタの動作状態が一目でわかるが，さらにこれらの特性からバイアス点，動作点，負荷線および h パラメータとの関係を明らかにしていかなければならない．

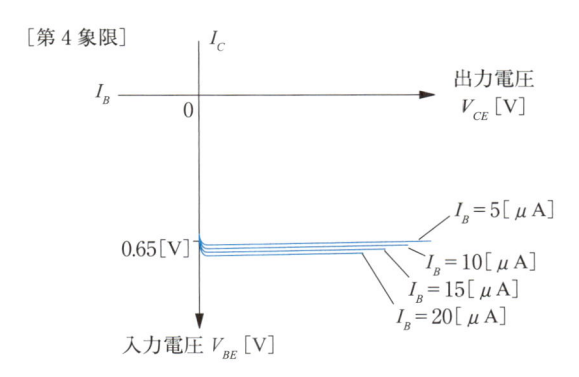

図7.7 第4象限（V_{CE}-V_{BE} 特性）

7.2 バイアス点と動作点

トランジスタを使用して交流信号を増幅するとき，出力される信号が歪むことがある．この歪む原因にはバイアス点や動作点，負荷線が大きく関係し，回路を設計する上でも，それらを完全に理解する必要がある．

(1) バイアス点

トランジスタを動作させるためには，ベース－エミッタ間に0.65[V]以上の直流電圧を印加しなければならない．実際の回路で，トランジスタのベース－エミッタ間にかかる直流電圧を直流バイアス電圧と呼び，そのときベース－エミッタ間に流れる直流電流を直流バイアス電流という．ベース－エミッタ間電圧V_{BE}とベース電流I_Bの関係は，図7.3の静特性図の第3象限で示されるが，その第3象限の部分を抜き出すと図7.8のようになる．

図7.8(a)に示すように，トランジスタ増幅回路が動作状態のときの直流バイアス電圧と直流バイアス電流の特性上の点をバイアス点という．実際の交流入力小信号は図7.8(b)に示すように，このバイアス点を中心に特性曲線上を変化する．

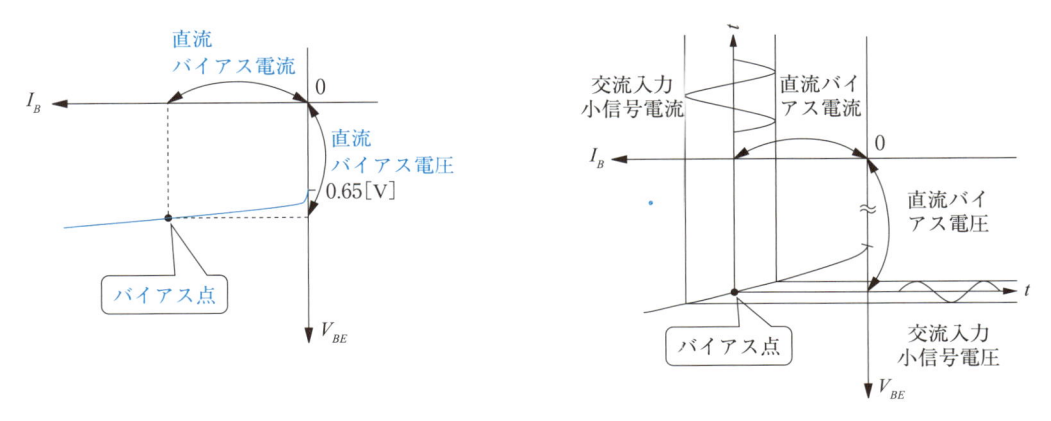

(a) 直流のみで考えたとき　　　　(b) 交流入力信号を考えたとき

図7.8 バイアス点とバイアス電流・バイアス電圧の関係を記入したV_{BE}-I_B特性

(2) 動作点

動作点とは，図 7.3 の静特性図における第 1 象限にある点で，トランジスタの回路において直流の I_C と直流の V_{CE} の座標から求められる．図 7.9 は第 1 象限のみを抜き出した図で実際の回路におけるトランジスタの I_C と V_{CE} の値から動作点が求められる．このときの直流電圧 V_{CE}' を動作電圧，直流電流 I_C' を動作電流という．この動作点は図 7.10 に示すように必ず直流負荷線上に存在し，V_{BE} の値によって直流負荷線上を移動する．負荷線については次節で説明する．また交流負荷線は必ずこの動作点を交差する．言い換えれば，直流負荷線と交流負荷線の交点が動作点である．この動作点は，増幅した交流信号波形がどのような状態で出力されるかの判断基準になる点でもあり，動作点の位置やバイアス点の位置（入力電圧）によって出力波形が歪むか歪まないかがわかる．また動作点やバイアス点の位置によって増幅器は A 級，AB 級，B 級，C 級に分けられる．このことに関しては §7.6 で詳しく記述する．

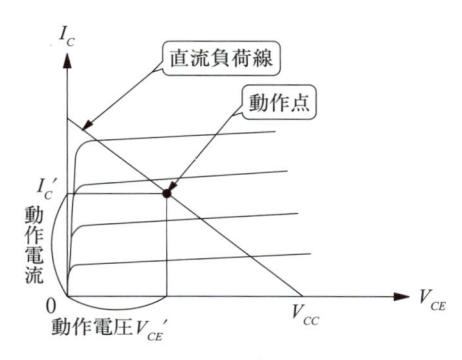

図 7.9 動作点と直流負荷線を記入した V_{CE}-I_C 静特性

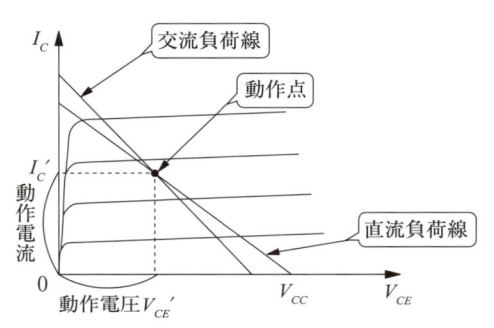

図 7.10 図 7.9 に交流負荷線を記入した V_{CE}-I_C 静特性

7.3 負荷線

負荷線は非線形回路の解析に有効である．線形回路の場合はオームの法則やキルヒホッフの法則で解析できる．しかし，非線形素子が入った回路は，計算で簡単に解くことができない．そこで負荷線が登場することになる．

回路の中でトランジスタを動作させたとき，トランジスタの出力側の電圧や電流の関係がどのようになるかを表したものが負荷線である．負荷線には，直流出力に対する直流負荷線と，交流出力に対する交流負荷線がある．ここでは図 7.11 に示すダイオードと抵抗を直列に接続した回路の場合を例にとり，負荷線について簡単に説明する．その後にトランジスタを用いた増幅回路における負荷線について考えてみる．

(1) ダイオードと抵抗の回路における負荷線について

図 7.11 に示す回路において，ダイオードと抵抗のそれぞれの V-I 特性は図 7.12 に示すようになっている．

図 7.11 に示す回路において，直流電源電圧 E を $0[\text{V}]$ から上昇させるとダイオードの両端に

かかる電圧 V_D が 0.65[V] 未満（$E<0.65$[V]）の場合は，回路に電流は流れない．そのため，抵抗 R にも電流は流れず，抵抗の両端の電圧（電圧降下）V_R は 0[V] である．

また，E を 0.65[V] 以上にするとダイオードの両端にかかる電圧 V_D は $V_D=0.7$[V] でほぼ一定となり，V_R にも $E-0.7$[V] の電圧がかかり回路に $(E-0.7)/R$ の電流が流れる*．

以上のことを踏まえ，次に負荷線について考える．1つの回路でも何が負荷であるかによって負荷線も当然異なる．以下の (2) は抵抗を負荷と考えた場合で (3) はダイオードを負荷と考えた場合の負荷線の描き方を記述する．

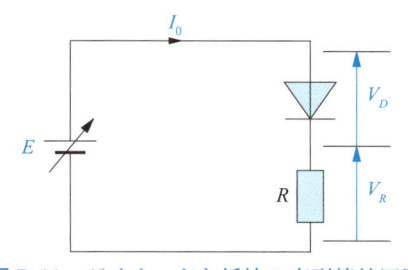

図 7.11 ダイオードと抵抗の直列接続回路

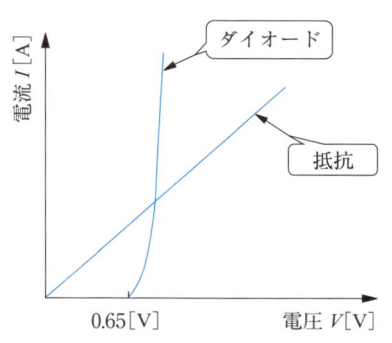

図 7.12 ダイオード単体の V–I 特性と抵抗単体の V–I 特性

(2) ダイオードに対する負荷線（負荷を抵抗と考えた場合）

ダイオードに対する負荷線は，ダイオードに流れる電流とダイオードの両端にかかる電圧の関係を示したものであり，図 7.13 は，ダイオードの電圧－電流特性に対する負荷線を書き込んだものである．負荷線は R の値，E の値によって変化する．

図 7.11 において電源電圧を 0.65[V] 以上であるとすると，ダイオードに電流が流れ，抵抗 R にも電流が流れる．そのときの電流を I_0 とするならば，その電流のために抵抗 R で V_R の電圧

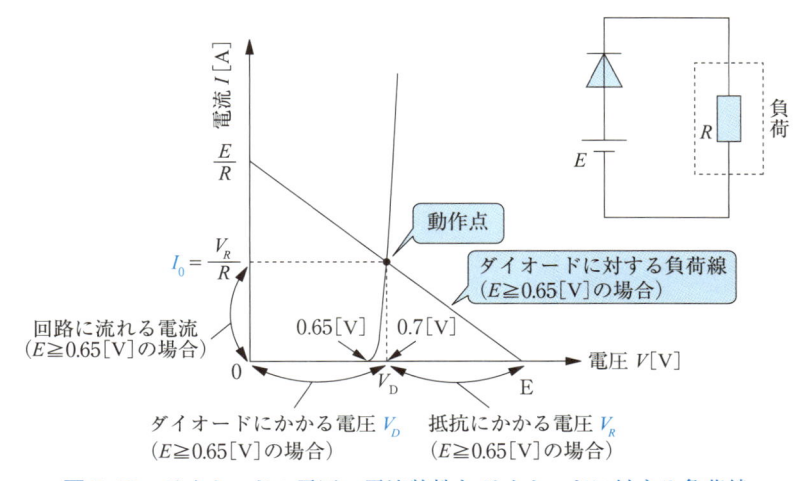

図 7.13 ダイオードの電圧－電流特性とダイオードに対する負荷線

---

* : $V_D=0.65$[V]，0.7[V] が出てきているが，混乱することが予想されるので，図 7.13 を参考にするとよい．

降下が生じる．このときの I_0 と V_R と R の関係は式（7-2）で表わされる．

$$I_0 = \frac{V_R}{R} \tag{7-2}$$

また $V_R = E - V_D$ であるから，これを式（7-2）に代入して，

$$I_0 = \frac{E - V_D}{R} \tag{7-3}$$

となる．ここで式（7-3）を変形させると，

$$I_0 = -\frac{V_D}{R} + \frac{E}{R} \tag{7-4}$$

となり，I_0 と V_D の関係式が求まる．式（7-4）より，傾きが $-\dfrac{1}{R}$ で切片が $\dfrac{E}{R}$ である直線を図7.13のダイオードの V-I 特性図に書き込むと，これがダイオードに対する負荷線となる．しかし負荷線の作図において，毎回 I_0 と V_D の関係式を作り，傾きがどれだけで切片がどれだけということを考えると面倒なので，電圧軸上の E の電圧値の点と電流軸上の E/R の点を結べば簡単に負荷線を描くことができる．ダイオードの特性と負荷線の交点が動作点と呼ばれるもので，その点の電流値が抵抗とダイオードを流れる電流の大きさであり，V_D がダイオードにかかる電圧になり，E と V_D の差，すなわち $E-V_D$ が抵抗の両端にかかる電圧となる．

以上のことから非線形の素子であるダイオードの回路であっても，負荷線を描くことで各部の電圧値，電流値を簡単に求めることができる．

（3） 抵抗に対する負荷線（負荷をダイオードと考えた場合）

抵抗に対する負荷線は，抵抗に流れる電流と抵抗の両端の電圧の関係を示したものである．図7.14は抵抗の V-I 特性に抵抗に対する負荷線を書き込んだものである．

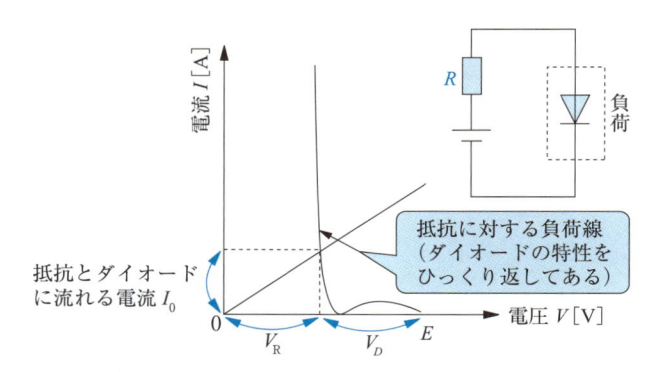

図7.14 抵抗の電圧－電流特性と抵抗に対する負荷線

（4） トランジスタの出力側の負荷線

ここでは，図7.15に示すエミッタ接地方式増幅回路でトランジスタの出力側の負荷線について考えてみる．トランジスタの出力側の負荷線には，直流出力電流に対する直流負荷線と交流出力電流に対する交流負荷線がある．図7.16はトランジスタの特性図である．トランジスタの出力側の V-I 特性は，図7.16における第1象限の特性である．この特性に直流負荷線と交流負荷線を記入する方法について以下の①と②で説明する．

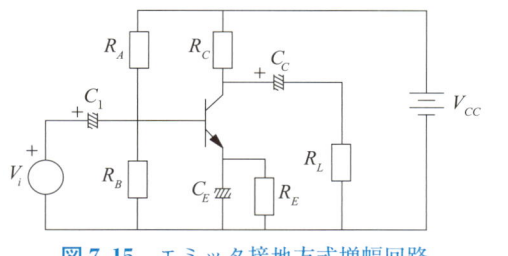

図 7.15　エミッタ接地方式増幅回路

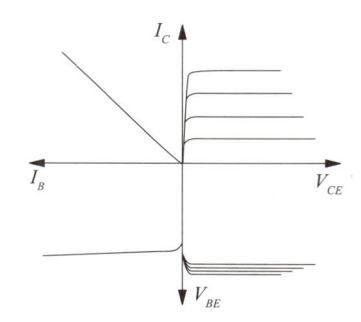

図 7.16　トランジスタの静特性図

① 直流負荷線

　直流負荷線は，トランジスタの出力側の直流電流と直流電圧の関係を表わしたものである．直流負荷線を求めるために直流出力電流の流れを抜き出してみると，C_C，C_E は直流を通さないので直流出力電流は図 7.17 のように流れると考えられる．

　図 7.17 において，抵抗 R_C，R_E の両端の電圧をそれぞれ V_{RC}，V_E とし，電源電圧が V_{CC} であるならば，

$$V_{CC} = V_E + V_{CE} + V_{RC} \tag{7-5}$$

で表わすことができる．

　ここで直流出力電流を I_C とし，最初に I_C と I_E の関係を求めるならば，

$$I_E = I_C + I_B = I_C + (I_C/h_{FE}) = I_C(1 + (1/h_{FE})) \fallingdotseq I_C$$

ここで，式（7-5）より，

$$V_{CC} = R_E I_C + V_{CE} + R_C I_C \tag{7-6}$$
$$= (R_C + R_E) I_C + V_{CE} \tag{7-7}$$
$$V_{CC} - V_{CE} = (R_C + R_E) I_C \tag{7-8}$$

よって，

$$I_C = \frac{V_{CC} - V_{CE}}{R_C + R_E} \tag{7-9}$$

$$\therefore \quad I_C = \frac{-V_{CE}}{R_C + R_E} + \frac{V_{CC}}{R_C + R_E} \tag{7-10}$$

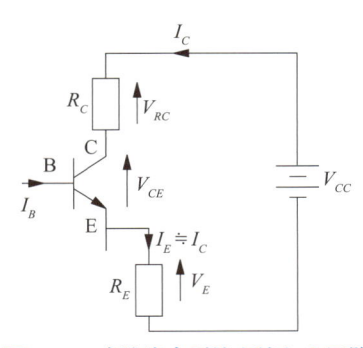

図 7.17　直流出力電流が流れる回路

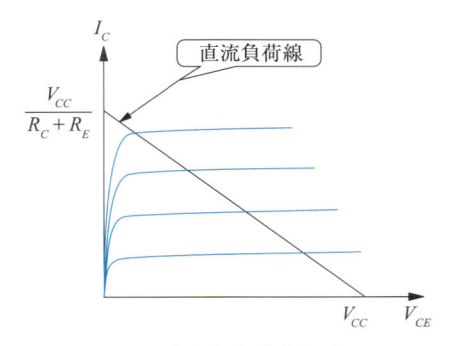

図 7.18　直流負荷線を記入した静特性の V_{CE}-I_C 特性

7.3　負荷線

となり，I_C と V_{CE} の関係が式（7-10）で表わされることになる．

式（7-10）より，傾き $\dfrac{-1}{R_C+R_E}$，切片 $\dfrac{V_{CC}}{R_C+R_E}$ の直線を静特性図の第1象限に書き込むと図7.18のようになる．

② 交流負荷線

交流負荷線は，トランジスタの出力側の交流電流と交流電圧の関係を表わしたものである．図7.15の回路において，交流負荷線の傾きを求めるために交流出力電流の流れを抜き出してみる．C_C，C_E を交流に対するインピーダンスがほぼ $0[\Omega]$ で短絡と見なし，V_{CC} の内部抵抗も定電圧源なので $0[\Omega]$ と考えるならば，図7.15の回路の出力側は図7.19のようになる．

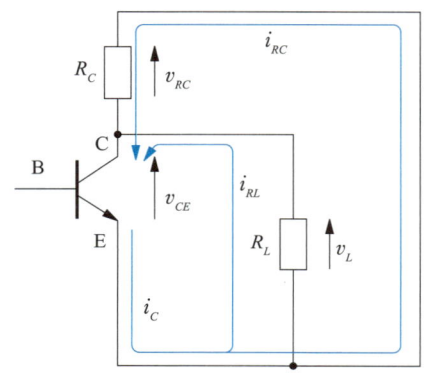

図7.19 交流出力電流が流れる回路

図7.20 トランジスタの V_{CE}-I_C 静特性に直流負荷線と理想の交流負荷線を書き込んだ図

抵抗 R_C の両端の電圧を v_{RC}，トランジスタのコレクタ-エミッタ間電圧を v_{CE}，負荷抵抗 R_L の両端の電圧を v_L とするならば，

$$v_{CE} = v_L = -v_{RC} \tag{7-11}$$

が成り立つ．エミッタから流れ出る交流出力電流を i_C とすると，R_C と R_L が並列接続になっていることにより R_C に流れる電流は分流比により，

$$i_{RC} = \dfrac{R_L}{R_C+R_L} i_C \tag{7-12}$$

となる．このとき R_C の両端の電圧を v_{RC} とすると，v_{RC} は式（7-13）で表わされる．

$$v_{RC} = R_C i_{RC} = \dfrac{R_C R_L}{R_C+R_L} i_C \tag{7-13}$$

式（7-11）より，$v_{RC} = -v_{CE}$ であるため，この式を式（7-13）に代入し整理すると，

$$i_C = -\dfrac{R_C+R_L}{R_C R_L} v_{CE} \tag{7-14}$$

となり，i_C と v_{CE} の関係が求められたことになる．すなわち交流負荷線の傾きは，$-(R_C+R_L)/R_C R_L$ となる．

実際の交流負荷線は動作点を必ず横切っているから，まず動作点の位置を明確にしなければならない．動作点の位置の求め方は，ⓐ回路設計の段階での場合と，ⓑすでに回路ができている場合とでは異なるので，以下にそれぞれについて記述する．

ⓐ 設計段階での動作点の位置の求め方

これから設計しようとする場合，まず A 級か AB 級か B 級か C 級であるかを決める必要がある．このことに関しては，§7.6 で記述する．A 級の場合，動作点の位置によって波形が歪むことがあるので，波形を歪ませないで増幅するために動作点が交流負荷線を二等分する位置にあることが理想である．ここで交流負荷線を二等分する点を求めるには，式（7-14）の傾きに -1 を掛けた式，すなわち，

$$i_C = +\frac{R_C + R_L}{R_C R_L} v_{CE} \tag{7-15}$$

の式を図 7.20 に示すようにグラフ化し，この線が直流負荷線と交差した点を動作点とすれば，その点がほぼ理想の動作点となる．この点を通り，式（7-14）の傾きをもった直線を引けば，それが交流負荷線となりほぼ二等分される点に動作点が存在している．

ⓑ すでに回路ができている場合の動作点の求め方

この場合はトランジスタの静特性においてバイアス点を先に求め，その点から作図法によって動作点を求めればよい．ここでバイアス点は I_B の値か V_{BE} の値がわかれば求まる．または，I_C や V_{CE} の値を実際に測定し，その値がグラフの直流負荷線上のどの位置にあるか求めることで，動作点の位置がわかる．

7.4　h パラメータ

h パラメータは，トランジスタの入力，出力の関係をわかりやすく 4 つのパラメータ（4 端子定数）＊で表わしたものである．この 4 つの h パラメータを用いることで，トランジスタの等価回路を表わすことが可能となり，回路設計が簡単にできるようになる．この h パラメータは，静特性図から求めることができる．ここで h パラメータとは具体的にどのようなものなのか考えてみる．

h パラメータには直流の h パラメータと交流の h パラメータがあり，これらの h パラメータを求める場合，図 7.21 に対し図 7.22 に示す対応図を用いればよい．すなわち，

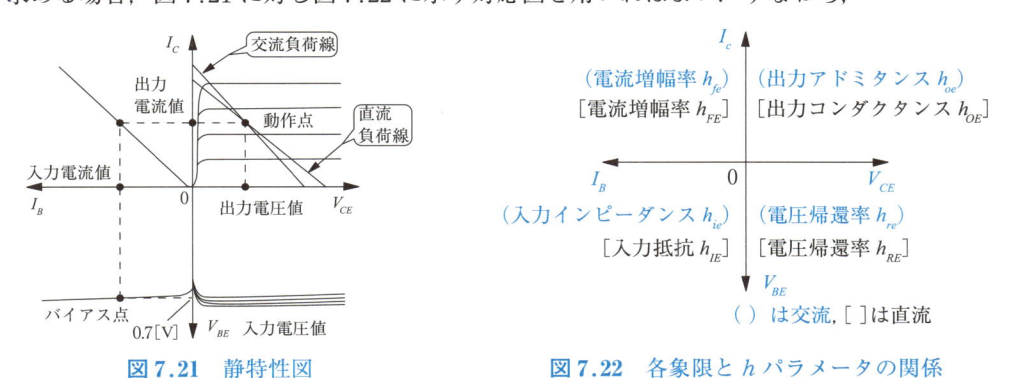

図 7.21　静特性図　　　　図 7.22　各象限と h パラメータの関係

＊：4 端子定数には，4 つのインピーダンスで表わす Z パラメータと，4 つのアドミタンスで表わす Y パラメータと，定電圧電源，定電流電源，インピーダンス，アドミタンスとそれぞれ違う混合した物（ハイブリッド）で表わす h パラメータがある．

第1象限の V_{CE} と I_C の関係から，

$$\text{出力アドミタンス（交流）} = \frac{\Delta I_C}{\Delta V_{CE}} = \frac{i_c}{v_{ce}} = h_{oe} \tag{7-16}$$

$$\text{出力コンダクタンス（直流）} = \frac{I_C}{V_{CE}} = h_{OE} \tag{7-17}$$

が求まり，コレクターエミッタ間のインピーダンス（抵抗）は，$h_{oe}(h_{OE})$ の逆数から求まる．

第2象限は，I_B と I_C の関係から，

$$\text{電流増幅率（交流）} = \frac{\Delta I_C}{\Delta I_B} = \frac{i_c}{i_b} = h_{fe} \tag{7-18}$$

$$\text{電流増幅率（直流）} = \frac{I_C}{I_B} = h_{FE} \tag{7-19}$$

が求まる．ここで $h_{fe} \fallingdotseq h_{FE} = \beta$ である．

第3象限は，I_B と V_{BE} の関係から，

$$\text{入力インピーダンス（交流）} = \frac{\Delta V_{BE}}{\Delta I_B} = \frac{v_{be}}{i_b} = h_{ie} \tag{7-20}$$

$$\text{入力抵抗（直流）} = \frac{V_{BE}}{I_B} = h_{IE} \tag{7-21}$$

が求まり，ベースーエミッタ間のインピーダンス（抵抗）が求まる．

第4象限は，V_{BE} と V_{CE} の関係から，

$$\text{電圧帰還率（交流）} = \frac{\Delta V_{BE}}{\Delta V_{CE}} = \frac{v_{be}}{v_{ce}} = h_{re} \tag{7-22}$$

$$\text{電圧帰還率（直流）} = \frac{V_{BE}}{V_{CE}} = h_{RE} \tag{7-23}$$

が求まる．この値により，トランジスタの出力からどのくらいの電圧が入力に帰還されるかがわかる．このように交流の h パラメータの添字は小文字，直流は大文字で書くことで区別される．次に，h パラメータのより具体的な求め方を考える．

h パラメータはトランジスタの動作時の定数であるため，動作点が関係する．また，直流の h パラメータと交流の h パラメータとでは求め方が違う．

図7.23において，動作点Aが定まると，他のB，C，Dの各点が決まる．直流の h パラメー

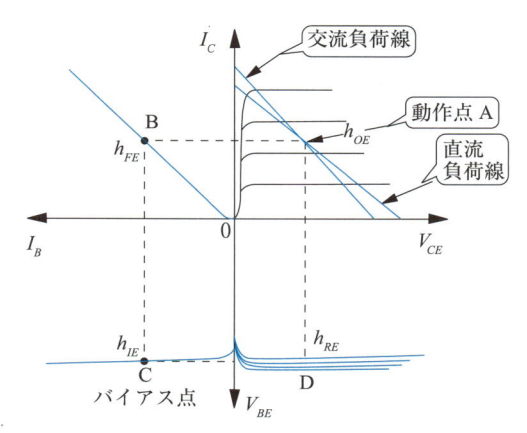

図7.23 直流の h パラメータの求め方

タは原点 0 と A, B, C, D の各点を結んだ直線の傾きとなり，交流のパラメータは，図 7.24 に示すように A, B, C, D 各点での接線の傾きとなる．ここで，動作点の位置が変化すれば，h パラメータの値も変わり h_{OE}, h_{IE}, h_{RE} は大きく変動する．しかし，h_{oe}, h_{FE}, h_{fe}, h_{ie}, h_{re} の値はあまり変化しない．

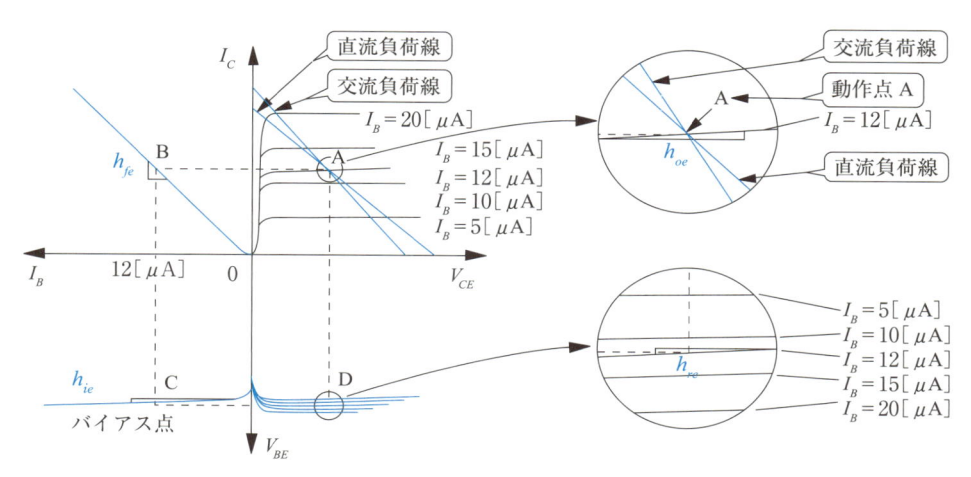

図 7.24 交流の h パラメータの求め方

7.5 静特性と動特性

　トランジスタの特性には，静特性の他に動特性というものがあるが，静特性のほうが一般的によく使われるので，これまでは静特性について記述してきた．しかし，回路設計においては動特性のほうが重要な意味を持つため動特性も考える必要がある．まず，静特性と動特性の違いを考える．

　静特性はトランジスタの直流の特性を示し，動特性は交流信号に対する特性を示している．したがって，静特性はカーブトレーサなどから求められるが，動特性は図 7.25 に示すように，静特性図上で作図した交流負荷線から求めることになる．

　したがって，実際の交流の h パラメータは，この動特性から求めるのが一番正確なものとなる．また，静特性と動特性の他にもう 1 つ，図 7.25 の中で示すように，$V_{CE}=6[\mathrm{V}]$（この値は適当に定められる）一定の特性から別の特性を求める方法がある．この特性は回路が決まっていないときに使用する作図法でトランジスタ自身の特性になる．このように 3 種類の特性を作図法を用いて描くことができるが，それぞれ同じような特性になり，$V_{CE}=6[\mathrm{V}]$（一定）の特性をそのまま回路設計に使用する場合が多い．

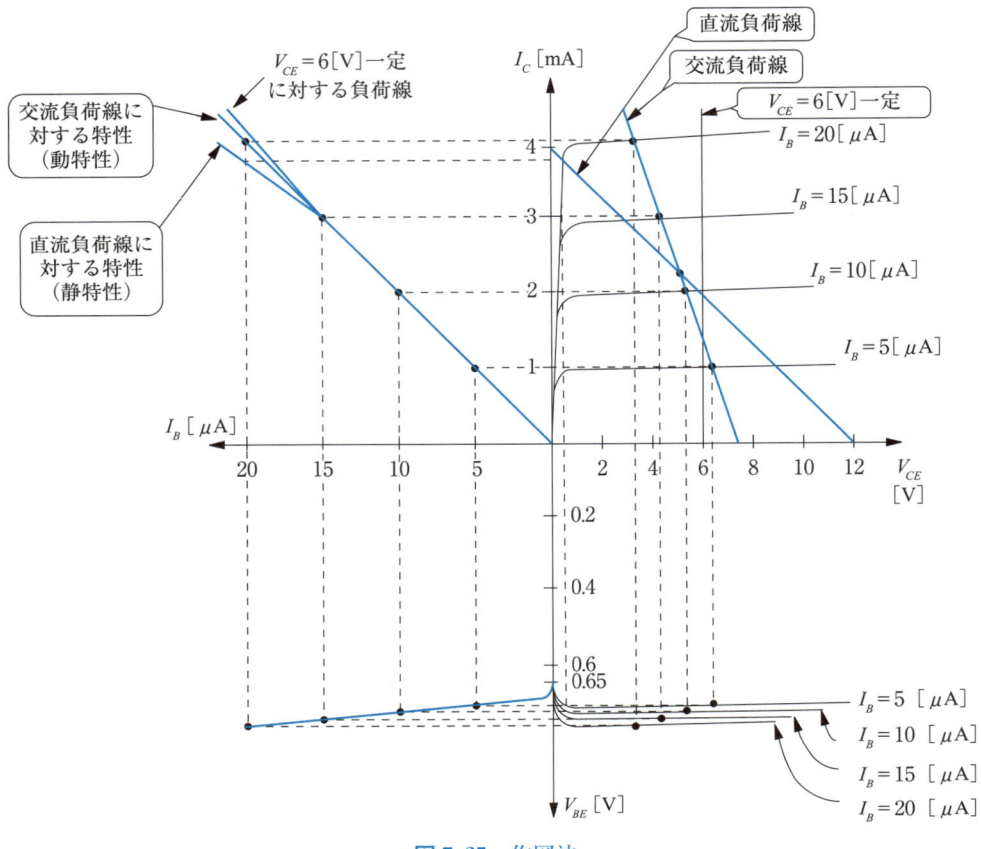

図 7.25　作図法

7.6　バイアス点による増幅の仕方

増幅回路は一般にバイアス点（動作点）の位置によって，A級，AB級，B級，C級の4つに大別される．以下に，これらの増幅の違いについて考えてみる．

（A級増幅）

A級増幅は図 7.26 に示すように，交流負荷線の範囲内で交流の出力波形が歪まないようにバイアス点を決めている回路である．

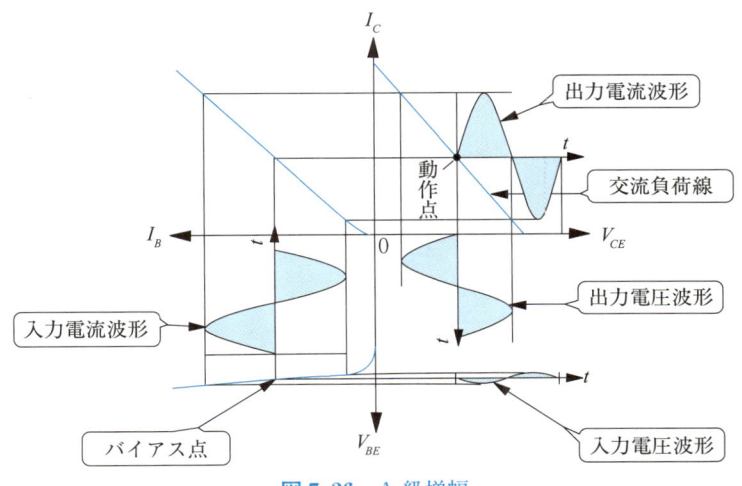

図 7.26　A 級増幅

（AB 級増幅）

AB 級増幅は図 7.27 に示すように，入力波形の一部分を除いて増幅し，出力する回路であり，A 級増幅と次の B 級増幅の間にバイアス点があるものをいう．

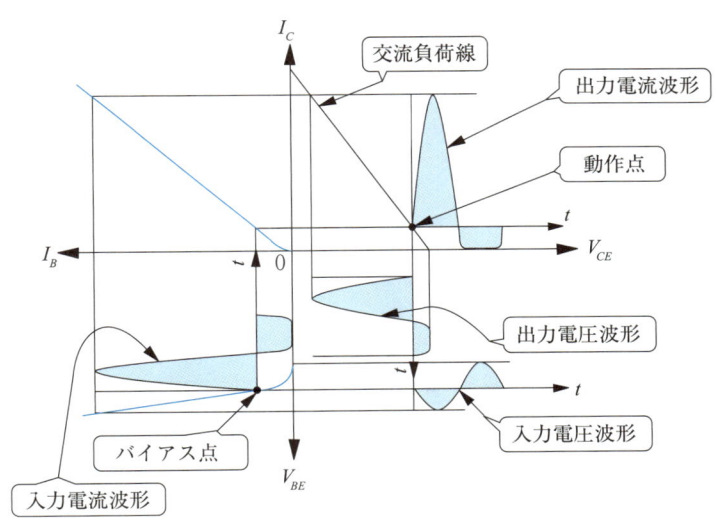

図 7.27　AB 級増幅

（B 級増幅）

B 級増幅は図 7.28 に示すように，バイアス点を I_B が流れ始めるところに決め，入力波形の半周期だけを増幅して出力する回路である．

この B 級増幅は，半周期ずつを別々の回路で増幅し，出力側で合成して大きな増幅作用を持たせるプッシュプル回路に使用される．

7.6　バイアス点による増幅の仕方

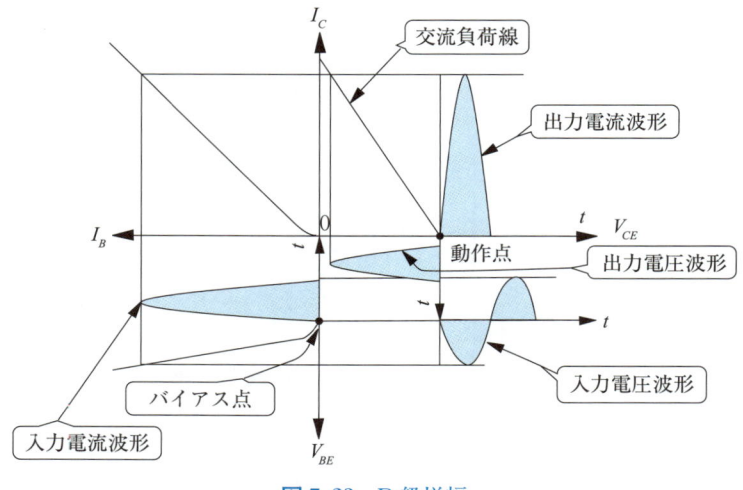

図 7.28　B 級増幅

(C 級増幅)

C 級増幅は図 7.29 に示すように，バイアス点が B 級増幅よりも原点側に近い位置にあるもので，入力波形の一部分を増幅し，出力する回路である．この C 級増幅は AM 波（振幅変調波）の増幅などに利用される．

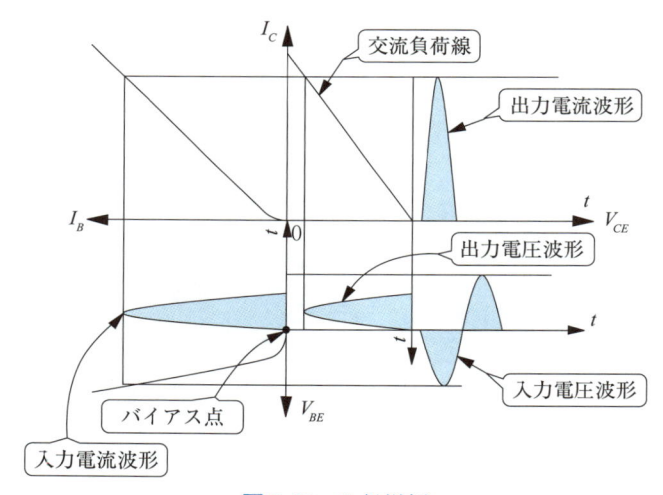

図 7.29　C 級増幅

以上の各級（クラス）の特性をまとめると，表 7.1 のようになる．また，各クラスのバイアス点の位置をまとめると図 7.30 のようになる．

表 7.1　各級増幅器の比較表

	級	波形状態	入力波形に対する出力波形	増幅度	用途
入力波形	−	信号波形		−	−
出力波形	A 級	歪まない		小	一般の増幅
	AB 級	少し歪む		中	AM 波, FM 波, パルス波の増幅
	B 級	半波		大	プッシュプル増幅
	C 級	多く歪む		最大	AM 波, FM 波, パルス波の増幅

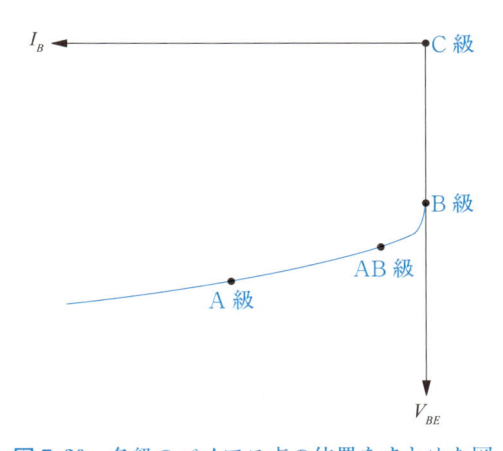

図 7.30　各級のバイアス点の位置をまとめた図

7.6　バイアス点による増幅の仕方

第7章 演習問題

1. トランジスタの各象限の静特性図を描け．（動作点，直流負荷線，交流負荷線を明記せよ）
2. 図 Q7.1 の各象限 h パラメータの名称と記号を書け．

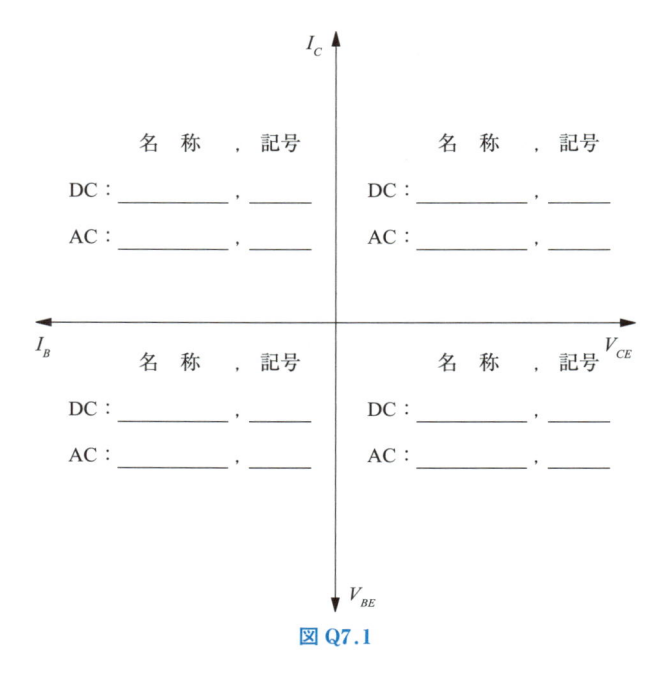

I_C ↑

（第2象限）
名称 ， 記号
DC： ＿＿＿＿ ， ＿＿＿
AC： ＿＿＿＿ ， ＿＿＿

（第1象限）
名称 ， 記号
DC： ＿＿＿＿ ， ＿＿＿
AC： ＿＿＿＿ ， ＿＿＿

← I_B ／ V_{CE} →

（第3象限）
名称 ， 記号
DC： ＿＿＿＿ ， ＿＿＿
AC： ＿＿＿＿ ， ＿＿＿

（第4象限）
名称 ， 記号
DC： ＿＿＿＿ ， ＿＿＿
AC： ＿＿＿＿ ， ＿＿＿

↓ V_{BE}

図 Q7.1

第8章 増幅回路の等価回路

トランジスタの回路を解析していくときに，§3.10 で説明した重ね合わせの理を使うと便利である．特に直流定電圧源と交流信号源が回路中に 2 つ存在するときには，別々に考えて後でドッキングする重ね合わせの理を使うとわかりやすい．

等価回路は，回路をよりわかりやすくするためのものである．しかし，一般に等価回路は難しいものであると考えられている．本章では等価回路が作られる過程を順を追って詳しく説明しているので，等価回路に親しみを感じ，回路解析が簡単にできるようになることを期待する．

図 8.1 において重ね合わせの理を考えるときに，定電圧源は内部抵抗が 0[Ω] なので短絡と考え，コンデンサは直流のとき開放で交流（周波数が高く，キャパシタンスが大きい）ときは短絡として考える．これらのことをまとめたのが表 8.1 である．

表 8.1 重ね合わせの理を使うときの，直流電流に対する素子の変換と交流小信号に対する素子の変換

直流定電圧源 V_{CC} に注目した場合	交流小信号の定電圧電源 v_i に注目した場合
交流定電圧源 ⇒ 短絡	直流定電圧源 ⇒ 短絡
コンデンサ ⇒ 開放	コンデンサ（容量が大きく，周波数 f が大きい場合）⇒ 短絡

8.1 直流の等価回路

図 8.1 の増幅回路を直流の電圧や電流に対して考える場合は，図 8.2 に示すような直流的な等

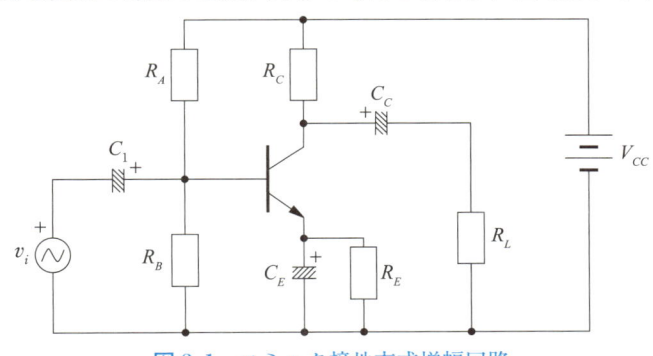

図 8.1 エミッタ接地方式増幅回路

図 8.2 直流の等価回路

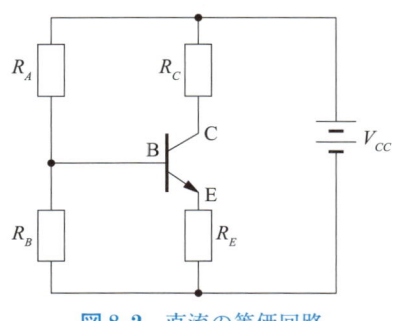

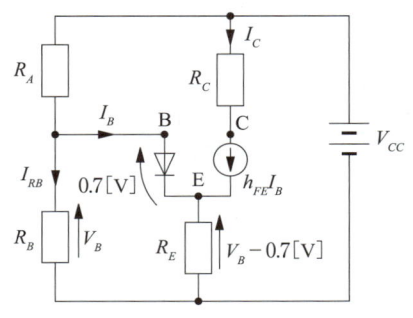

図 8.3 図 8.2 をわかりやすくした等価回路

価回路を考えるとよい．図 8.2 におけるトランジスタの B-E 間はダイオードに置き換えられ，C-E 間は定電流源 $h_{FE}I_B$ に置き換えられる．この置き換えた図が図 8.3 である．

図 8.3 を使って回路の各部の電圧と電流を計算すると，V_B は V_{CC} を R_A と R_B で分圧して求められる（$I_{RB} \gg I_B$ のため）．すなわち，

$$V_B = \frac{R_B}{R_A + R_B} V_{CC} \tag{8-1}$$

となる．次に I_C を求めると，式（8-2）となる．

$$I_C \fallingdotseq I_E = \frac{V_B - 0.7}{R_E} \tag{8-2}$$

I_B は I_C の値と h_{FE} から式（8-3）を使って求める．

$$I_B = \frac{I_C}{h_{FE}} \tag{8-3}$$

8.2 小信号等価回路と h パラメータ

以下に述べる等価回路を小信号等価回路と呼ぶのは，出力波形が歪まない小さい振幅の交流信号のみに注目しているからである．この等価回路はいろいろなパラメータを使って表現できるが，低周波増幅回路では h パラメータを使用すると便利である．以下に交流の h パラメータを使った等価回路を考える．

まず，トランジスタ自身の等価回路とはどのようなものかを考えてみる．

図 8.4 は，トランジスタ単体における各端子の電流と各端子間の電圧の関係を示したものであ

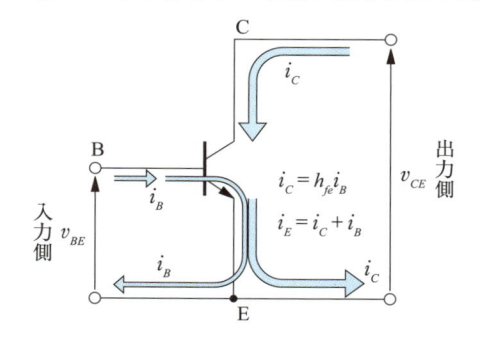

図 8.4 トランジスタにおける電流と電圧の関係

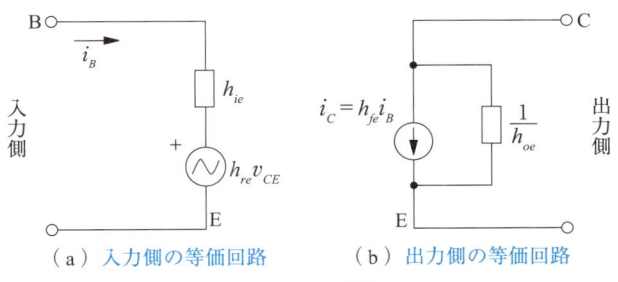

（a）入力側の等価回路　　　**（b）出力側の等価回路**

図 8.5　小信号等価回路

る．まず，トランジスタの入力側（ベース－エミッタ間）における等価回路を考えると，図 8.5 (a) のようになる．入力側の電流 i_B はベース B からエミッタ E へ流れるが，このベース－エミッタ間には入力インピーダンス h_{ie} が存在する．また，出力電圧 v_{CE} から入力側に帰還される電圧が存在し，その電圧は出力電圧 v_{CE} に電圧帰還率 h_{re} をかけた値となり，等価的に $h_{re}v_{CE}$ の定電圧源があると考える．すなわち B-E 間に電圧源（$h_{re}v_{CE}$ の定電圧源と内部インピーダンス h_{ie} からなる）が存在することになる．

次に，トランジスタの出力側（コレクタ－エミッタ間）の等価回路を図 8.5(b) に示す．

ここで i_C は i_B の h_{fe}（電流増幅率）倍したものになる．したがって，i_B の値が決まれば，i_C の値も決まり，コレクタ－エミッタ間には電流源が存在すると考える．また，出力アドミタンス h_{oe} の逆数より出力インピーダンスが求まり，これは電流源の内部インピーダンスで定電流源と並列に置かれる．

以上，トランジスタの入力側と出力側の等価回路を 1 つの等価回路にまとめると，図 8.6 のようになる．ここで，ベース－コレクタ間は開放となっている．

一般に電圧帰還率 h_{re} の値は 0 に近い値であり，$h_{re}v_{CE} \fallingdotseq 0$ なので，この定電圧源は無視する．また，出力アドミタンスも 0 に近い値であるため，出力インピーダンス $1/h_{oe}$ は ∞ と見なすことができる．これらのことを踏まえて，より簡略に等価回路を描くと，図 8.7 に示す回路になる．

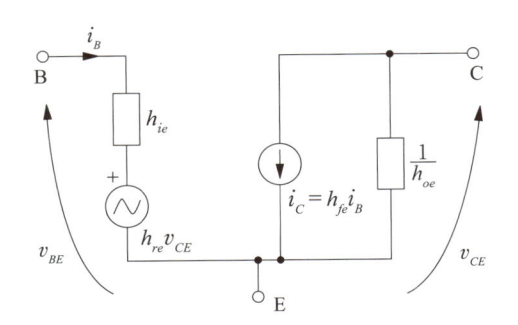

図 8.6　トランジスタの正式等価回路 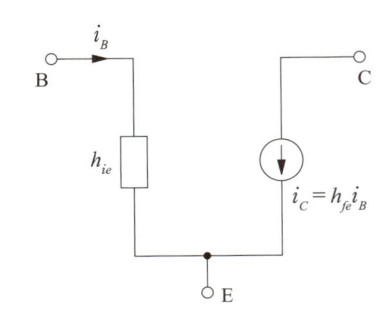　　　**図 8.7**　トランジスタの略式等価回路

この図 8.7 におけるトランジスタの等価回路を使って，図 8.8 の増幅回路（エミッタ接地方式電流帰還型バイアス回路を用いた増幅回路）がどのような等価回路になるかを考えてみる．ここで図 8.8 は図 6.16 と同じ増幅回路である．

ここで示す等価回路は交流信号に対するものであり，直流は考えなくてもよい．したがって，

8.2　小信号等価回路と h パラメータ

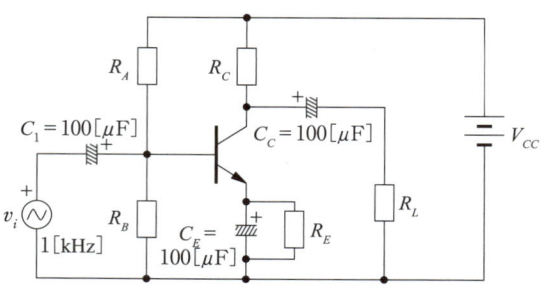

図8.8 エミッタ接地方式電流帰還型バイアス回路を用いた増幅回路

　直流定電圧源の内部抵抗は 0 であるため，V_{CC} の定電圧源も短絡と見なすことができる．次に，信号の周波数が 1[kHz] で各コンデンサの容量が 100[μF] であると仮定するならば，コンデンサのインピーダンスは 1.6[Ω] と非常に小さい値となり，無視しても差し支えない．すなわち，コンデンサの存在するところはすべて短絡と見なすことができる．

　以上のことを考慮に入れて図 8.8 を書き直すと，図 8.9 に示す回路図になる．
　また，C_E のあった部分は短絡しているので，R_E には電流が流れず R_E は不要のものとなり，図 8.9 は図 8.10 のようになる．

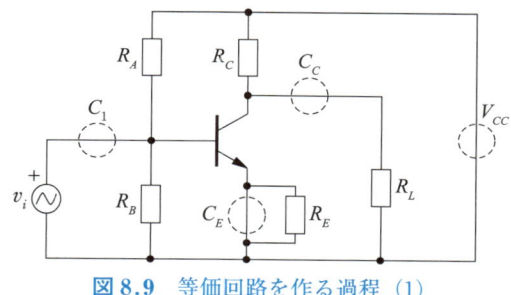

図8.9 等価回路を作る過程 (1) 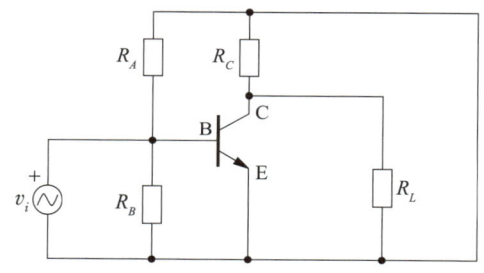　　　　**図8.10** 等価回路を作る過程 (2)

　ここで，トランジスタ自身を図 8.6 の等価回路に書き換えると，図 8.11 のような回路ができる．また，図 8.7 の等価回路を使うと，図 8.12 の回路ができる．

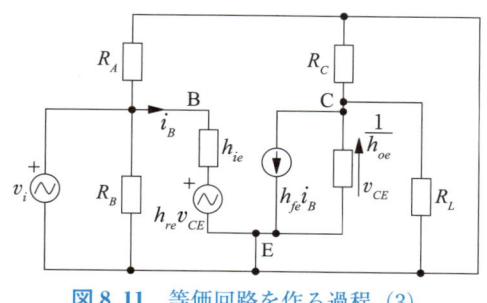

図8.11 等価回路を作る過程 (3) 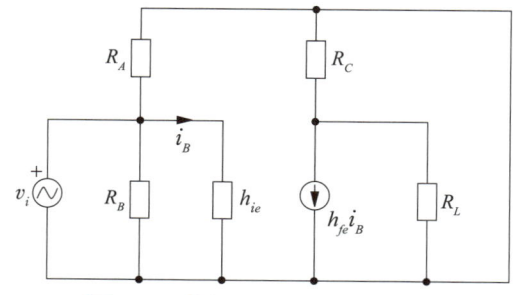　　　　**図8.12** 等価回路を作る過程 (4)

　図 8.12 の回路をわかりやすくするために図 8.13 のように同じ電位のところに×，○，△の印を付ける．または色鉛筆があれば色分けする．次に図 8.14 のように，×印の線，○印の線と△印の線を描き，各素子がどの線の間にあるかを書き込んでいくと図 8.15 が完成する．

図 8.13 等価回路を作る過程（5）

図 8.14 等価回路を作る過程（6）

図 8.15 等価回路を作る過程（7）

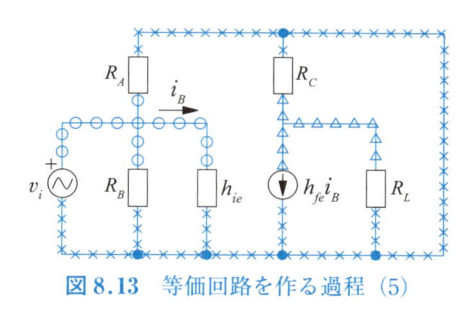

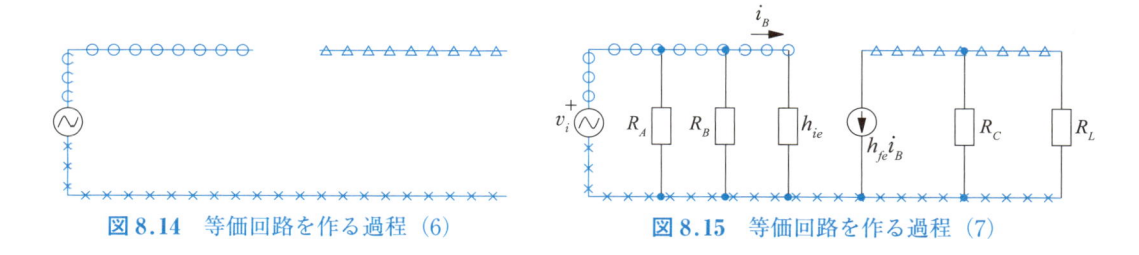

以上，もとの増幅回路と等価回路を図 8.16 の (a) と (b) で詳細に示す．

（a）増幅回路

（b）（a）の小信号等価回路

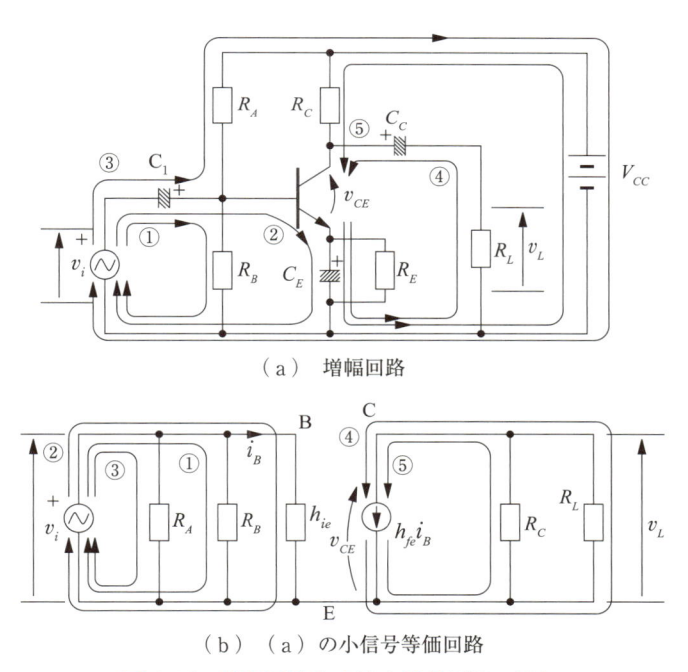

図 8.16 等価回路と交流小信号電流の流れ

図 8.16 の (a) と (b) に交流小信号電流の流れも示したが，(a) と (b) における交流小信号電流の流れ①〜⑤は，各素子に対応していることがわかる．たとえば，③はどちらも R_A を通っていることがわかる．

このように，小信号等価回路を描くことにより，交流小信号電流の流れを明確にすることがで

8.2 小信号等価回路と h パラメータ

き，回路設計も容易になる．

第8章 演習問題

1. (1)の図 Q8.1 と (2)の図 Q8.2 の増幅回路の小信号等価回路を描け．

(1)

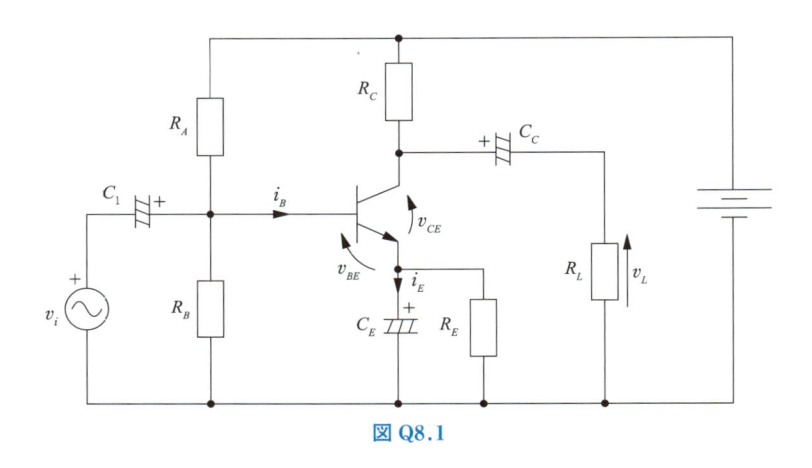

図 Q8.1

(2)

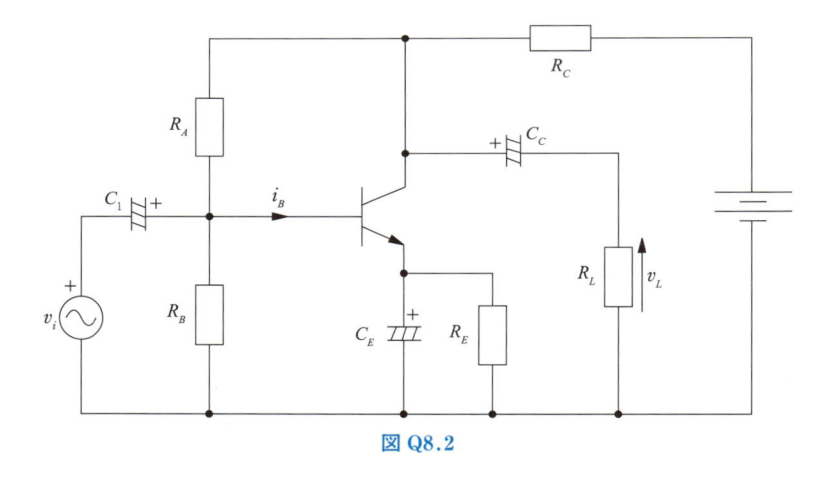

図 Q8.2

2. 図 Q8.3 の回路の小信号等価回路を描け．

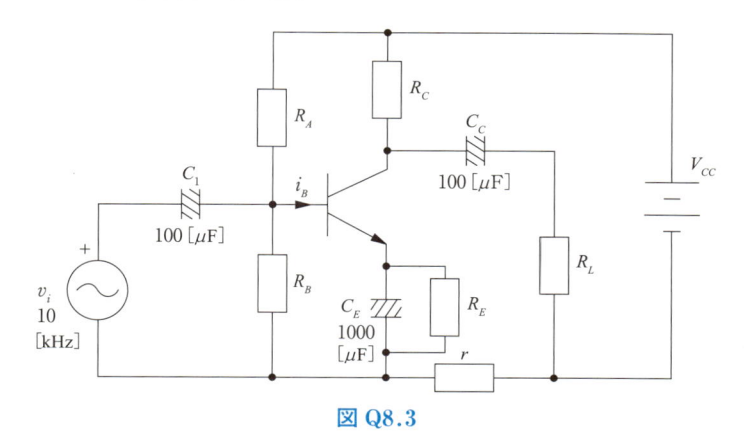

図 Q8.3

3. 図 Q8.1 の回路中の v_i, v_{BE}, v_{CE}, v_L に関して以下の各問いに答えよ
(1) v_i と v_{BE} の関係を示し，その理由を書け
(2) v_{CE} と v_L の関係を示し，その理由を書け
(3) v_{BE} と v_{CE} の位相関係が，反転する理由を書け
また，v_i と v_L の位相関係が反転する理由を書け

第9章 マッチング

　図 9.1 において負荷抵抗 R と電源の内部抵抗 r の値が等しいとき，すなわち，$R=r$ のときをマッチング（整合）がとれているといい，電源から負荷に電力が最大に供給できる．もし，$R \neq r$ ならばミスマッチング（不整合）といい，電力の供給は少なくなる．また，R と r の差が大きくなればなるほど負荷抵抗 R に供給できる電力は小さくなる．

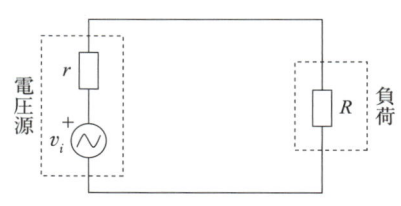

図 9.1 マッチングを説明した回路

　それを具体的に示すと図 9.2 となる．図 9.2(a) の $r=R=20[\Omega]$ のとき，R で消費される電力は 5[W] の最大電力となり，R が r に対し 4 倍の図 9.2(b) や，R が r に対し 1/4 の図 9.2(c) では電力 P_R は，いずれも 3.2[W] となる．

（a）マッチング $(r=R)$　　（b）ミスマッチング $(r<R)$　　（c）ミスマッチング $(r>R)$

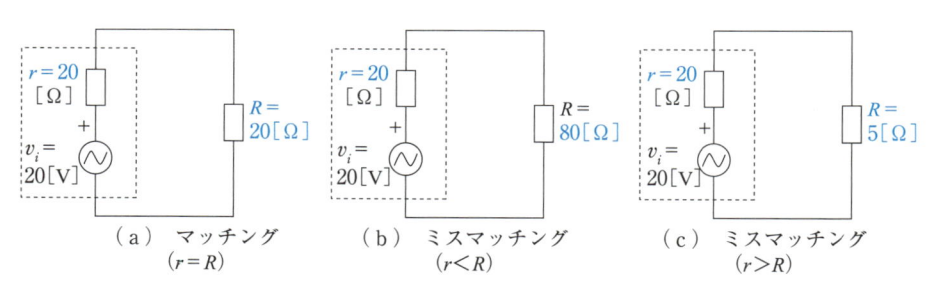

図 9.2 マッチングとミスマッチングの具体例

　そこで，実際の増幅器の場合も増幅器の入力側と出力側でそれぞれマッチングを行わなければならない．すなわち，図 9.3 に示すように，$r=Z_i$，$Z_0=R_L$ のときマッチングがとれて R_L に電力が最大に供給されることとなる．ここで $Z_i=Z_0$ をマッチング条件と勘違いする人もいるが，これはマッチングとは無関係であり，$Z_i=Z_0$ になる必要はまったくない．
　次に，基本増幅回路の小信号等価回路を図 9.4 に示し，その回路におけるマッチング条件を考えてみる．
　まず，入力側のマッチングについて考える．入力側の交流信号源における v_i 自身の内部抵抗

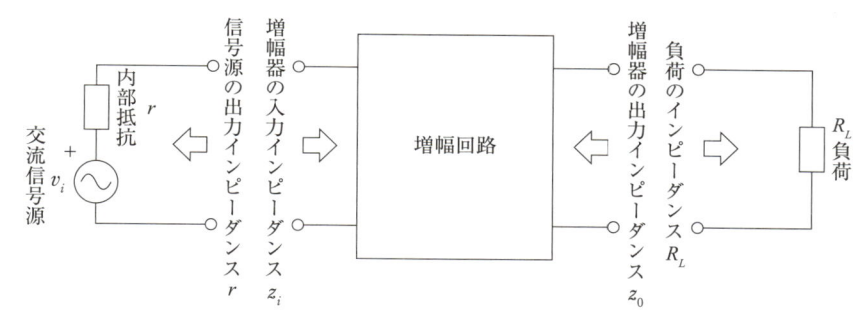

図 9.3 マッチングの考え方（$r=Z_i$, $Z_0=R_L$ でマッチングがとれているといえる）

は定電圧源であるため $0[\Omega]$ であり，交流信号源の出力インピーダンスは内部抵抗 r と同じものである．次に，増幅器の入力側からインピーダンスの大きさを見ると，定電圧源 $h_{re}v_{CE}$ 自身の内部抵抗は $0[\Omega]$ であるため，R_A と R_B と h_{ie} の並列合成抵抗（$R_A/\!/R_B/\!/h_{ie}$）が増幅器の入力インピーダンス z_i となる．したがって，R_A と R_B と h_{ie} の並列合成抵抗（$R_A/\!/R_B/\!/h_{ie}$）と r が等しい値になっていれば増幅器の入力側においてマッチングがとれているといえる．

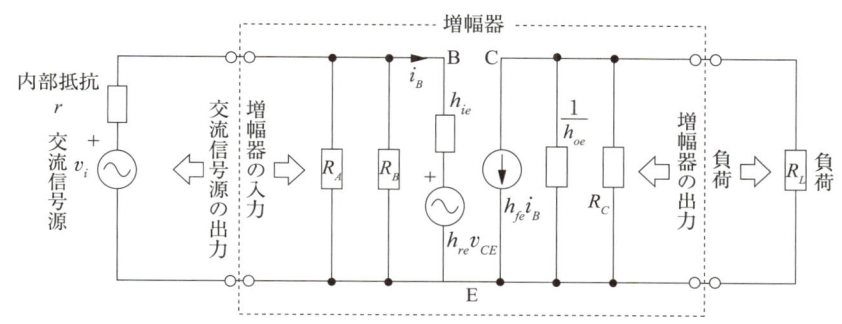

図 9.4 増幅器の等価回路におけるマッチングの考え方

次に，出力側におけるマッチングを考える．増幅器の出力側から増幅器の内部を見たときのインピーダンスを考えると，$h_{fe}i_B$ の定電流源自身の内部抵抗は ∞ であり，$1/h_{oe}$ も ∞ と見なせるため R_C が増幅器の出力インピーダンス z_0 となる．したがって，R_C と負荷のインピーダンス R_L が等しいとき，出力側でのインピーダンス・マッチングがとれているといえる．

以上のことをまとめるならば，入力側に関して式（9-1），出力側に関して式（9-2）が成立するとき増幅器は全体としてマッチングがとれて電力的に効率のよい増幅回路になり，負荷への供給電力（出力）は最大となる．

$$r=R_A/\!/R_B/\!/h_{ie}=\frac{R_AR_Bh_{ie}}{R_AR_B+R_Bh_{ie}+h_{ie}R_A} \tag{9-1}$$

$$R_L=R_C \tag{9-2}$$

第9章 演習問題

1. 次の図 Q9.1 の回路において，A〜D の各インピーダンスの値が，表 Q9.1 の条件のとき，マッチング（整合）のとれているものには○を，とれていないものには×を書け．

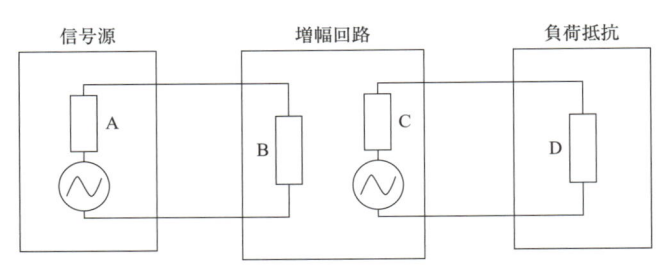

図 Q9.1

表 Q9.1

A	B	C	D	○ or ×
1[kΩ]	1[kΩ]	1[kΩ]	1[kΩ]	
1[kΩ]	2[kΩ]	3[kΩ]	4[kΩ]	
1[kΩ]	2[kΩ]	2[kΩ]	1[kΩ]	
1[kΩ]	1[kΩ]	2[kΩ]	2[kΩ]	
1[kΩ]	2[kΩ]	1[kΩ]	2[kΩ]	

第10章 増幅回路における電流・電圧の関係と周波数特性

この章では第6章や第8章の増幅回路を使って，実際に電流や電圧がどのような関係にあるかを考えてみる．また，増幅回路の周波数による影響も考える．

10.1 電流の流れ方

電流には表10.1に示す種類があり，本章における文章中では太字の呼び方を主に用いる．

表 10.1　電子回路の各電流・電圧の呼称

		トランジスタ単体で考えたとき					増幅回路として考えたとき			
		電　流		電　圧			電　流		電　圧	
直流		**直流入力電流**	バイアス電流	I_B	**直流入力電圧**	バイアス電圧	V_{BE}	**直流入力電流**	なし	**直流入力電圧**	なし
		直流出力電流	動作電流	I_C	**直流出力電圧**	動作電圧	V_{CE}	**直流出力電流**	なし	**直流出力電圧**	なし
交流		**交流入力電流**	小信号入力電流	i_B	**交流入力電圧**	小信号入力電圧	v_{BE}	**交流入力電流**	i_i	**交流入力電圧**	v_i
		交流出力電流	小信号出力電流	i_C	**交流出力電圧**	小信号出力電圧	v_{CE}	**交流出力電流**	i_L	**交流出力電圧**	v_L

(1) トランジスタの直流における等価回路（ここでは増幅を考えない）

増幅回路には必ず直流電流が流れている．また，増幅回路には入力と出力があり，それぞれ入力電流，出力電流が流れている．そこでこれらの電流の流れ方を，直流電流，交流入力電流，交流出力電流の3つに分けて考える．この考え方は，§3.10で学んだ重ね合わせの理を使用すると非常にわかりやすく考えることができる．このように電流の流れを考えると電子回路がわかってくるし，おもしろくなってくる．

初めてトランジスタを見る人にとってはトランジスタ自体がわかりにくいので，ここでは基本

的な考え方を示す．トランジスタは B-E 間を入力側，C-E 間を出力側と考える．V_C，V_B，V_E 各電位の関係から直流電流の流れ方が想定できる．すなわち，B-E 間，B-C 間にはそれぞれダイオードが図 10.1 のように入っていると考え，V_C，V_B，V_E 各電位の値から直流電流が流れるか否かを判断できる．

① $V_B - V_E \geqq 0.7[\mathrm{V}]$ のとき

順方向バイアスなのでベースからエミッタにベース電流が流れる．

② $V_B - V_E < 0.7[\mathrm{V}]$ のときおよび $V_B < V_E$ のとき

ベースからエミッタまたはエミッタからベースへ電流は流れない．

③ $V_B < V_C$ のとき

コレクタからベースに直流電流は流れない．

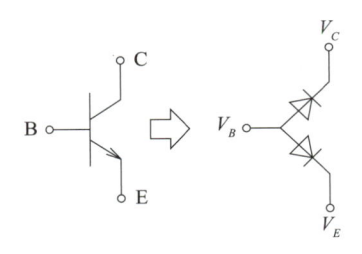

図 10.1 トランジスタの B-C 間と B-E 間の等価回路

(2) トランジスタに直流電位を印加し増幅する場合の条件

図 10.2 に示す回路においてⒶ $V_{BE} > 0.7[\mathrm{V}]$ の条件で I_B が流れ，かつⒷ $V_{CE} > 2[\mathrm{V}]$ の条件で I_C が流れる．この I_C の値は $I_C = h_{FE} \cdot I_B$ となる．ここで，h_{FE} はトランジスタの直流電流増幅率を示す．

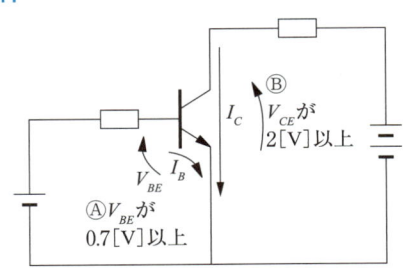

図 10.2 トランジスタにおける直流を増幅するための条件

(3) トランジスタに直流＋交流小信号を印加し増幅する場合の条件

図 10.3 に示すⒶの条件，すなわち直流の V_{BE} が $0.7[\mathrm{V}]$ 以上の条件で微小な交流小信号電流 i_B は流れる．

i_B の値は v_{BE}/h_{ie} となる．ここで h_{ie} はトランジスタのベース－エミッタ間のインピーダンスを示す．さらに，ⒶとⒷの条件を満たしていると i_C が流れ $i_C = h_{fe} \cdot i_B$ となる．ここで，h_{fe} はトランジスタの交流電流増幅率を示す．

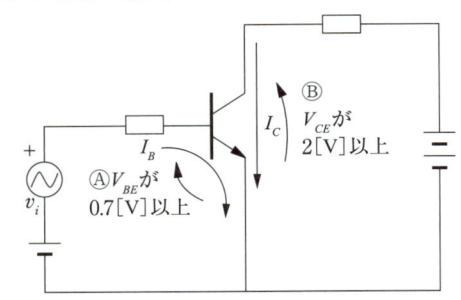

図 10.3 トランジスタにおける交流小信号を増幅するための条件

(4) 直流電流の流れ方

図 10.3 の回路は直流定電圧源が 2 つあるが，一般的には 1 つで構成される．その回路例が図 10.4～図 10.6 である．図 10.4 と図 10.5 に示されるように直流電流の流れ方には一応 9 通りの流れ方が想定される．ここで，コンデンサは直流電流を通さないので，コンデンサが通り道にある①，③，⑤，⑦，⑨の電流の流れ道には，直流電流が流れることはない．

また，⑥は図 10.1 に示すように，ダイオードがあると考え，ダイオードに逆バイアス電圧がかかっていることになり（§10-1，(1)，③参照）電流は流れない．したがって，直流電流の正

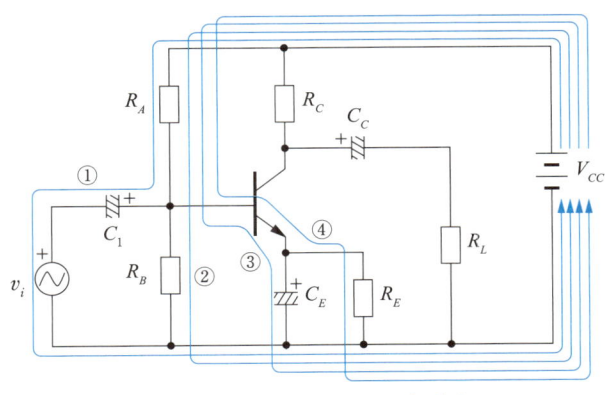

図 10.4 直流電流の流れ方 (1)

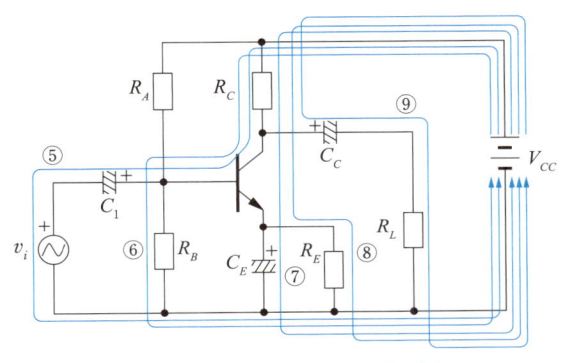

図 10.5 直流電流の流れ方 (2)

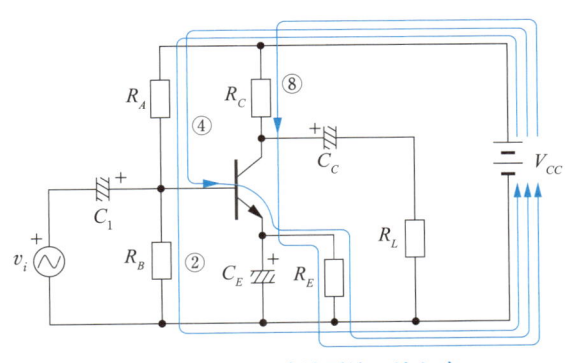

図 10.6 正しい直流電流の流れ方

しい流れ方は，図 10.6 に示すように②，④，⑧の 3 つとなる．

これらの直流電流の流れの中で②はトランジスタのベース・エミッタ間の電圧を安定にするために流す電流でブリーダ電流と呼ばれるものである．ブリーダとは機械工学ではガス抜きの意味であるが，無駄な電流ではあっても回路を安定に動作させるために重要な働きがある．④は直流入力電流 I_B，⑧は直流出力電流 I_C である．

この増幅回路において，R_B の抵抗を取り外した回路もよく使われる．R_B の抵抗を取り除くと回路は不安定になるが低コスト，低消費電力になる．

10.1 電流の流れ方

(5) 交流入力電流（小信号入力電流）の流れ方

交流（小信号）も入力電流と出力電流に分けられ，図 10.9 に示す回路において，交流電源 v_i からの電流が交流入力電流となり，図 10.12 に示す回路において，トランジスタで増幅された交流電流が交流出力電流となる．その理由を以下に詳述する．

図 10.7，図 10.8 に示す交流入力電流を考えると，10 通りの流れが考えられる．

まず，①は流れることができる．次に②と③に関し，表 8.1 よりコンデンサは交流入力電流（小信号入力電流）に対し，ほぼ短絡（インピーダンス≒0）とみなされるため，コンデンサ C_E の方，すなわち②の方に流れ，抵抗 R_E のある③の方には流れない．

次に④と⑤に関し，ベース－コレクタ間には等価的にダイオードが存在し，コレクタの直流電位がベースの直流電位に比べ高いため逆方向バイアスとなる．その結果，ベース－コレクタ間のインピーダンスが ∞（無限大）に近いと考えられ，電流は流れない．

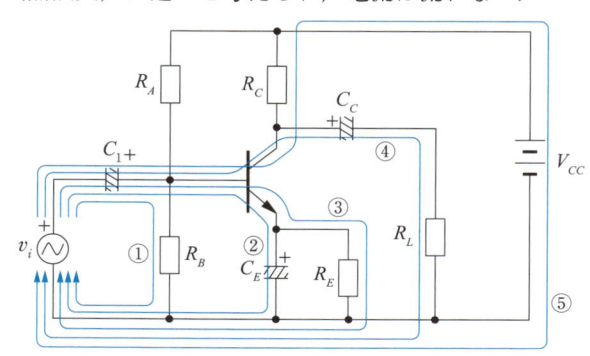

図 10.7 交流小信号入力電流の流れ方 (1)

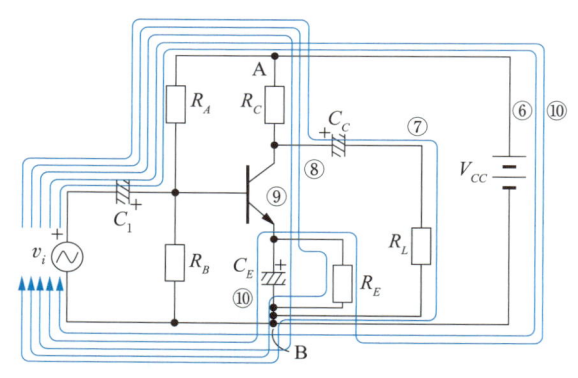

図 10.8 交流小信号入力電流の流れ方 (2)

さらに，図 10.8 において A 点と B 点の間に⑥，⑦，⑧，⑨の電流が流れると想定されるが A-B 間には内部抵抗 0[Ω] の定電圧源 V_{CC} があり，この定電圧源側にすべての電流が流れる．すなわち⑥は流れるが⑦，⑧，⑨は流れない．また，⑩については抵抗 R_E を通らなければならず R_E を通る必要のない⑥にすべて流れる．ということで⑩の電流は流れない．ここで，図 10.8 における R_E と R_L の配線図は，10.7 と異なるが，動作は同じである．説明を容易にするためにあえて変更した．

以上のことにより，①，②，⑥の 3 つの電流の流れが，交流の入力電流の流れとなる．これを

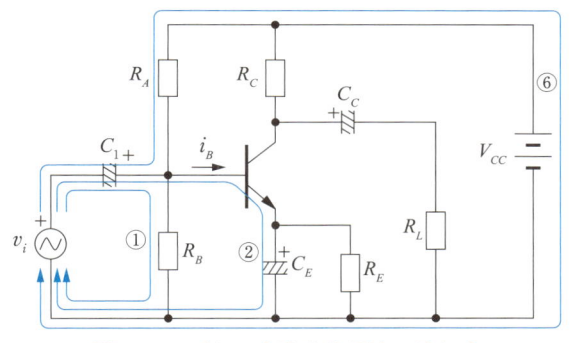

図 10.9 正しい交流入力電流の流れ方

改めてまとめると図 10.9 のようになる．なお，これらの交流入力電流の中でも，②はトランジスタへの入力電流 i_B となり増幅用の重要な電流である．しかし，①と⑥は，信号の増幅には関係のない電流であるため流れて欲しくない電流である．

(6) 交流出力電流（小信号出力電流）の流れ方

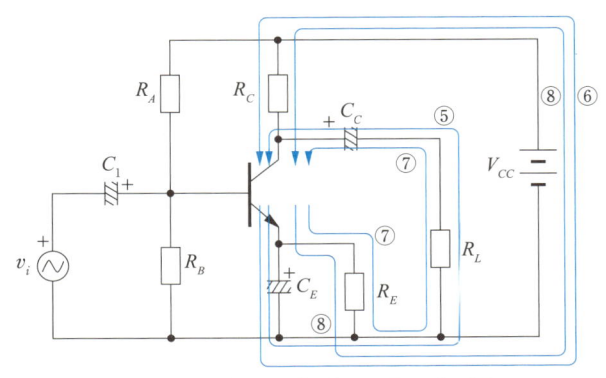

交流出力電流の流れ方は図 10.10 と図 10.11 に示すように 8 通り考えられる．

先に述べたように，交流入力電流 i_B はトランジスタで増幅され，交流出力電流（小信号出力電流）になる．**この交流出力電流は，トランジスタのエミッタから流れ出し，必ずコレクタに戻ってくる．** 図 10.10 の中で，①，③の電流はベースに戻っているため，その流れは考えられな

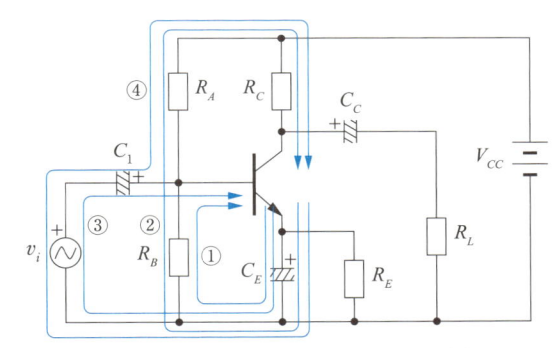

図 10.10 交流出力電流の流れ方（1）

図 10.11 交流出力電流の流れ方（2）

10.1 電流の流れ方　89

い．また，図 10.10 における②，④も R_A を通るより，内部抵抗が $0[\Omega]$ の電源 V_{CC} を通る方にすべて流れるため②，④の電流は存在しない．

次に図 10.11 において，C_E のインピーダンスが $0[\Omega]$ に近いので C_E に電流が流れやすく，R_E の抵抗の部分は流れない．したがって⑦，⑧の方には流れず，⑤，⑥の方に流れる．

以上のことをまとめると図 10.12 になり，交流の出力電流 i_C の流れは，⑤，⑥の2通りの流れしか存在しないことになる．

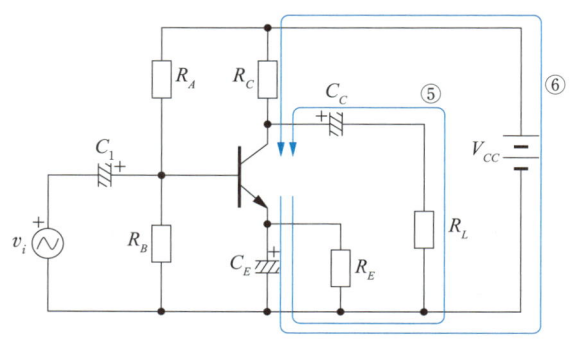

図 10.12 正しい交流出力電流の流れ方

10.2　電圧と電流の算出法

§10.1 では電流について記述したが，抵抗やインピーダンスが存在するところに電流が流れると，そこには必ずオームの法則が成り立ち，電圧降下が生じる．

ここではコンデンサは交流に対しては短絡，直流に対しては開放と見なし，また，直流定電圧源や交流定電圧源の内部抵抗は $0[\Omega]$ と見なす．図 10.13 における各部の電圧をまとめると表 10.2 に示すようになる．

図 10.13 の回路の解析を式（10-1）から式（10-37）を使って表 10.2 の電圧値を自分の頭で考えながら検証していくと電子回路がわかってくるので，この章は重要である．

ここで，直流の電圧と交流の電圧は重ね合わせの理に従い別々に考え，後で合成すると考えやすい．

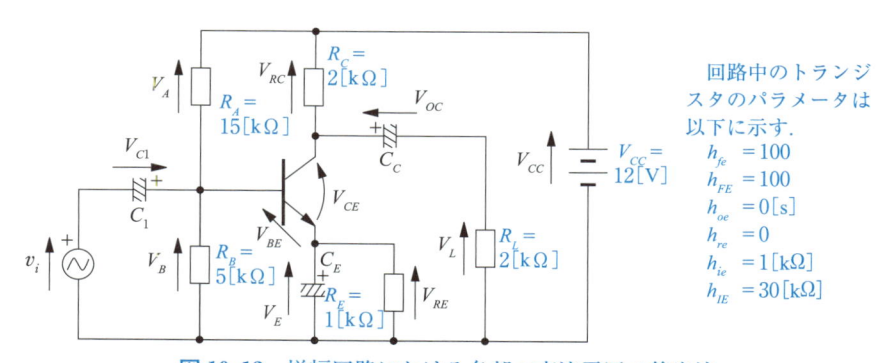

図 10.13 増幅回路における各部の直流電圧の算出法

表 10.2 電子回路の各部の電圧波形

	直流波形	交流波形	合成波形
v_i	0 [V]	$10\sqrt{2}$ [mV]	$10\sqrt{2}$ [mV]
V_{C1}	3 [V]	0 [V]	3 [V]
V_3	3 [V]	$10\sqrt{2}$ [mV]	$10\sqrt{2}$ [mV], 3 [V]
V_4	9 [V]	$10\sqrt{2}$ [mV]	$10\sqrt{2}$ [mV], 9 [V]
V_{RE}	2.3 [V]	0 [V]	0 [V]
V_E	2.3 [V]	0 [V]	2.3 [V]
V_{RC}	4.6 [V]	$\sqrt{2}$ [V]	$\sqrt{2}$ [V], 4.6 [V]
V_L	0 [V]	$\sqrt{2}$ [V]	$\sqrt{2}$ [V]
V_{OC}	7.4 [V]	0 [V]	7.4 [V]
V_{CC}	12 [V]	0 [V]	12 [V]
V_{BE}	0.7 [V]	$10\sqrt{2}$ [mV]	$10\sqrt{2}$ [mV], 0.7 [V]
V_{CE}	5.1 [V]	$\sqrt{2}$ [V]	$\sqrt{2}$ [V], 5.1 [V]

10.3 直流電圧と直流電流の算出法

各部の直流電圧はキルヒホッフの電圧則に従い，たとえば，

$$V_{CC} = V_B + V_A \tag{10-1}$$

$$V_{CC} = V_E + V_{CE} + V_{RC} \tag{10-2}$$

$$V_{CC} = V_L + V_{OC} + V_{RC} \tag{10-3}$$

$$V_B = V_{C1} \quad (V_i は交流で，定電圧源なので内部抵抗 0[\Omega] で 0[V]) \tag{10-4}$$

$$V_B = V_{BE} + V_E \tag{10-5}$$
$$V_E = V_{RE} \tag{10-6}$$

の各式が成立する．

図 10.13 において直流に関しての回路を抜き出して描くと図 10.14 になる．ここでトランジスタのベース－エミッタ間の抵抗は h_{IE} である．

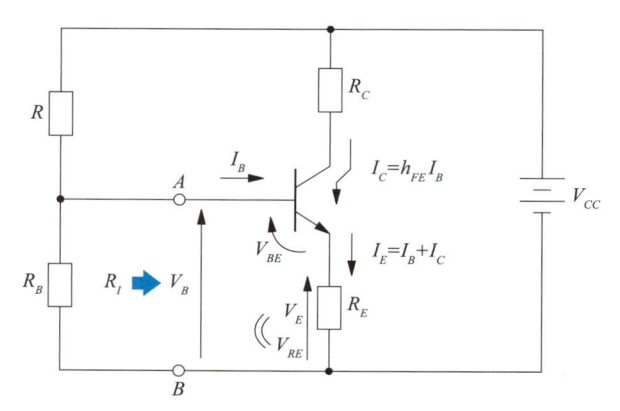

図 10.14 R_I の抵抗値の求め方と直流電流の算出法

この図において，A-B 端子からトランジスタのベース側を見た直流抵抗 R_I は，トランジスタのベース－エミッタ間の抵抗 h_{IE} と R_E の和になると単純に考えがちであるが，実際の R_I は式 (10-7) で与えられる．

$$R_I = h_{IE} + (1 + h_{FE})R \fallingdotseq h_{IE} + h_{FE}R_E \tag{10-7}$$

その理由を以下に説明する．

$$R_I = \frac{V_B}{I_B} \tag{10-8}$$

式 (10-8) の V_B に式 (10-5) を代入すると，

$$R_I = \frac{V_{BE} + V_E}{I_B} = \frac{V_{BE}}{I_B} + \frac{V_E}{I_B} \tag{10-9}$$

ここで V_E は電圧降下の式より，

$$V_E = R_E I_E \tag{10-10}$$

また，I_E はキルヒホッフの電流則より，

$$I_E = I_B + I_C \tag{10-11}$$

ここで I_C は電流増幅の関係式から，

$$I_C = h_{FE} I_B \tag{10-12}$$

式 (10-11) に式 (10-12) を代入し，その式を式 (10-10) に代入し，さらにその代入された式を式 (10-9) に代入すると，

$$R_I = \frac{V_{BE}}{I_B} + \frac{R_E(I_B + h_{FE}I_B)}{I_B}$$
$$= \frac{V_{BE}}{I_B} + R_E(1 + h_{FE}) \tag{10-13}$$

となり，V_{BE}/I_B は h_{IE} であるため，

$$R_I = h_{IE} + (1 + h_{FE})R_E \fallingdotseq h_{IE} + h_{FE}R_E \tag{10-14}$$

となり，式（10-7）が証明された．したがって，$R_I = h_{IE} + R_E$ にはならない．

すなわち，R_I の値は h_{IE} と R_E に h_{FE} 倍した値を加えることになり一般に大きい値になる．

たとえば，$h_{IE} = 30[\mathrm{k}\Omega]$，$h_{FE} = 100$，$R_E = 1[\mathrm{k}\Omega]$ とすると R_I は $30[\mathrm{k}\Omega] + 101[\mathrm{k}\Omega] = 131[\mathrm{k}\Omega]$ になる．ゆえに，V_B の値を V_{CC} との分圧比の関係から求める場合，式（10-15）が厳密式として書ける．

$$V_B = \frac{\dfrac{R_B R_I}{R_B + R_I}}{\dfrac{R_B R_I}{R_B + R_I} + R_A} V_{CC} \tag{10-15}$$

しかし，式（10-15）における R_I が R_B に比べ非常に大きいとするならば，

$$\frac{R_B R_I}{R_B + R_I} = \frac{R_B}{\dfrac{R_B}{R_I} + 1} \fallingdotseq R_B \quad \left(\frac{R_B}{R_I} \ll 1\right)$$

したがって，式（10-15）は式（10-16）の近似式で表わすことができ，一般に V_B の値を求めるとき，この式（10-16）が使用される．

$$V_B \fallingdotseq \frac{R_B}{R_B + R_A} V_{CC} \tag{10-16}$$

ここで V_B の具体的な数値を求めると，

$$V_B = \frac{R_B}{R_B + R_A} V_{CC} = \frac{5[\mathrm{k}\Omega]}{5[\mathrm{k}\Omega] + 15[\mathrm{k}\Omega]} \times 12 = 3[\mathrm{V}] \tag{10-17}$$

次に，各部の直流電流値について具体的な計算の方法を考える．

まず，図 10.15 において直流の電流は式（10-18）～式（10-21）で与えられる．

$$I_{AB} = \frac{V_{CC}}{R_A + R_B} = \frac{12[\mathrm{V}]}{15[\mathrm{k}\Omega] + 5[\mathrm{k}\Omega]} = 0.6[\mathrm{mA}] \tag{10-18}$$

$$I_C = \frac{V_E}{R_E} = \frac{V_B - V_{BE}}{R_E} = \frac{3[\mathrm{V}] - 0.7[\mathrm{V}]}{1[\mathrm{k}\Omega]} = 2.3[\mathrm{mA}] \tag{10-19}$$

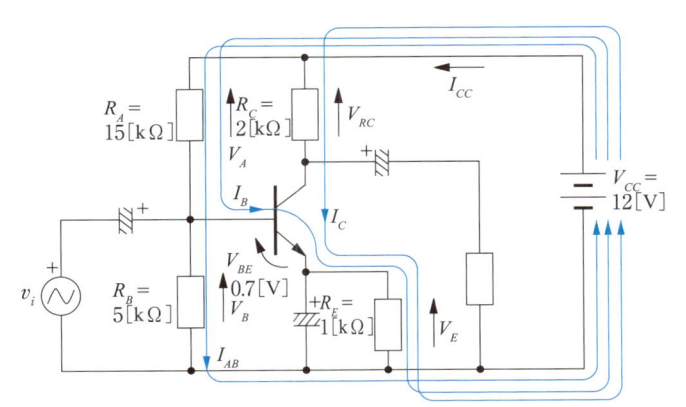

トランジスタの $h_{IE} = 30[\mathrm{k}\Omega]$，$h_{FE} = 100$ とする．

図 10.15 直流電流の流れと計算法

$$I_B = \frac{I_C}{h_{FE}} = \frac{2.3[\text{mA}]}{100} = 23[\mu\text{A}] = 0.023[\text{mA}] \tag{10-20}$$

$$I_{CC} = I_{AB} + I_C + I_B \tag{10-21}$$
$$= 0.6[\text{mA}] + 2.3[\text{mA}] + 0.023[\text{mA}] \fallingdotseq 2.9[\text{mA}]$$

また，図 10.15 において電圧降下の式から各直流電圧に対し，式（10-22）～式（10-26）が成り立ち，具体的数値も求められる．

$$V_B = I_{AB}R_B = 0.6[\text{mA}] \times 5[\text{k}\Omega] = 3[\text{V}] \tag{10-22}$$

$$V_A = (I_{AB} + I_B)R_A \fallingdotseq I_{AB}R_A = 0.6[\text{mA}] \times 15[\text{k}\Omega] = 9[\text{V}] \tag{10-23}$$

$$V_E = (I_C + I_B)R_E \fallingdotseq I_C R_E = 2.3[\text{mA}] \times 1[\text{k}\Omega] = 2.3[\text{V}] \tag{10-24}$$

$$V_{RC} = I_C R_C = 2.3[\text{mA}] \times 2[\text{k}\Omega] = 4.6[\text{V}] \tag{10-25}$$

$$V_{CE} = V_{CC} - V_{RC} - V_E = 12[\text{V}] - 4.6[\text{V}] - 2.3[\text{V}] = 5.1[\text{V}] \tag{10-26}$$

10.4 交流電圧と交流電流の算出法

次に，各交流入力電流の値を図 10.16 を使って求めてみる．

図 10.16 において各交流入力電流は式（10-27）～式（10-30）で与えられる．

まず i_{RA} を求める．$v_A = -v_i$ であるため

$$i_{RA} = \frac{-v_A}{R_A} = \frac{v_i}{R_A} = \frac{10[\text{mV}]}{15[\text{k}\Omega]} = 0.67[\mu\text{A}] \tag{10-27}$$

次に，i_{RB} を求める．$v_B = v_i$ となり

$$i_{RB} = \frac{v_B}{R_B} = \frac{v_i}{R_B} = \frac{10[\text{mV}]}{5[\text{k}\Omega]} = 2[\mu\text{A}] \tag{10-28}$$

C_E のコンデンサのインピーダンスは，$0[\Omega]$ に近いので $v_E \fallingdotseq 0[\text{V}]$ となり，$v_{BE} = v_i$ になる．

したがって，

$$i_B = \frac{v_{BE}}{h_{ie}} = \frac{v_i}{h_{ie}} = \frac{10[\text{mV}]}{1[\text{k}\Omega]} = 10[\mu\text{A}] \tag{10-29}$$

$$i_i = i_{RA} + i_{RB} + i_B$$

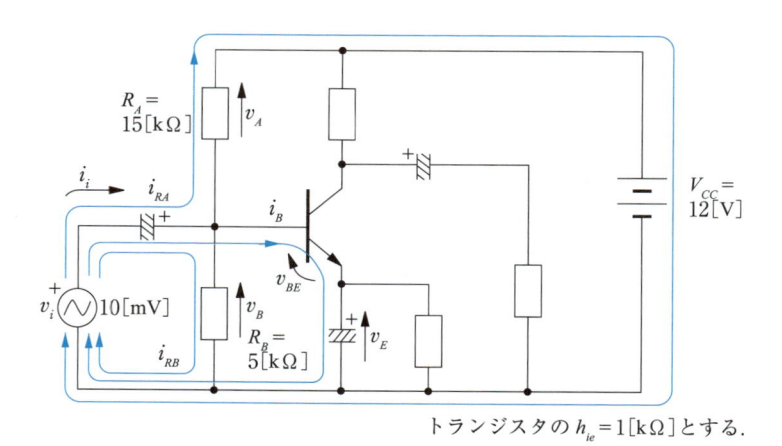

図 10.16 交流入力電流の流れと計算法

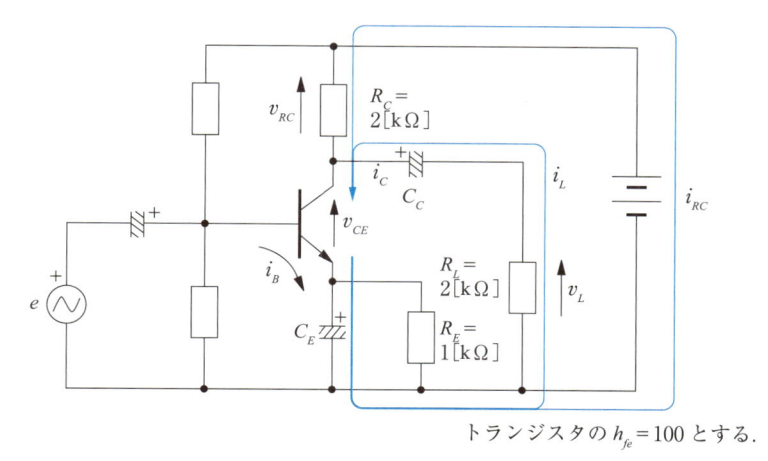

図 10.17 交流出力電流の流れと計算法

$$= 0.67[\mu A] + 2[\mu A] + 10[\mu A] = 12.67[\mu A] \tag{10-30}$$

交流の出力電流の流れは図 10.17 に示される．

この図において各<u>交流出力電流値</u>は式（10-31）〜式（10-33）で与えられる．

$$i_C = h_{fe} i_B = 100 \times 10[\mu A] = 1[mA] \tag{10-31}$$

$$i_{RC} = \frac{R_L}{R_C + R_L} i_C = \frac{2[k\Omega]}{2[k\Omega] + 2[k\Omega]} \times 1[mA] = 0.5[mA] \tag{10-32}$$

$$i_L = \frac{R_C}{R_C + R_L} i_C = \frac{2[k\Omega]}{2[k\Omega] + 2[k\Omega]} \times 1[mA] = 0.5[mA] \tag{10-33}$$

次に，図 10.16 における<u>交流入力電圧</u>は式（10-34）で与えられる．

$$v_i = v_B = v_{BE} = -v_A = 10[mV] \tag{10-34}$$

また，図 10.17 において<u>交流出力電圧</u>に対しては式（10-35）〜式（10-37）で与えられる．

$$v_{RC} = i_{RC} R_C = 0.5[mA] \times 2[k\Omega] = 1[V] \tag{10-35}$$

$$v_L = -i_L R_L = -0.5[mA] \times 2[k\Omega] = -1[V] \tag{10-36}$$

$$v_{CE} = -v_{RC} = v_L = -1[V] \tag{10-37}$$

10.5　周波数による回路への影響（周波数特性）

入力信号の交流源の周波数は一定と考えてきたが，ここではその周波数が変化するとどうなるかについて考えてみる．まず，周波数に関係してくるものは，コンデンサとコイルであり，それらは周波数の変化によってそのインピーダンスが変化する．

以上で記述した回路では，コイルは使用せずコンデンサしか使われていない．ここで，コンデンサのインピーダンスについて考えると，第 2 章でも述べたようにコンデンサのインピーダンス $\dot{Z}$ は，

$$\dot{Z} = \frac{1}{j\omega C} = \frac{1}{j2\pi f C} \tag{10-38}$$

(j：位相が90°ずれていることを示す，ω：角周波数，f：周波数，C：コンデンサの容量）の式で表わされる．したがって周波数 f が高いと，式の分母が大きくなり $\dot{Z}$ は 0 に近づいていく．逆に周波数が低いと，式の分母が小さくなり，$\dot{Z}$ は ∞ に近づく．つまり，周波数の高低でコンデンサが短絡状態となったり，開放状態となったりする．したがって，図 10.18 に示すような電流の流れにおいて周波数を低くすると，コンデンサに流れていた交流信号電流が流れにくくなる．

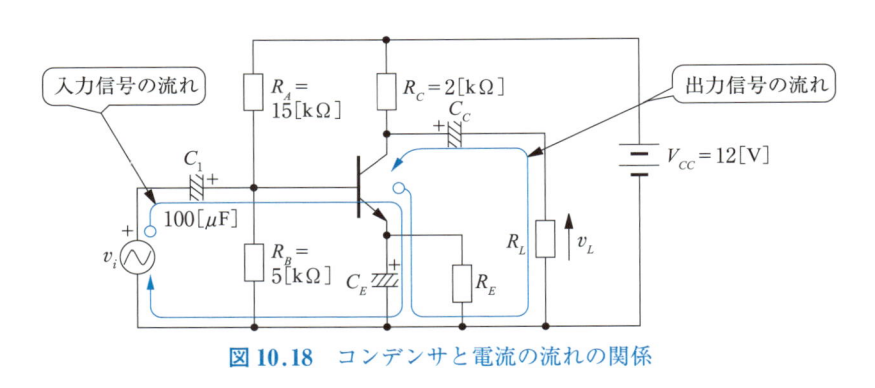

図 10.18 コンデンサと電流の流れの関係

そこで，具体的にこの増幅回路の電圧利得（増幅度）と周波数の関係，すなわち周波数特性を調べると，図 10.19 のようになり，C_E や C_C のコンデンサの値や負荷抵抗 R_L の抵抗値によって周波数特性が変化することがわかる．この図からコンデンサは，容量の大きいものを使用した方が周波数特性がよくなることがわかる．特に①の特性に対する②と④の変化を見ると，C_C より C_E の影響力の方が大きいことがわかる．また，裏を返せば①の特性をより周波数特性のよいフラットな特性にするには C_E の値を 100[μF] から 1000[μF] にすればよい．さらに，抵抗 R_L が 5[kΩ] から 1[kΩ] に変化すると，図中の①から③の特性になり，特性①と③では電圧の利得が下がる点を除いては同様の傾向になることがわかる．また，⑤は C_E を開放したときの特性であるが，周波数特性としてはフラットで理想であるが，電圧利得が非常に低くなり，好ましい状態とはいえない．

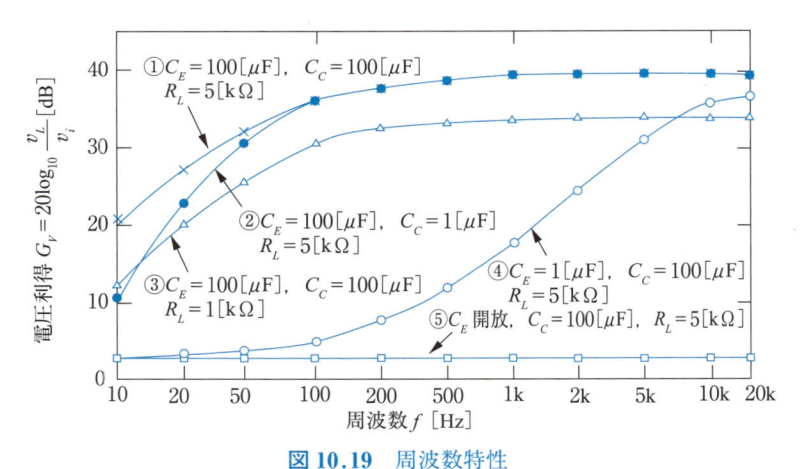

図 10.19 周波数特性

以上のように，増幅回路を考える場合には，電流の流れ方，電圧のかかり方，そして周波数なども考えなければならない．

第10章 演習問題

1. 次の図 Q10.1 に示す増幅回路における各問について答えよ．

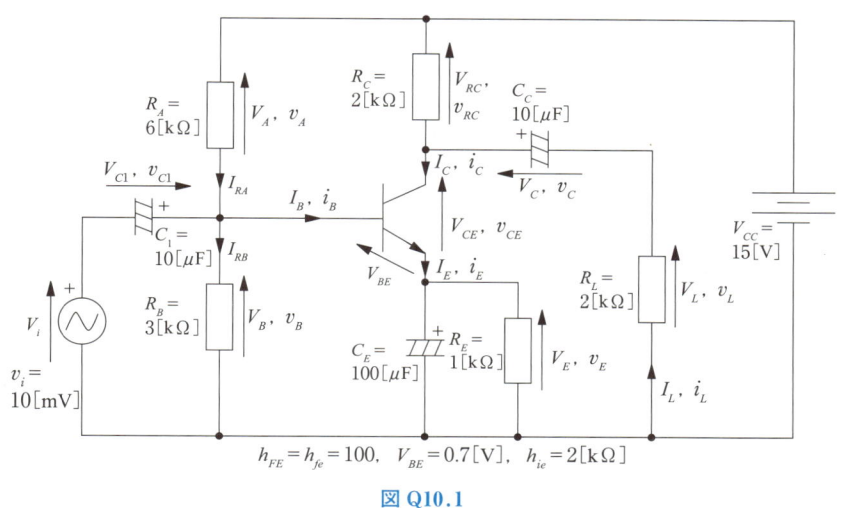

図 Q10.1

(1) 図 Q10.1 の回路の小信号等価回路を描け．
(2) 図 Q10.1 の回路の直流部分の各値（V_A, V_B, V_{BE}, V_E, V_{RC}, V_{CE}, V_C, V_L, I_B, I_C, I_E, I_L）を求めよ．
(3) 図 Q10.1 の回路の交流部分の各値（v_A, v_B, v_E, v_{RC}, v_{CE}, v_C, v_L, i_B, i_C, i_E, i_L）を求めよ．

2. 次の図 Q10.2 に示す増幅回路における各問について答えよ．

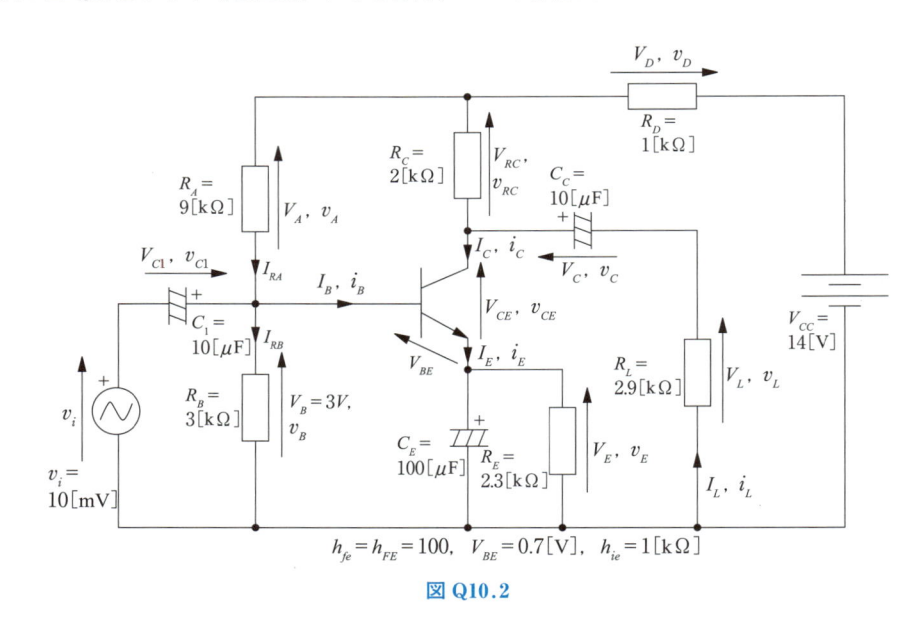

図 Q10.2

(1) 図 Q10.2 の回路において直流成分での電流の流れ方を書け．
(2) 図 Q10.2 の回路の小信号等価回路を描け．
(3) 図 Q10.2 の回路の直流部分の各値（V_A, V_E, V_{RC}, V_{BE}, V_{CE}, V_C, V_L, V_D, I_B, I_C, I_E, I_L）を求めよ．ただし $V_B=3[\mathrm{V}]$ である．
(4) 図 Q10.2 の回路の交流部分の各値（v_A, v_C, v_E, v_{RC}, v_{CE}, v_L, v_D, i_B, i_C, i_E, i_L）を求めよ．

3. 図 Q10.3 の回路をもとに次の問題に答えよ

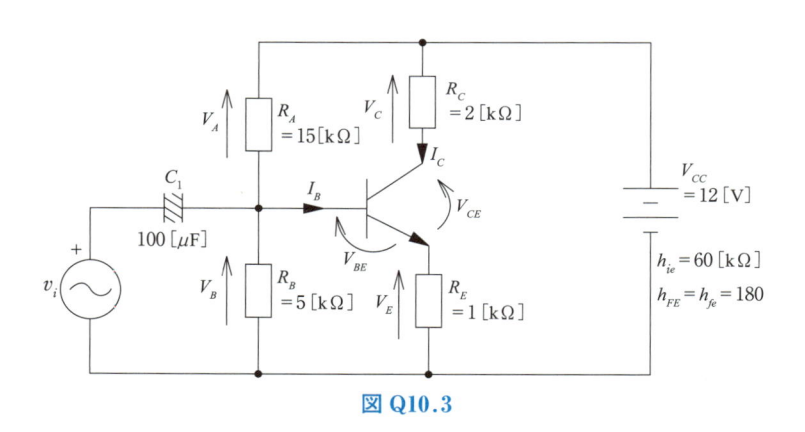

図 Q10.3

(1) R_A, R_B, R_C, R_E に印加される直流電圧 V_A, V_B, V_C, V_E の値を求めよ．
(2) R_C を負荷抵抗とした場合の小信号等価回路を描け．
(3) 直流負荷線，交流負荷線を描き，動作電圧（V_{CE}）と動作電流（I_C）の値を求めよ．

4. 図 Q10.4 の回路について次の各問に答えよ．

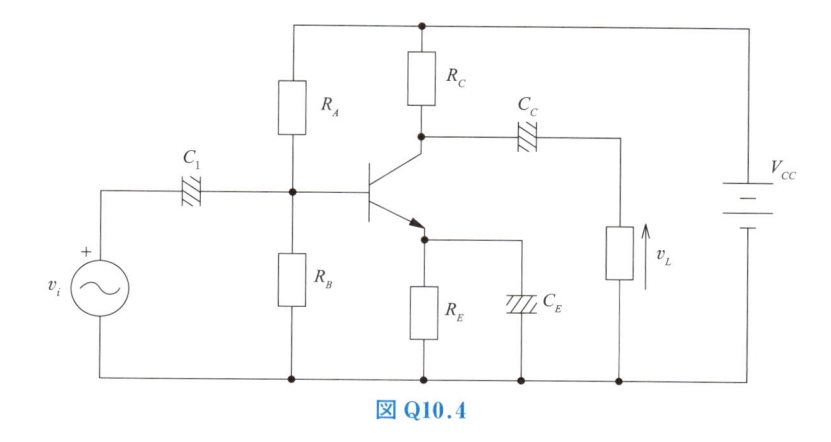

図 Q10.4

(1) 各抵抗 R_A, R_B, R_C, R_E およびコンデンサ C_1, C_C, C_E のそれぞれを開放，短絡した場合，回路にどのような変化があるか．
(2) いま，手元に $10[\mu F]$ のコンデンサが 2 つと $100[\mu F]$ のコンデンサが 1 つしかない．このとき，出力の周波数特性を最も良くするには，C_1, C_C, C_E にどのコンデンサを割り当てればよいか？

5. 図 Q10.5 の回路について次の各問に答えよ．
(1) 交流入力電流の流れ道，交流出力電流の流れ道，直流ブリーダ電流①直流バイアス電流②と直流動作電流③の流れ道を示せ．
(2) 小信号等価回路を描け．

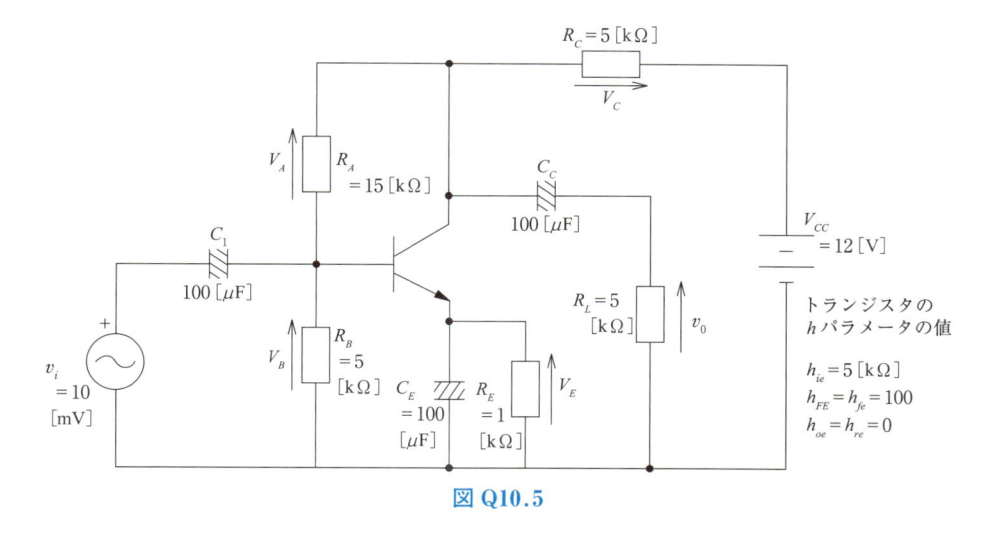

図 Q10.5

第11章 電子回路と温度

電子回路は周囲の温度にたいへん影響されやすく，それは熱暴走や安定度と密接に関係する．そこで本章では，この熱暴走が起こる原因と熱暴走の防止法，および電子回路の安定度について考えてみる．

11.1 熱暴走

トランジスタやダイオードに使われている半導体は，温度が上昇すると，その内部抵抗が小さくなる性質を持っている．したがって，図 6.16 に示した基本増幅回路で R_E と C_E のない回路，すなわち図 11.1 の増幅回路は，熱暴走が起こりやすい回路である．

この回路において $V_B=$ 一定つまり，$V_{BE}=$ 一定としたとき（実際は変動するがここでは，そ

図 11.1 熱暴走の回路例

周囲の温度上昇
⇩
トランジスタの温度上昇
⇩
トランジスタの入力抵抗 h_{IE} の減少
⇩
入力電流 I_B の増加
⇩
出力電流 I_C の増加 ($I_C = h_{FE} I_B$)
⇩
トランジスタ内でジュール熱発生
⇩
トランジスタが破壊

トランジスタの電流増幅率 h_{FE} の増加

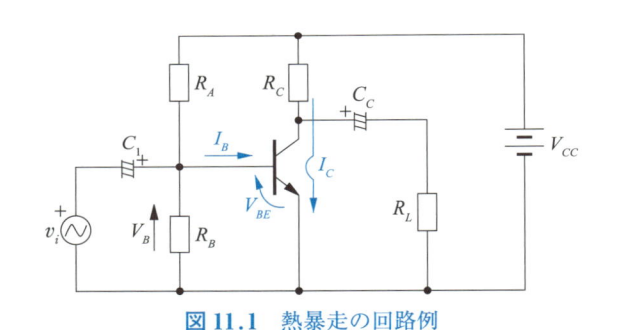

図 11.2 熱暴走の過程

の変動を無視して考える），周囲の温度が上昇すると図11.2の過程に従ってトランジスタが破壊されるおそれがある．これを熱暴走という．すなわち，図11.2によれば周囲の温度が上昇するとトランジスタの電流増幅率 h_{FE} が増加する．また内部抵抗 h_{IE} が減少し，入力電流 I_B も増加するため，$I_C = h_{FE} I_B$ より出力電流 I_C が増加する．さらに，I_C の増加によってトランジスタのコレクターエミッタ間にジュール熱が発生し，トランジスタが熱を持つようになる．すなわちトランジスタの温度が上昇し，さらに h_{IE} が減少することで，I_B が上昇し，h_{FE} も増加することで，I_C が増加して，トランジスタがより熱くなる．このことを繰り返すことにより，トランジスタ自身の温度がますます上昇していき，最後に破壊されることになる．なお，熱暴走は直流に対して起こるもので，小信号の交流に対しては無関係である．

11.2 熱暴走防止法

熱暴走を防ぐにはどうすればよいかを考えてみる．

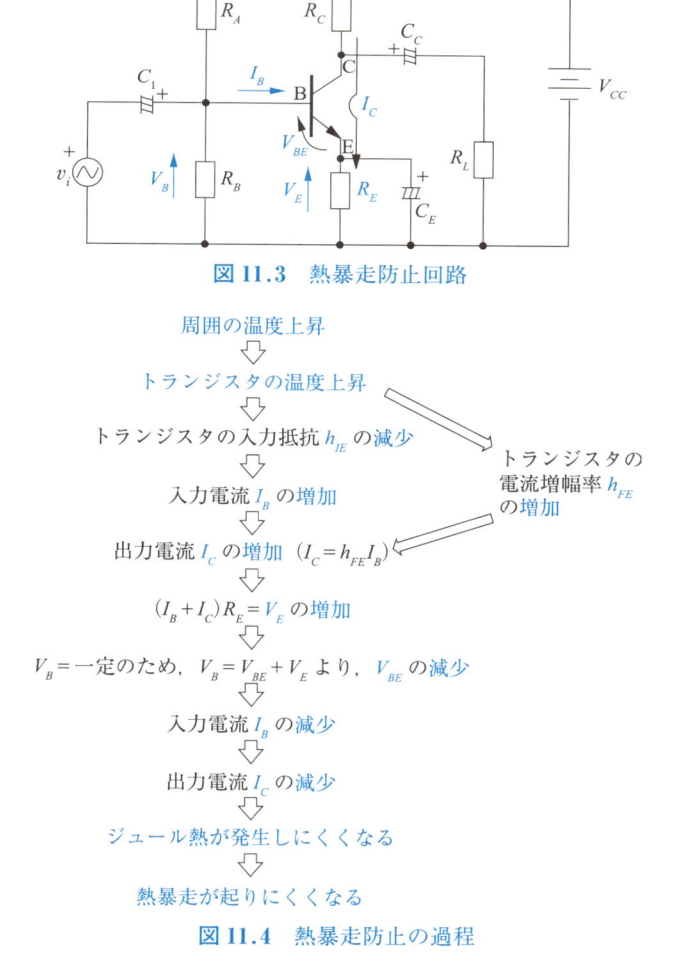

図11.3 熱暴走防止回路

周囲の温度上昇
⇩
トランジスタの温度上昇
⇩
トランジスタの入力抵抗 h_{IE} の減少 ⟹ トランジスタの電流増幅率 h_{FE} の増加
⇩
入力電流 I_B の増加
⇩
出力電流 I_C の増加 $(I_C = h_{FE} I_B)$ ⟸
⇩
$(I_B + I_C) R_E = V_E$ の増加
⇩
$V_B =$ 一定のため，$V_B = V_{BE} + V_E$ より，V_{BE} の減少
⇩
入力電流 I_B の減少
⇩
出力電流 I_C の減少
⇩
ジュール熱が発生しにくくなる
⇩
熱暴走が起りにくくなる

図11.4 熱暴走防止の過程

先にも述べたように，熱暴走は周囲の温度上昇によって直流電流が増加することが原因である．したがって，この直流電流 I_B と I_C の増加を抑えれば熱暴走を防止できる．その１つの方法は，図 11.3 に示すように E（エミッタ）側に R_E の抵抗を接続すればよい．実際には R_E を接続することにより信号電流も減衰し，出力電圧が小さくなるので，R_E と並列に C_E のコンデンサを図 11.3 に示すように接続する．

R_E を接続することにより図 11.4 の過程で熱暴走は防止される．すなわち，図 11.1 の回路では，$V_B = V_{BE} = $ 一定であった電圧が，図 11.3 の回路では，

$$V_B = V_{BE} + V_E = 一定$$

となり，I_B や I_C が増加すると $V_E = I_E R_E = (I_B + I_C)R_E$ であるため V_E が増加し，V_B が一定であるため，逆に V_{BE} が減少しなければならず，その結果 I_B も減少し，$I_C = h_{FE} I_B$ であるため I_C も減少する．したがって，発熱もしなくなり熱暴走を防ぐことができる．

11.3 安定度

安定度は，周囲温度の変化と電源電圧 V_{CC} の変化（V_{CC} の変化は，結果としてバイアス電圧の変化に影響する）と，入力信号の電圧値の変化などに対して，どの程度出力の電圧や電流が変化せずに安定するかという度合いを示すものである．本節では，もっとも影響の大きい周囲の温度変化に対してのみ注目した．ここで安定指数 S は回路の安定度を数値で表現したもので安定指数 S の値は必ず 1 より大きい値を持ち，S の値が 1 に近いほど回路が安定している．

安定指数 S は，式 (11-1) で表わされる．ここで X の値はバイアス回路の種類によって異なる（バイアス回路の種類と X の値については §14.4 に記述する）．

$$S = \frac{(1+h_{FE})(1+X)}{(1+h_{FE}+X)} \tag{11-1}$$

式 (11-1) の分子・分母を $1+X$ で割ると

$$S = \frac{1+h_{FE}}{1+\dfrac{h_{FE}}{1+X}} \tag{11-2}$$

また，式 (11-1) の分子・分母を $1+h_{FE}$ で割ると式 (11-3) が得られる．

$$S = \frac{1+X}{1+\dfrac{X}{1+h_{FE}}} \tag{11-3}$$

式 (11-3) における X の値は，いままで学んできたエミッタ接地方式の電流帰還型バイアス回路の場合，

$$X = \frac{1}{R_E}\left(\frac{R_A R_B}{R_A + R_B}\right) \tag{11-4}$$

式 (11-4) の分子・分母を $R_A R_B$ で割ると

$$X = \frac{1}{R_E}\left(\frac{1}{\dfrac{1}{R_A}+\dfrac{1}{R_B}}\right) \tag{11-5}$$

という式で表わせる．

したがって，回路の安定度をよくするためには式（11-1）の S の値を小さくすればよく，S の値を小さくするには式（11-2）の分母を大きくすればよい．式（11-2）の分母を大きくするには $1+X$ の値を小さくすればよく，X の値を小さくするには式（11-5）の R_E を大きくするか，R_A, R_B の値を小さくすればよい．または式（11-3）の h_{FE} の値を小さくすれば S を小さくできる．

以上をまとめると図 11.5 のようになる．

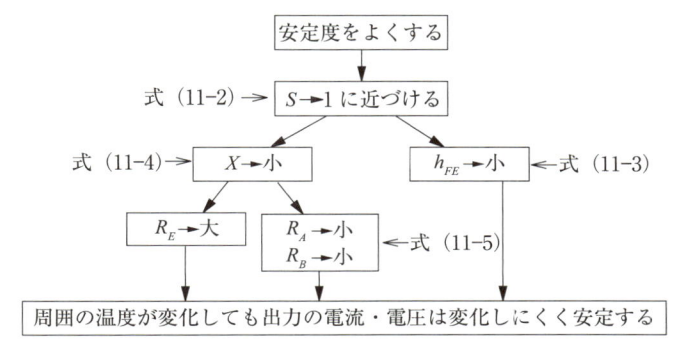

図 11.5　安定度をよくする方法

しかし，R_E の値を大きくしすぎると，出力波形が歪む可能性が出てくる．また，h_{FE} が小さいと増幅度が低下し R_A, R_B は小さいと消費電力が増加したり，電力利得が低下したりする（入力電源が定電圧でないと仮定する）．したがって通常 S は 5～20 が望ましく，設計する場合も S は 5～20 を目安として選ぶとよい．

第11章 演習問題

1. 増幅回路における熱暴走の過程を説明せよ．
2. 増幅回路における熱暴走を防止する方法を説明せよ．
3. 電子回路における安定度とはどのようなものか説明せよ．
4. 回路の安定度を良くするためには，どうすれば良いか説明せよ．
5. 次の文章の（　）に入る言葉を答えよ．

　安定度とは，（①）の変化に対して（②）の変化が小さいか大きいかの度合いである．

第12章

回路の改良

この章では，実際に回路を動作させた場合に生じるいろいろな問題に対して，その原因と，その改善策を考えてみる．

12.1 回路の改善策

いままで学んできた図 12.1 に示すエミッタ接地方式電流帰還型バイアス回路を用いた増幅回路を例に，回路の改善を考えてみる．

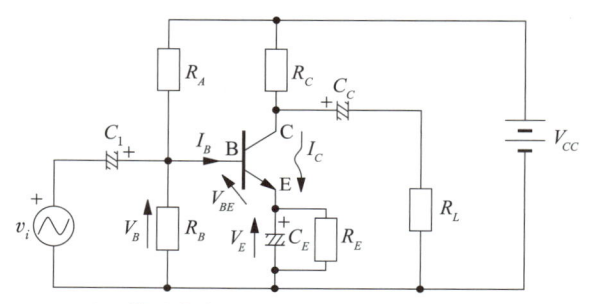

図 12.1 エミッタ接地方式電流帰還型バイアス回路を用いた増幅回路

① 直流負荷線の傾きを緩やかな傾斜にしたい場合

§7.3 で示した直流負荷線は，式（7-10）で与えられ，その傾きは式（12-1）になる．したがって直流負荷線の傾きを緩やかな傾斜にしたい場合は，式（12-1）の分母を大きくすればよい．すなわち，R_C と R_E を大きくすればよい．

$$\text{直流負荷線の傾き} = \frac{-1}{R_C + R_E} \tag{12-1}$$

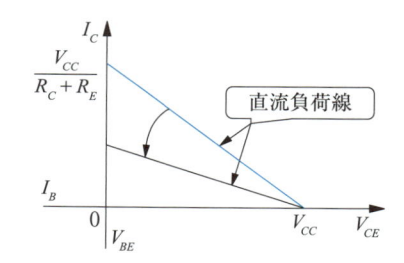

図 12.2 直流負荷線の傾きを考える場合

② 出力電圧波形の歪みをなくしたい場合

図 12.3(a) に示すような歪んだ交流出力電圧波形を，図 12.3(b) に示すように歪まない波形にすることを考える．

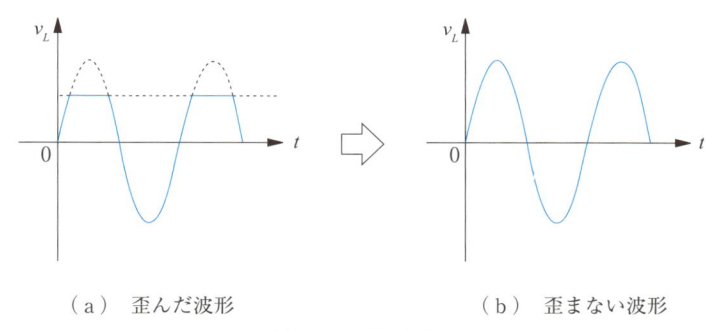

(a) 歪んだ波形　　(b) 歪まない波形

図 12.3　波形歪み

その場合，(A) 動作点の位置を移動させて歪みをなくす方法と，(B) 交流負荷線の傾きを変える方法がある．

(A)　動作点の位置を移動させる方法

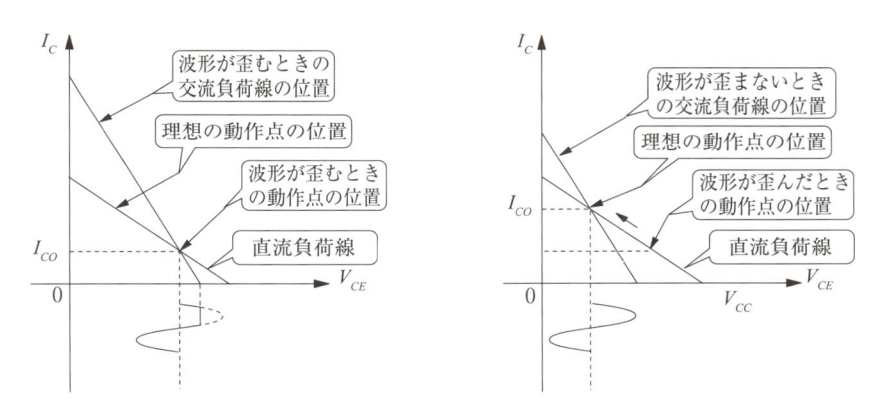

(a) 波形が歪んでいる場合の動作点の位置　　(b) I_C を大きくして動作点を移動させた場合

図 12.4　動作点を移動させて波形の歪みをとる方法

図 12.3(a) のように波形が歪む理由として，動作点が図 12.4(a) のように，理想的な動作点の位置から少しずれていることが考えられる．したがって，波形が歪まない状態で出力したい場合は，図 12.4(b) のように動作点をもっと理想的な位置に近づけなければならない．すなわち，直流動作電流 I_{CO} を大きくすれば，波形の歪みを改善することができる．I_{CO} を大きくする方法については⑫に示す．具体的には，R_A⇒小，R_B⇒大，R_E⇒小，V_{CC}⇒高のいずれか，またはこれらの組合せを考えるとよい．

(B)　交流負荷線の傾きを変える方法

図 12.5 に示すように，動作点を変えないで交流負荷線の傾きを緩やかにする方法がある．

その場合，R_L，R_C の値を大きくすればよい．実際には R_L は負荷なので変更しにくく，R_C の値を大きくすると直流負荷線の傾きも変わり動作点の位置は右方向に移動するため，歪みやすくなる．したがって，(A)の方法が推奨される．

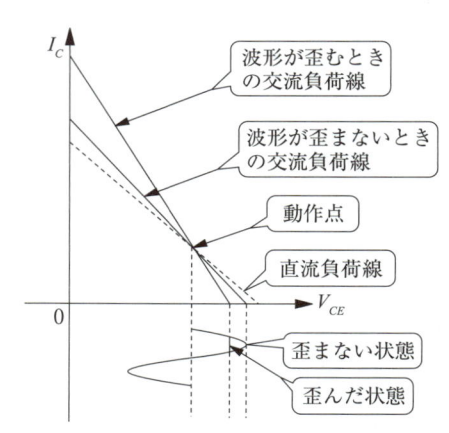

図 12.5 負荷線の傾きを変えることによる波形歪みの改善

③ 消費電力を小さくしたい場合

消費電力とは，ここではエネルギー供給電源 V_{CC} からの電力消費を意味し，直流に対してのみ考える．交流は小信号であるため無視する．

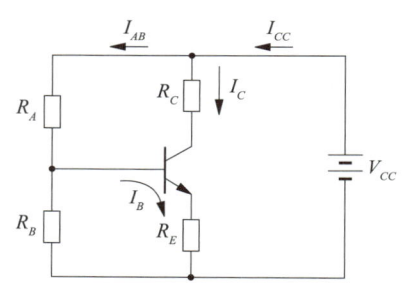

図 12.6 消費電力を考える場合の回路

したがって，図 12.6 において消費電力 P は，

$$P = I_{CC} V_{CC} \tag{12-2}$$

となり，V_{CC} を一定と考えるならば I_{CC} を小さくすればよいことになる．ここで I_{CC} は，I_{AB} と I_C に分流し，I_{AB} を小さくするには R_A を大きくすればよい．また，R_E を大きくすると I_B が小さくなり，I_C も小さくなるため消費電力を小さくできる．ただし，R_A，R_B を大きくすると安定度が悪くなる．

④ 増幅回路の入力インピーダンス（交流）を大きくしたい場合

入力インピーダンスとは，増幅回路の入力側から見たインピーダンスのことである．

図 12.7 に示す小信号等価回路で考えるならば，増幅回路全体の入力インピーダンス $\dot{Z}_i$ は，$h_{re} = 0$ のとき R_A と R_B と h_{ie} の並列合成インピーダンスであることがわかる．したがって，$\dot{Z}_i$ を大きくするには h_{ie} が大きいトランジスタを用いるか，R_A や R_B を大きくすればよい．

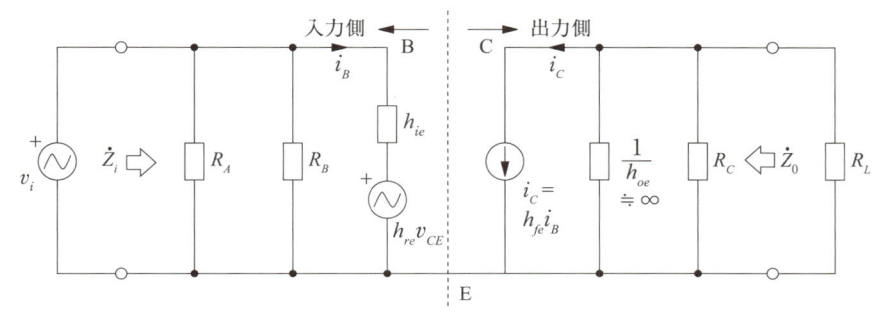

図 12.7　小信号等価回路（図 12.1 の回路に対する）

⑤　増幅回路の出力インピーダンスを大きくしたい場合

図 12.7 に示すように増幅回路全体の出力インピーダンスを大きくしたい場合も④と同じように考えればよい．増幅回路全体の出力インピーダンスは出力側の負荷 R_L から見たインピーダンスのことで，$1/h_{oe}$ と R_C の並列合成インピーダンスになる．したがって，$1/h_{oe}$ が大きいトランジスタを用いれば出力インピーダンスを大きくできるが，もともと $1/h_{oe}$ は ∞ に近い値を持つため，むしろ R_C を大きくした方が出力インピーダンスは大きくできる．

⑥　増幅回路の交流の出力側におけるマッチングをとりたい（マッチングさせたい）場合

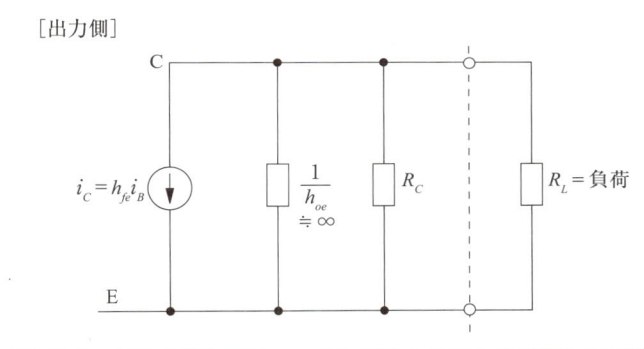

図 12.8　交流の出力側のマッチングをとることを説明した回路

この場合は，第 8 章でも述べたように，出力側では負荷 R_L と，R_L から見た増幅器の出力側の合成インピーダンスを等しくすればよい．すなわち，図 12.8 において以下の式が成り立てばよい．

$$R_L = \frac{\dfrac{R_C}{h_{oe}}}{\dfrac{1}{h_{oe}} + R_C} = \frac{R_C}{1 + h_{oe}R_C} \tag{12-3}$$

しかし，式（12-3）において $h_{oe} = 0$ と考えるならば，

$$R_C = R_L \tag{12-4}$$

が，出力側におけるマッチング条件となる．

⑦ **電力利得を最大にしたい場合**

電力利得は，以下の式で与えられる．

$$\text{電力利得} G_P = 10 \log_{10} \frac{i_L v_L}{i_i v_i} \tag{12-5}$$

ここで注意しなければならないのは，i_L/i_i を大きくするために R_L を小さくすると，v_L が小さくなり，v_L/v_i が小さくなってしまうことである．したがって，電力を最大にするにはマッチングをとればよいことになり，入力側のマッチングと出力側のマッチングの両方をとる必要がある．当然，h_{fe} の大きいトランジスタを使用することで i_L や v_L を大きくすることもできる．

⑧ **安定度をよくしたい場合**

安定度をよくしたい場合は，図 11.5 に示す通り，安定指数 S を小さくすればよい．

h_{FE} の小さいトランジスタを選んで使用するか，R_A，R_B を小さい値のものにかえるか，または R_E に大きい値の抵抗を使用すればよいことがわかる．しかし，h_{FE} は h_{fe} とほぼ等しい値を持ち，h_{FE} を小さくすると増幅度が小さくなり出力も小さくなる．また，R_A，R_B を小さくすると消費電力が増加する可能性があり，R_E を大きくすると出力が小さくなる．それらのことを考慮に入れて安定度を高めなければならない．

⑨ **熱暴走を防ぎたい場合**

これは先にも述べたように，R_E を E 側に接続するか，R_E の値を大きくすればよい．それでも熱暴走の起こる恐れがある場合には，I_B や I_C を減少させればよい．I_B を小さくするためには，R_A を大きくするか，R_B を小さくするか，V_{CC} を小さくすればよい．また，I_C を減少させるためには，I_B を小さくするか，h_{fe} の小さいトランジスタを選ぶとよい．

⑩ **周波数特性をよくしたい場合**

この場合，周波数によって変化するものはコンデンサのインピーダンス $\dot{Z}_C$ であり，

$$\dot{Z}_C = \frac{1}{j\omega C} = \frac{1}{j2\pi f C} \tag{12-6}$$

式（12-6）より，周波数 f が一定ならば C の値，つまりコンデンサの容量を大きくすれば，インピーダンス $\dot{Z}_C$ が小さくなり，周波数を変えた場合，低域側における周波数特性もよくなることがわかる．

また，図 12.1 の回路において，コンデンサを省略しない場合の等価回路は図 12.9 のようになる．

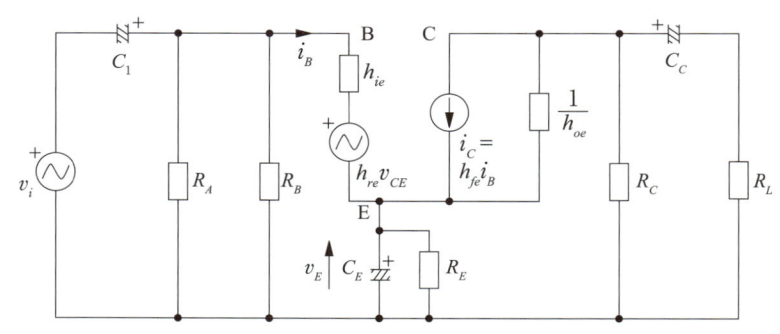

図 12.9 コンデンサを無視しない場合の等価回路
（周波数特性をよくしたい場合は C_1，C_E，C_C の容量を大きくするとよい）

ここで C_E の電圧降下 v_E を求める．ただし，R_E は C_E のインピーダンスに比べ，非常に大きいため無視して考えると，

$$v_E = (i_B + i_C)\frac{1}{j\omega C_E} = (i_B + h_{fe}i_B)\frac{1}{j\omega C_E} \tag{12-7}$$

$$\fallingdotseq h_{fe}i_B\frac{1}{j\omega C_E} = h_{fe} \cdot i_B \cdot (C_E \text{のインピーダンス}) \tag{12-8}$$

となり，v_E は C_E のインピーダンスでの i_B による電圧降下の h_{fe} 倍大きくなる．したがって，<u>C_1，C_C に比べれば C_E は同じ周波数に対し，インピーダンスが h_{fe} 倍高くなるため，C_E の容量値を C_1，C_C より大きめに選ぶとよい</u>．

すなわち，C_E は周波数による影響が一番大きいと考えられるため，C_1 や C_C に比べ，C_E を h_{FE} 倍大きい容量値のコンデンサにする必要がある（逆に R_E の抵抗が並列に存在するため抵抗値が小さければ，C_E を h_{FE} 倍も大きくする必要はない）．

次に，高域の周波数特性をよくしたい場合は，トランジスタを高周波用のものを選ぶか増幅度の小さいものを選ぶとよい．

⑪ **バイアス電流 I_B を増加させたい場合**

この場合は，入力側の直流電流の流れが問題になるので，図 12.10 のように，I_B の電流の流れ方を考えてみる．

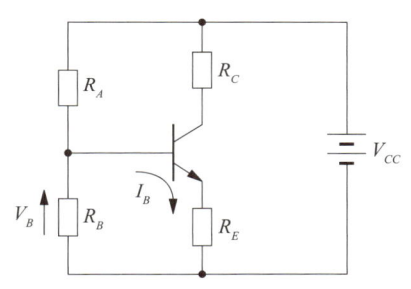

図 12.10 入力側の直流バイアス電流の流れ

I_B を増加させるには V_B の電圧を増加させればよく，そのためには R_A を小さくし，R_B を大きくすればよい．また，V_B の電圧を変化させたくなければ R_E の抵抗を小さくするか，V_{CC} の電圧を高くする方法をとればよい．

しかし，ここで R_B を大きくしすぎたり，R_E を小さくしすぎると安定度が悪くなるので注意が必要である．

⑫ **動作点の I_C の値 I_{CO} を大きくしたい場合**

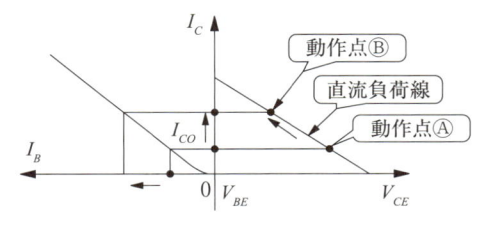

図 12.11 動作点の I_C の値を大きくしたい場合

この場合，図 12.11 に示すように I_{CO} を大きくする．すなわち，動作点の位置をⒶからⒷへ移動させるには I_B を大きくすればよい．したがって，⑪でも述べたように R_A または R_E を小さくするか，R_B を大きくするか V_{CC} を高くすればよい．

⑬ **動作点の V_{CE} の値を大きくしたい場合**

この場合，動作点の V_{CE} の値を大きくするには，図 12.12 のように動作点の I_C を減少させればよいので，⑫の I_{CO} を大きくする場合とは逆で，I_{CO} を小さくすればよい．すなわち R_B を小さくし，R_A，R_E を大きくすればよい．しかし R_E を大きくしても V_{CE} はあまり大きくならない．また R_C を小さくするか，V_{CC} を高くする方法もあり，これは I_{CO} を小さくする場合とは異なる性質がある．

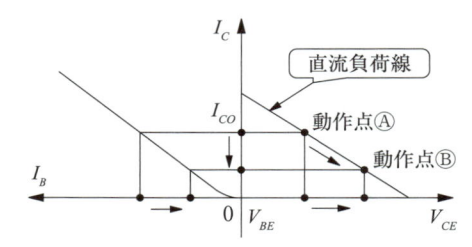

図 12.12 動作点の V_{CE} の値を大きくしたい場合

⑭ **V_E の電位を高くしたい場合**

この場合，図 12.1 において，

$$V_B = V_E + V_{BE} \tag{12-9}$$

ここで，$V_{BE} = 0.7[\text{V}]$ 一定とすれば，

$$V_B = V_E + 0.7 \tag{12-10}$$

したがって，V_E を大きくしたい場合は V_B を大きくすればよい．

また，

$$V_B \fallingdotseq \frac{R_B}{R_A + R_B} V_{CC} = \frac{1}{\frac{R_A}{R_B} + 1} V_{CC} \tag{12-11}$$

であり，$V_{CC} =$ 一定とすると，V_B を大きくするには R_A/R_B の比を小さくすればよい．すなわち，R_A を小さく，R_B を大きくすれば V_B を大きくできる．また，V_{CC} を一定にする必要がなければ V_{CC} を高くする方法をとってもよい．

さらに，

$$V_E = R_E I_E \tag{12-12}$$
$$= R_E (I_C + I_B) \tag{12-13}$$

より，V_E を大きくするには，R_E，I_C，I_B を大きくすることを考えてもよい．ここで I_C を大きくすることは I_B を大きくすることであり，I_B を大きくすることは V_B を大きくすることであり，結果的に式(12-11)の場合と同様，R_A を小さくし，R_B を大きくすればよいことになる．

また R_E を大きくする方法は R_E を大きくすることで I_B が小さくなるため V_E はあまり変化しないので，R_E は変化しない方が望ましい．

⑮ 交流の出力電圧 v_L を高くしたい場合

この場合は，図 12.13 のように，$1/h_{oe}$ を ∞ と考えれば，出力電圧 v_L は式 (12-14) で与えられ，R_C と R_L との並列合成抵抗と i_C の積になる．i_C を大きくするには，h_{FE} の大きいトランジスタまたは，h_{ie} の小さいトランジスタに変えればよい．

$$v_L = \frac{R_C R_L}{R_C + R_L} i_C = \frac{i_C}{\frac{1}{R_L} + \frac{1}{R_C}} \tag{12-14}$$

したがって，i_C を大きくするか R_L，R_C を大きくすればよい．

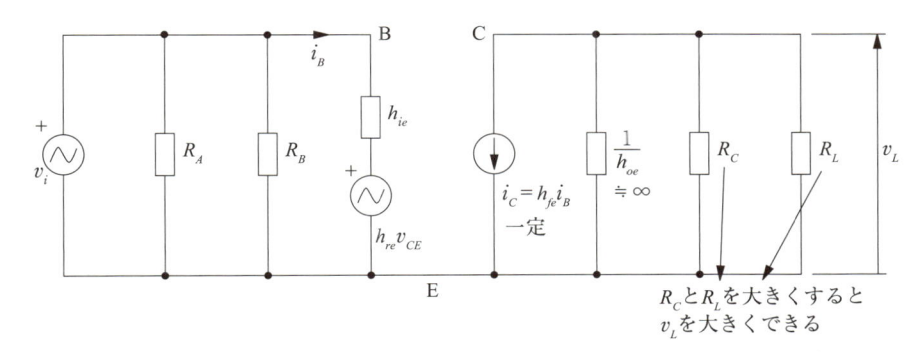

図 12.13 交流の出力電圧を高くしたい場合の等価回路

⑯ 電圧利得を上げたい場合

電圧利得は以下の式で与えられる．

$$\text{電圧利得 } G_V = 20 \log_{10} \frac{v_L}{v_i} \tag{12-15}$$

ここで，入力電圧 v_i を一定とする．出力電圧 v_L を高くし，⑮に従えばよい．
すなわち，i_C または R_C と R_L を大きくすればよい．

12.2 回路の改善策のまとめ

増幅回路についての改善策を表 12.1 にまとめた．

また表 12.2(1)，(2) に図 12.1 の増幅回路における消費電力 P，バイアス電流 I_B，動作電圧 V_{CE}，エミッタの電位 V_E，交流出力電圧 v_L に関する具体的な特性を示す．図 12.1 の回路の抵抗やトランジスタの h パラメータなどが変化することでこれらの特性は変わるので参考にすること．

表 12.1　回路の改良

	R_A	R_B	R_E	R_C	R_L	V_{CC}
① 直流負荷線の傾きを緩斜にしたい場合	—	—	大	大	—	—
② 交流出力波形の歪みをなくしたい場合	直流バイアス電流 I_{co} を大きくする／交流負荷線の傾きを変える					
③ 消費電力を小さくしたい場合	大	小	大	—	—	低
④ 入力インピーダンスを大きくしたい場合	大	大	大	—	—	—
⑤ 出力インピーダンスを大きくしたい場合	—	—	—	大	—	—
⑥ 出力側においてマッチングをとりたい場合	$R_C = R_L$ にする					
⑦ 電力利得を最大にしたい場合	入力側と出力側の両方のマッチングをとる／またはトランジスタの h_{fe} が大きいものを選ぶ					
⑧ 安定度をよくしたい場合	小	小	大	—	—	—
⑨ 熱暴走を防ぐ場合	R_E をトランジスタの E 側に接続する					
⑩ 低域側の周波数特性をよくしたい場合	コンデンサ C_1, C_C, C_E の容量を大きくする／特に C_E の効果は大きい					
⑪ バイアス電流を増やしたい場合	小	大	小	—	—	高
⑫ 動作点の I_{co} を大きくしたい場合	小	大	小	—	—	高
⑬ 動作点の V_{CE} の値を大きくしたい場合	大	小	大	小	—	高
⑭ V_E の電位を高くしたい場合	小	大	—	—	—	高
⑮ 交流の出力電圧を高くしたい場合	小	大	小	大	大	高
⑯ 電圧利得を上げたい場合	小	大	小	大	大	高

表 12.2 (1) 増幅回路の改善に対する特性例 (1)

	R_A	R_B	R_E
③ 消費電力を小さくしたい場合，消費電力は $V_{CC} \cdot I_{CC}$ の値から求める	グラフ: P[mW] vs R_A[kΩ] (0, 11.5, 15.9)	グラフ: P[mW] vs R_B[kΩ] (0, 4.7, 6.5)	グラフ: P[mW] vs R_E[kΩ] (0, 0.7, 1)
	R_C	R_L	V_{CC}
	グラフ: P[mW] vs R_C[kΩ] (0, 1.4, 2.8)	グラフ: P[mW] vs R_L[kΩ] (0, 1.9)	グラフ: P[mW] vs V_{CC}[V] (0, 12)
	R_A	R_B	R_E
⑪ バイアス電流 I_B を増やしたい場合 ⑫ 動作点の動作電流 I_C を大きくしたい場合も I_B を大きくすればよい	グラフ: I_B[μA] vs R_A[kΩ] (0, 11.5, 15.9)	グラフ: I_B[μA] vs R_B[kΩ] (0, 4.7, 6.5)	グラフ: I_B[μA] vs R_E[kΩ] (0, 0.7, 1)
	R_C	R_L	V_{CC}
	グラフ: I_B[μA] vs R_C[kΩ] (0, 1.4, 2.8)	グラフ: I_B[μA] vs R_L[kΩ] (0, 1.9)	グラフ: I_B[μA] vs V_{CC}[V] (0, 12)
	R_A	R_B	R_E
⑬ 動作点の動作電圧 V_{CE} の値を大きくしたい場合	グラフ: V_{CE}[V] vs R_A[kΩ] (0, 11.5, 15.9)	グラフ: V_{CE}[V] vs R_B[kΩ] (0, 4.7, 6.5)	グラフ: V_{CE}[V] vs R_E[kΩ] (0, 0.7, 1)
	R_C	R_L	V_{CC}
	グラフ: V_{CE}[V] vs R_C[kΩ] (0, 1.4, 2.8)	グラフ: V_{CE}[V] vs R_L[kΩ] (0, 1.9)	グラフ: V_{CE}[V] vs V_{CC}[V] (0, 12)

表12.2(2) 増幅回路の改善に対する特性例（2）

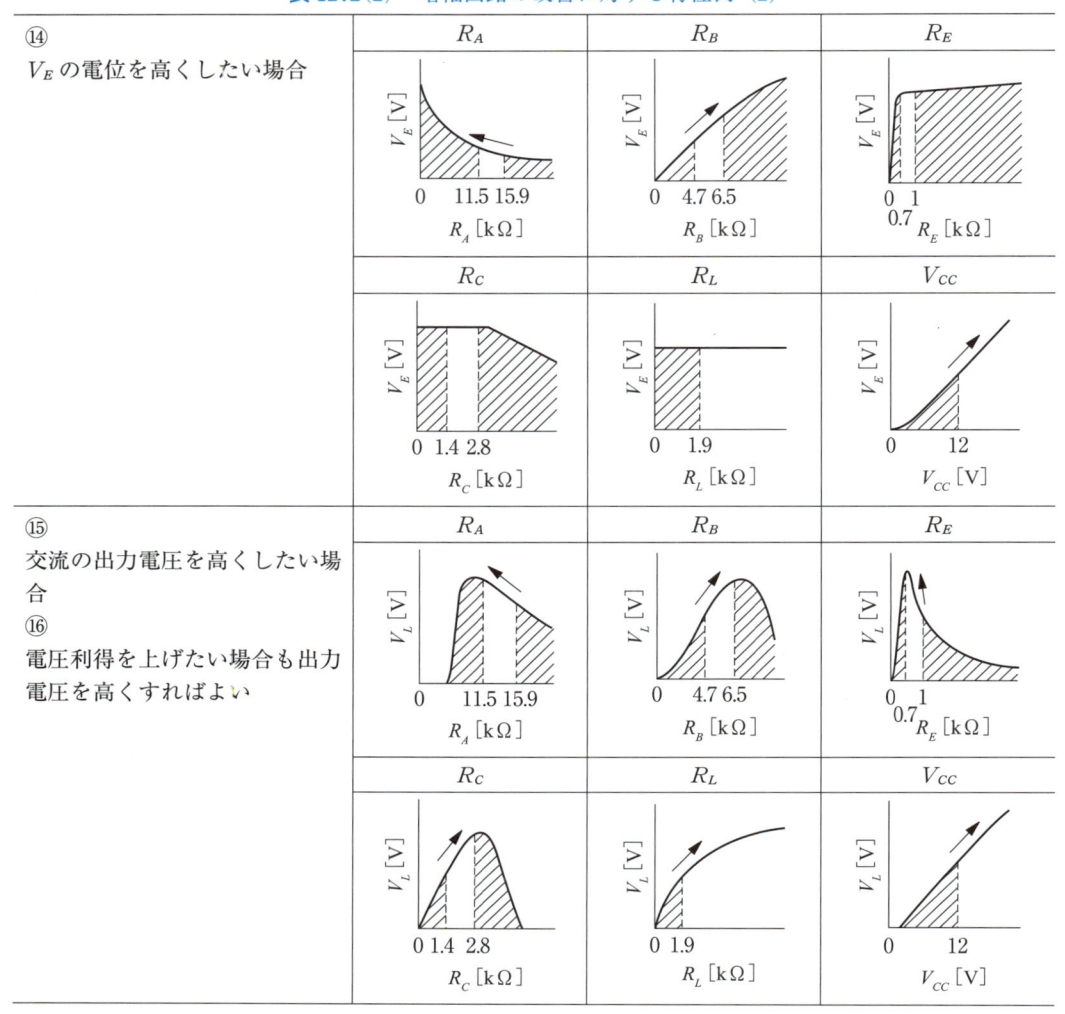

	R_A	R_B	R_E
⑭ V_E の電位を高くしたい場合	V_E [V] vs R_A [kΩ], 0　11.5　15.9	V_E [V] vs R_B [kΩ], 0　4.7　6.5	V_E [V] vs R_E [kΩ], 0　0.7　1
	R_C	R_L	V_{CC}
	V_E [V] vs R_C [kΩ], 0　1.4　2.8	V_E [V] vs R_L [kΩ], 0　1.9	V_E [V] vs V_{CC} [V], 0　12

	R_A	R_B	R_E
⑮ 交流の出力電圧を高くしたい場合 ⑯ 電圧利得を上げたい場合も出力電圧を高くすればよい	V_L [V] vs R_A [kΩ], 0　11.5　15.9	V_L [V] vs R_B [kΩ], 0　4.7　6.5	V_L [V] vs R_E [kΩ], 0　0.7　1
	R_C	R_L	V_{CC}
	V_L [V] vs R_C [kΩ], 0　1.4　2.8	V_L [V] vs R_L [kΩ], 0　1.9	V_L [V] vs V_{CC} [V], 0　12

以上の関連性をまとめると，図12.14になる．動作電圧 V_{CE} を小さくしたい場合（動作電流 I_C を大きくしたい場合）は，$R_A \Rightarrow$ 小，$R_B \Rightarrow$ 大，$R_E \Rightarrow$ 小，$R_C \Rightarrow$ 小にすればよい．ここで，V_{CC} について，図12.14中の① $V_{CC} \Rightarrow$ 小と② $V_{CC} \Rightarrow$ 大とは矛盾しているが①の $V_{CC} \Rightarrow$ 小を優先する．

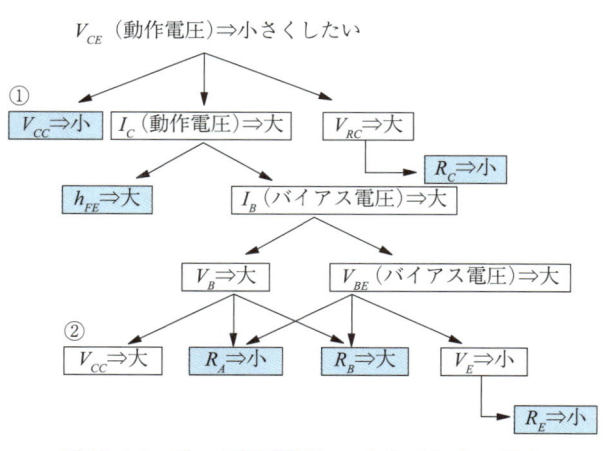

図12.14 V_{CE}（動作電圧）$\Rightarrow$ 小さくしたい場合

第12章 演習問題

増幅回路の改善策について以下の問について答えよ.

1. 入力インピーダンスを大きくしたい場合,回路のどこの部分を改善すればよいか答えよ.
2. 出力側とマッチングをとりたい場合は回路をどのように改善すればよいか答えよ.
3. 電力利得を最大にしたい場合は回路をどのように改善すればよいか答えよ.
4. バイアス電流を増やしたい場合は回路をどのように改善すればよいか答えよ.
5. V_E の電位を高くしたい場合は回路をどのように改善したらよいか答えよ.
6. 電圧利得を上げたい場合は回路をどのように改善したら良いか答えよ.

第13章 増幅回路の各種接地方式

本書では，エミッタ接地方式のトランジスタ増幅回路を中心に説明しているが，接地方式は，この他にもコレクタ接地方式やベース接地方式がある．ここでは，この3種類の接地方式の特徴について説明する．

13.1 接地方式の見分け方

回路がどのような接地方式かは，まず入力端子の片側と出力端子の片側が交流的に短絡状態となっている線（共有している線）を見つける．その線がトランジスタのどの端子につながっているかを見つけることによって接地方式の種類がわかる．

（a）コレクタ接地　　（b）エミッタ接地　　（c）ベース接地

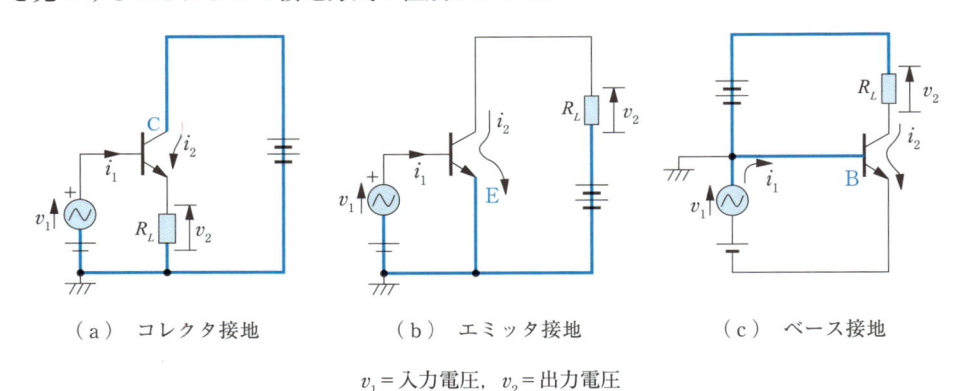

$v_1 =$ 入力電圧，$v_2 =$ 出力電圧

図 13.1 トランジスタ増幅回路の接地方式の見分け方

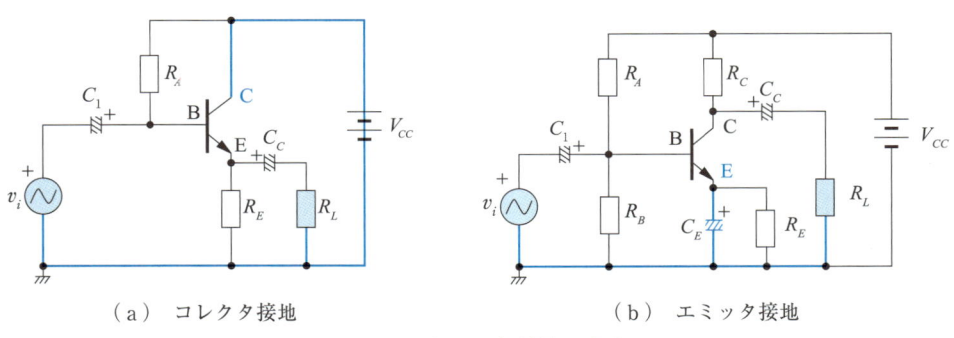

（a）コレクタ接地　　　　　（b）エミッタ接地

図 13.2 実際の各種接地方式

たとえば，図 13.1(a) の回路において，交流信号に注目するならば，入力交流信号源 (v_1) と負荷抵抗 R_L (v_2) が共有している線は青い太線になる．ここで，直流定電圧源の内部抵抗は 0 [Ω] であるため，この青い太線につながっているトランジスタの端子は，コレクタ端子につながっているといえる．したがって，この回路はコレクタ接地回路である．同様に (b), (c) を考えると，それぞれ (b) はエミッタ接地，(c) はベース接地回路であることがわかる．実際には，この青い太線の導線をアース線に接続するとよい．図 13.2(a) は，V_{CC} の内部抵抗は 0 [Ω] なので短絡していると考えるならば，負荷抵抗 R_L と v_i を接続する線はトランジスタの C（コレクタ）につながっているためコレクタ接地となる．また，図 13.2(b) の C_E は，交流信号にとってインピーダンスが 0 [Ω] に近いため短絡と見なし，v_i と R_L をつなぐ線が C_E を通してトランジスタの E（エミッタ）につながっているため図 13.2(b) の回路はエミッタ接地方式である．

13.2 接地方式の違いによる特徴

増幅回路の接地方式による電流利得 G_i と電圧利得 G_v と電力利得 G_p の比較を表 13.1 に示す．

表 13.1 接地方式と利得の関係

	エミッタ接地方式	コレクタ接地方式	ベース接地方式
電流利得 G_i	◎	◎	×（約 0 dB）
電圧利得 G_v	○	×（約 0 dB）	◎
電力利得 G_p	◎	○	○

ここで電流利得 G_i は式（13-1），電圧利得 G_v は式（13-2），電力利得 G_p は式（13-3）により，それぞれの値を求めることができる．

$$電流利得\ G_i = 20 \log_{10} \frac{i_2}{i_1} \tag{13-1}$$

$$電圧利得\ G_v = 20 \log_{10} \frac{v_2}{v_1} \tag{13-2}$$

$$電力利得\ G_p = 10 \log_{10} \frac{i_2 v_2}{i_1 v_1} \tag{13-3}$$

表 13.1 に示されるように，接地方式の違いによってその利得は大きく変わる．またこの表から，電流利得と電圧利得がともに大きいエミッタ接地方式が，もっとも増幅回路として有効で，よく使用される．したがって，本書でもエミッタ接地方式を中心に説明している．

ここで，コレクタ接地は，スピーカやモータのような小さいインピーダンスを持つ負荷に対し，よく使われる．すなわち小さいインピーダンスのものは大きな電流を流す必要があり，電流利得の大きいコレクタ接地が有利であることがわかる．

第13章 演習問題

1. 次の各トランジスタ増幅回路は何接地回路か答えよ．ただし，どれにも該当しないものもあるのでその場合は該当しないと答えよ．

(1)

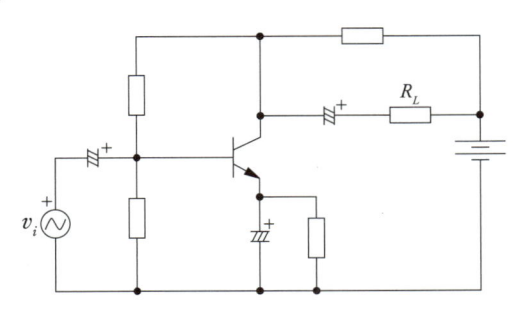

(2)

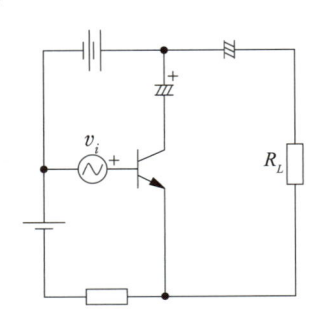

(3)

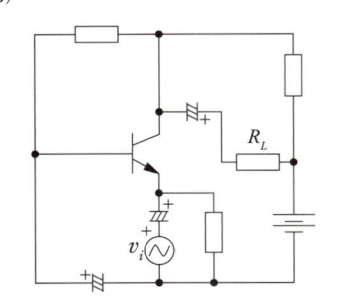

(4)

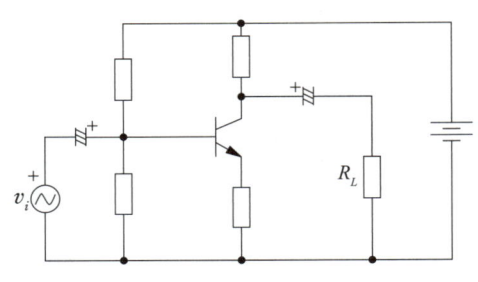

第14章 直流バイアス回路

この章では増幅回路の直流バイアス回路において，その種類と動作原理を考えてみる．

14.1 直流バイアス回路の種類

増幅回路を動作させるために，直流バイアス回路は，たいへん重要なものである．交流入力信号電圧が微少である場合に，信号電圧を直流バイアスしないでそのままトランジスタに入力しても何も出力されない．しかし，この微少な信号に直流電圧（直流成分）を加えることにより，トランジスタに入力された信号が増幅されて出力されるようになる．このように直流電圧を加えることを<u>バイアスする</u>といい，その直流電圧を<u>バイアス電圧</u>という．また，バイアス電圧を発生させるための電源の他にトランジスタにエネルギーを供給するための直流電源が必要となる．

第5章の図5.6(a)や図13.1では，バイアス電圧を発生するバイアス電源とエネルギー供給電源は独立していたが，図6.16や図13.2などの実際の回路では，1つの電源で2つの電源を共用している．バイアス回路といっても多くの種類があり，その中の代表的なものを分類したものが図14.1である．

```
直流バイアス回路 ─┬─ 固定バイアス回路
                  │
                  └─ 自己バイアス回路 ─┬─ 電圧帰還型バイアス回路
                                        ├─ 電流帰還型バイアス回路
                                        └─ 組合せバイアス回路
```

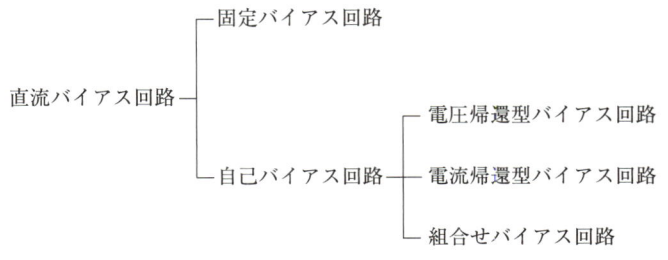

図 14.1　代表的なバイアス回路の種類

14.2 固定バイアス回路

図14.2の回路は，一般に固定バイアス回路とよばれている．この回路の入力電流 I_B は，抵抗 R_A，トランジスタの入力抵抗 h_{IE} と電源電圧 V_{CC} から，オームの法則を用いて式（14-1）のように求めることができる．

$$I_B = \frac{V_A}{R_A} = \frac{V_{CC}}{R_A + h_{IE}} \tag{14-1}$$

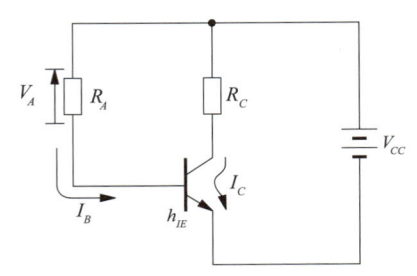

図 14.2　固定バイアス回路

　この回路は，図 14.2 に示すようにもっとも簡単な構成になっている．しかし，周囲の温度変化に対して入力電流 I_B の値を一定にすることができないため安定度の悪い回路といえる．

　トランジスタは半導体であるため，トランジスタ周囲の温度上昇により，内部抵抗が小さくなる性質をもっている．式（14-1）の分母をみると，「トランジスタの入力抵抗 h_{IE} が含まれているため，h_{IE} が小さくなると I_B は大きくなり，h_{IE} が大きくなると I_B は小さくなる」，という現象がこの回路では簡単に起こる．したがって，この回路は，周囲の温度変化に対して不安定であり，あまり使用されていない．

　固定バイアス回路は，周囲の温度が高くなると出力電流 I_C が大きくなり，同時に I_C とは別に入力電流 I_B も温度が高くなることで大きくなり，I_C の変化に対し I_B をコントロールする機能がないため，出力電流 I_C はどんどん大きくなり一定にすることができない．すなわち，周囲温度の変化に対して安定度がよくないという欠点をもっている．それに対し，次の自己バイアス回路は，この欠点を補うことができる．

　なお，固定バイアス回路の名称における固定の意味は，出力電流 I_C が周囲の温度によって変化しても出力を入力側に負帰還制御する機能を持たないため固定という言葉が使われている．

14.3　自己バイアス回路

　自己バイアス回路には，図 14.1 に示す通り，電圧帰還型バイアス回路，電流帰還型バイアス回路，組合せバイアス回路の 3 つの回路がある．以下にそれぞれ 3 つの回路について説明する．

① 電圧帰還型バイアス回路

　図 14.3 の回路は電圧帰還型バイアス回路である．

　この回路が周囲の温度変化に対してどんな働きをするかを考える．

　まず，図 14.3 において，

$$V_{CC} = V_{BE} + V_A + V_{RC} = V_{BE} + I_B R_A + (I_C + I_B) R_C$$

$I_C = h_{FE} I_B$ であるため，

$$\begin{aligned} V_{CC} &= V_{BE} + I_B R_A + h_{FE} I_B R_C + I_B R_C \\ &= (h_{FE} R_C + R_C + R_A) I_B + V_{BE} \end{aligned} \tag{14-2}$$

　周囲の温度が上昇すると，式（14-2）におけるバイアス電流 I_B と h_{FE} が増加しようとする．ここで，V_{CC}, R_C, R_A は一定であるため，式（14-2）の第 1 項目が大きくなるので，V_{BE} が小さくならざるを得ない．V_{BE} が小さくなると I_B も減少し，結果的に I_B を安定化させようとする

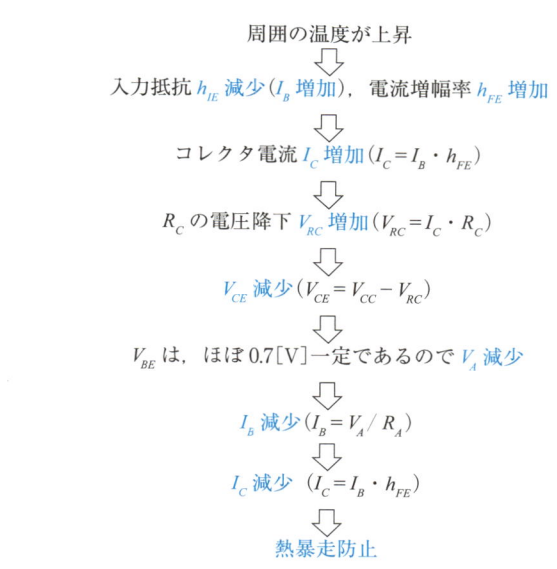

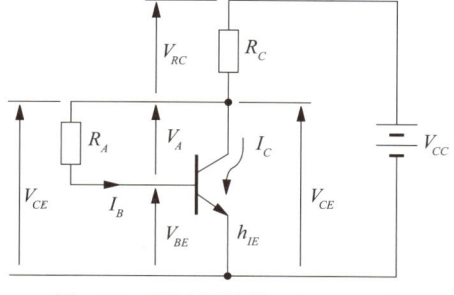

図 14.3 電圧帰還型バイアス回路

図 14.4 電圧帰還回路の周囲温度の変化に対する動作

周囲の温度が上昇
⇩
入力抵抗 h_{IE} 減少(I_B 増加),電流増幅率 h_{FE} 増加
⇩
コレクタ電流 I_C 増加($I_C = I_B \cdot h_{FE}$)
⇩
R_C の電圧降下 V_{RC} 増加($V_{RC} = I_C \cdot R_C$)
⇩
V_{CE} 減少($V_{CE} = V_{CC} - V_{RC}$)
⇩
V_{BE} は,ほぼ 0.7[V]一定であるので V_A 減少
⇩
I_B 減少($I_B = V_A / R_A$)
⇩
I_C 減少($I_C = I_B \cdot h_{FE}$)
⇩
熱暴走防止

作用が働くことになる.上記のことをまとめると図 14.4 のようになる.以上のことから最終的に安定度が良くなり熱暴走の防止効果があらわれる.

② 電流帰還型バイアス回路

図 14.5 に示した回路は,電流帰還型バイアス回路である.
図 14.5 において,

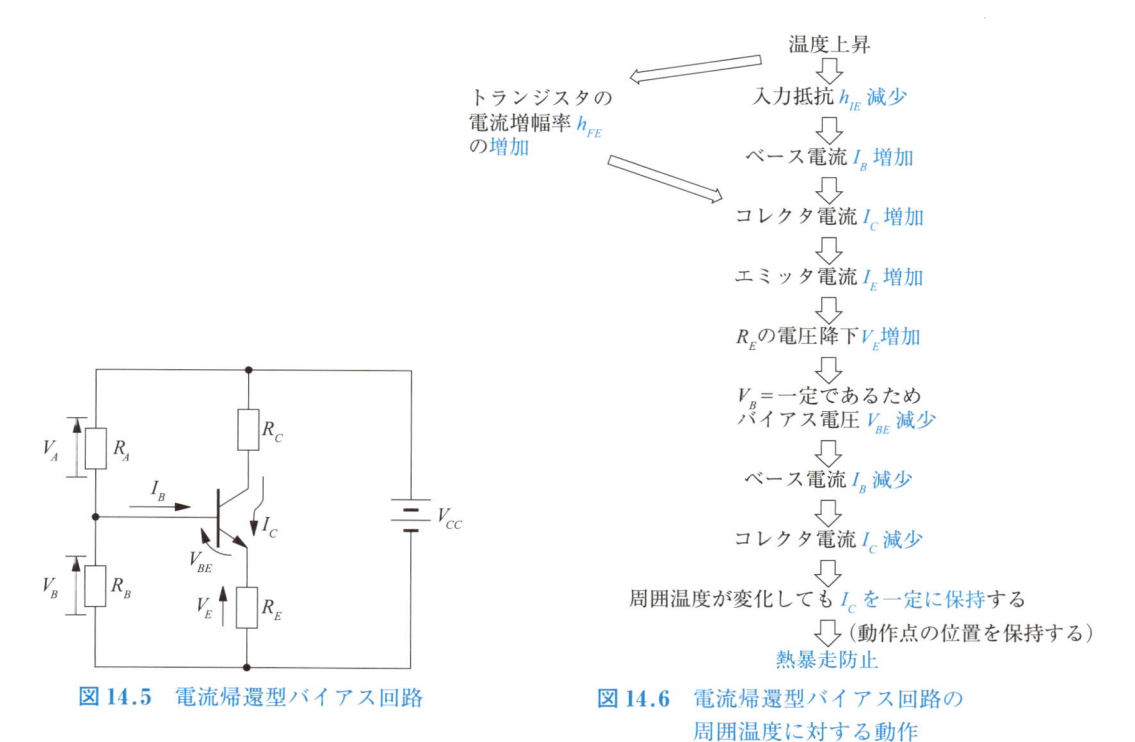

温度上昇
⇩
入力抵抗 h_{IE} 減少
⇩
ベース電流 I_B 増加
⇩
コレクタ電流 I_C 増加
⇩（トランジスタの電流増幅率 h_{FE} の増加からも）
エミッタ電流 I_E 増加
⇩
R_E の電圧降下 V_E 増加
⇩
V_B = 一定であるため
バイアス電圧 V_{BE} 減少
⇩
ベース電流 I_B 減少
⇩
コレクタ電流 I_C 減少
⇩
周囲温度が変化しても I_C を一定に保持する
⇩（動作点の位置を保持する）
熱暴走防止

図 14.5 電流帰還型バイアス回路

図 14.6 電流帰還型バイアス回路の周囲温度に対する動作

$$V_B = V_{BE} + V_E = V_{BE} + (I_B + I_C)R_E$$
$$= V_{BE} + (I_B + h_{FE}I_B)R_E = V_{BE} + (1 + h_{FE})R_E I_B \tag{14-3}$$

周囲の温度が上昇すると，I_B と h_{FE} が大きくなる．V_B を一定とすれば，V_{BE} が小さくならざるを得ない．V_{BE} が小さくなると I_B も小さくなり，I_B の安定化が計られる．

ここで，V_B が一定である理由を考える．トランジスタのベースからエミッタを通り，アースに至る直流抵抗 R_I を考えると §10.2 の式（10-7）より，$R_I = h_{IE} + (1 + h_{FE})R_E$ となり，R_I の値が R_B に比べ，非常に大きい値ならば V_B の電圧は，

$$V_B \fallingdotseq \frac{R_B}{R_A + R_B} V_{CC} \tag{14-4}$$

となり，R_A，R_B，V_{CC} が一定であれば V_B も一定である．

以上の熱暴走防止の過程をまとめたものを図 14.6 に示す．結果として周囲の温度が上昇すれば I_C を減少させ，周囲の温度が下降すれば I_C を増加させ，温度の変化に対し I_C を安定化できる．

③ 組合せバイアス回路

図 14.7 の回路は，組合せバイアス回路である．

この回路は，図 14.7 に示すとおり電圧帰還型バイアス回路と電流帰還型バイアス回路の組合せから成り立つ．全体的には電圧帰還型バイアス回路であり，破線で囲まれている部分は，電流帰還型バイアス回路となっている．この回路が周囲の温度変化に対してどのような働きをするかを，図 14.8 で説明する．図 14.8 は温度上昇に対しての過程であり，温度降下した場合は図 14.

図 14.7 組合せバイアス回路

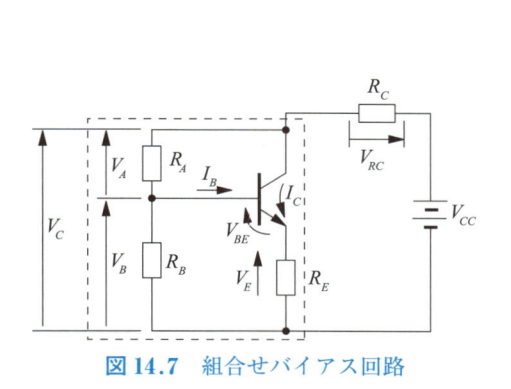

図 14.8 組合せバイアス回路の周囲の温度の上昇に対する動作

8における減少の言葉はすべて増加に，増加の言葉はすべて減少に置き換えればよい．

周囲の温度が高くなった場合は，トランジスタの入力抵抗が低くなるので，入力電流 I_B が増加する．I_B の増加により出力電流 I_C が増加する．その結果，抵抗 R_C にかかる電圧 V_{RC} が増加することから，破線部の電圧 V_C が小さくなる．V_C の値が小さくなれば V_A，V_B の値も小さくなることから，V_E および V_{BE} の値も小さくなる．したがって，入力電流 I_B は小さくなり，出力電流 I_C も小さくなるので，熱暴走を防ぐことができる．

各バイアス回路を比較したものを表 14.1 に示す．

表 14.1　各バイアス回路の比較

	固定バイアス回路	電圧帰還型バイアス回路	電流帰還型バイアス回路	組合せバイアス回路
安定度	×	△	○	◎
設計のしやすさ	◎	△	○	×
直流の消費電力	◎	○	△	×
コスト	◎	◎	○	○
全体(使用頻度)	○	△	◎	×

14.4　直流バイアス回路と安定度

第 12 章でも述べたように安定指数 S は，

$$S=\frac{(1+h_{FE})(1+X)}{(1+h_{FE}+X)}=\frac{1+h_{FE}}{1+\frac{h_{FE}}{1+X}} \tag{14-5}$$

で表わされ，回路変数 X は直流バイアス回路の種類によって違う．また，X は小さい方が S を小さくできる．

直流バイアス回路は先にも述べたように，固定バイアス回路，自己バイアス回路（電圧帰還型バイアス回路，電流帰還型バイアス回路，組合せバイアス回路）に分けられるが，ここでは主に使われる 3 種類の自己バイアス回路における X の式を示す．

① 電圧帰還型バイアス回路

$$X=\frac{R_A}{R_C} \tag{14-6}$$

② 電流帰還型バイアス回路

$$X=\frac{1}{R_E}\left(\frac{R_A R_B}{R_A+R_B}\right) \tag{14-7}$$

③ 組合せバイアス回路

$$X=\frac{R_A R_B}{R_E(R_B+R_A+R_C)+R_B R_C} \tag{14-8}$$

第14章 演習問題

1. 次の電流帰還型バイアス回路においての熱暴走の防止の過程で穴埋めの部分を答えよ.

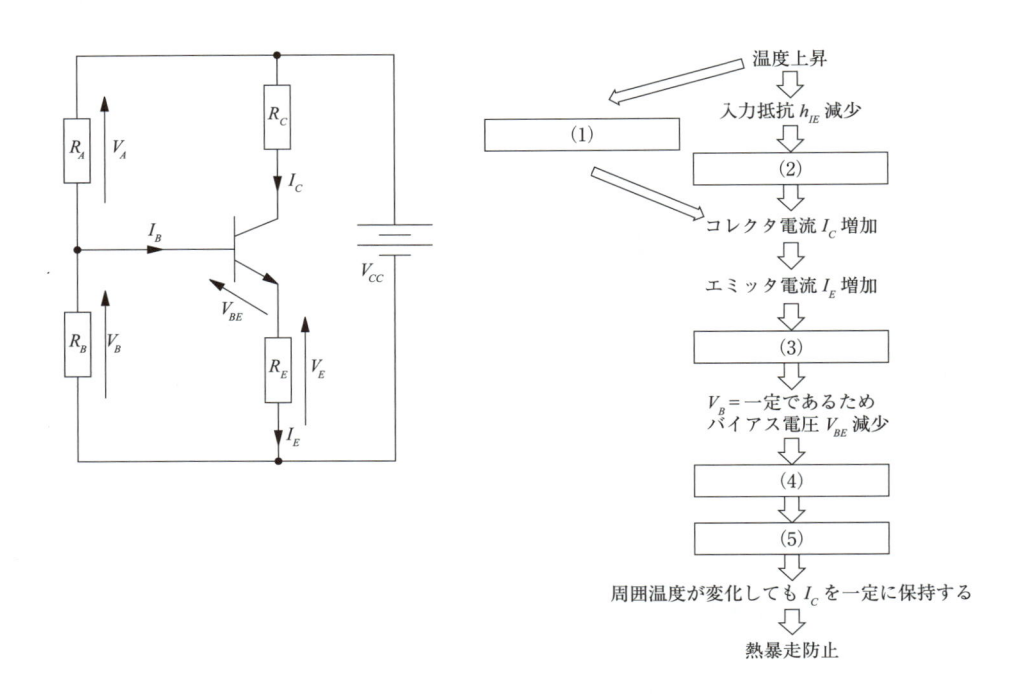

温度上昇
↓
入力抵抗 h_{IE} 減少
↓
(1) →
↓
(2)
↓
コレクタ電流 I_C 増加
↓
エミッタ電流 I_E 増加
↓
(3)
↓
V_B = 一定であるため
バイアス電圧 V_{BE} 減少
↓
(4)
↓
(5)
↓
周囲温度が変化しても I_C を一定に保持する
↓
熱暴走防止

第15章 増幅回路の結合方法

図 15.1 に示すように，(a) 増幅回路と増幅回路，(b) 増幅回路と負荷，(c) 信号源と増幅回路のそれぞれには，結合部が必要である．以下に各結合の種類を記述する．

（a） 増幅回路と増幅回路

（b） 増幅回路と負荷

（c） 信号源と増幅回路

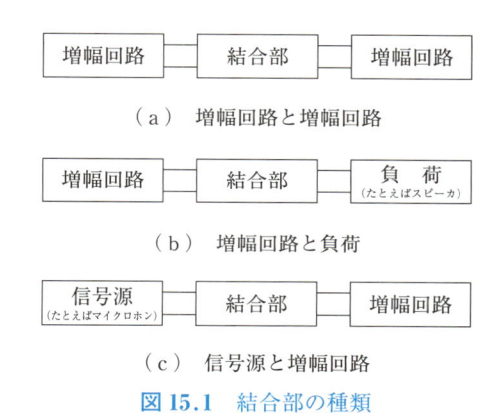

図 15.1 結合部の種類

結合部の種類は，① CR 結合，②トランス結合，③直接結合がある．以下に各結合の種類を記述する．

15.1 CR 結合

①の CR 結合は，図 15.2 に示す波線に囲まれた C, R のセットで結合され，最も一般的な結合法である．利点は直流，交流の流れが分離でき，設計も容易でコスト的にも安いことである．欠点は，コンデンサの容量が小さいと周波数特性の低域部分の増幅度が悪くなることである．

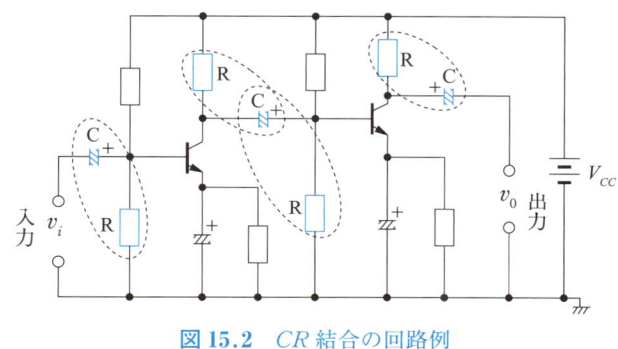

図 15.2 *CR* 結合の回路例

15.2 トランス結合

②のトランス結合を，図15.3に示す．この結合方式は，インピーダンス–マッチングがとりやすく，設計が容易で，非常に効率の高い結合方式である．欠点は，トランスは重く，入手しにくく，コスト的にも高くなることと，波形が歪みやすくなることである．

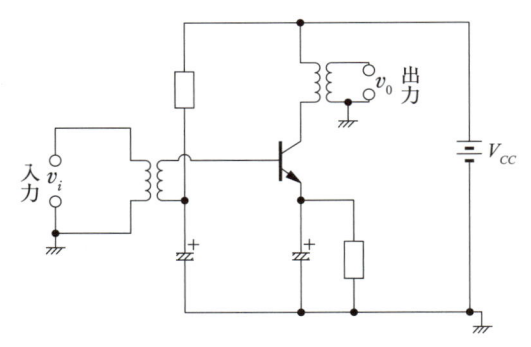

図 15.3　トランス結合の回路例

15.3 直接結合

図 15.4 は③の直接結合の回路である．

この回路は非常にシンプルであり，低コストで直流から高い周波数まで増幅度が一定であるため，周波数特性の良い増幅回路である（トランジスタによっては高域で減衰することがある）．しかし，設計が難しいためオペアンプの回路を使用することが多い．

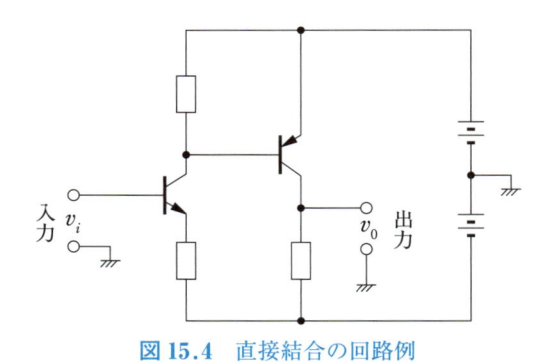

図 15.4　直接結合の回路例

第16章
電力増幅回路

16.1 電力増幅回路とは

負荷に大きな電力（エネルギー）を出力させることのできる増幅回路を特に電力増幅回路といい，大信号増幅回路ともよばれ，その出力は 10[mW] から 100[W] ぐらいである．

16.2 電力増幅回路の種類

電力増幅回路には，図 16.1 に示すように大まかに分類される．以下にそれぞれの回路例とそれらの特徴を示す．

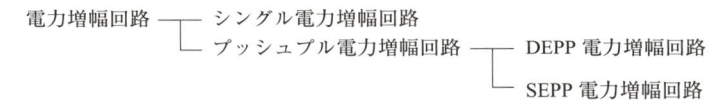

```
電力増幅回路 ┬ シングル電力増幅回路
            └ プッシュプル電力増幅回路 ┬ DEPP 電力増幅回路
                                      └ SEPP 電力増幅回路
```

図 16.1 電力増幅回路の種類

(1) シングル電力増幅回路

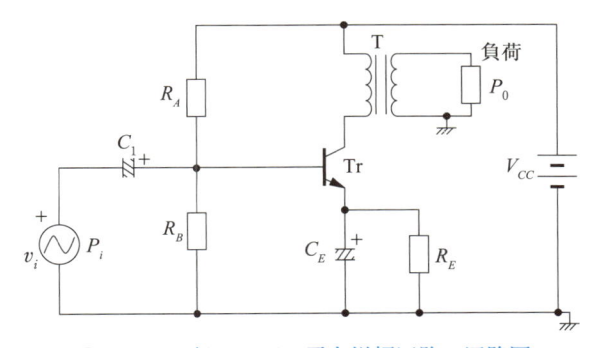

図 16.2 A 級シングル電力増幅回路の回路図

シングル電力増幅回路とは，トランジスタ 1 個を使い，トランジスタに A 級動作をさせる電力増幅回路である．電源効率 η（イータ）は 50[%] と悪いが回路構成が簡単であり，小さい出力（限界は 10[W] 程度）で良いときに使われる．図 16.2 は，A 級シングル電力増幅回路のバイアス点と動作点および入出力波形を示す．この回路からもわかるように波形は歪まない．ただし，トランスの 2 次側では波形は歪む．

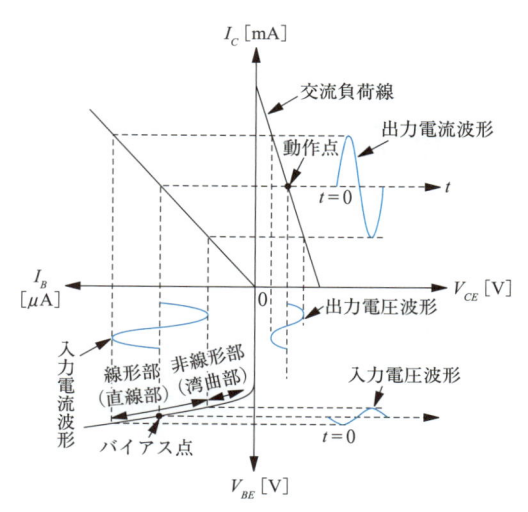

図 16.3 A級シングル電力増幅回路のバイアス点と動作点および入出力波形

(2) プッシュプル電力増幅回路

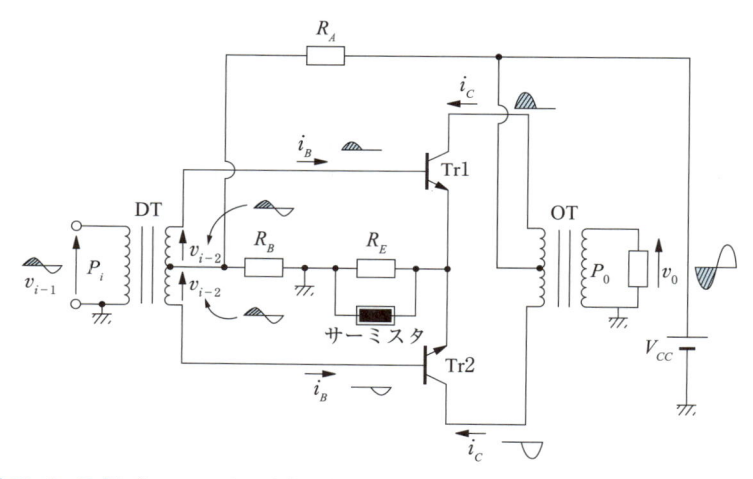

図 16.4 B級プッシュプル電力増幅回路（DEPP）の回路図および入出力波形

プッシュプル (Push Pull) とは，押したり引いたりという意味で，波形の正側は正側専用の増幅器で増幅し，負側は負側専用の増幅器で増幅して，出力でそれらの波形を合成している．

実際には，2組の増幅回路をアースに対して対称に接続し，正側と負側の両者の出力波形を合成して出力されるようにした回路である．トランジスタ2個を使い，A級，AB級，B級のどの動作も可能である．電源効率 η は最大 78[%] で高いといえる．ここで，図 16.4 は B級プッシュプル電力増幅回路に正弦波を入力したときの例を示す．動作原理は，2個のトランジスタがそれぞれ交互に半波を逆相で増幅し，アウトプットトランス (OT) がそれら逆相で増幅された出力を合成して最終的に正弦波を出力する．ただし Tr1 と Tr2 は同じ特性のトランジスタを使用する必要がある．

図 16.5 は，B級プッシュプル電力増幅回路のトランジスタ1個におけるバイアス点と動作点

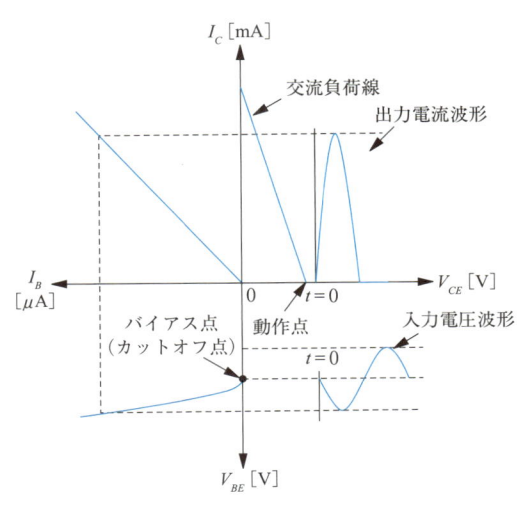

図 16.5 B級プッシュプル電力増幅回路のトランジスタ1個における
バイアス点と動作点および入出力波形

および入出力波形を表わしている．この図からわかるように波形は半波でかつ歪んでいる．

(3) DEPP 電力増幅回路

DEPP とは Double Ended Push Pull の略で，出力端子が2つあり，(2)のプッシュプル電力増幅回路すなわち図 16.4 がその代表的な回路である．この電力増幅回路の利点と欠点を表 16.1 にまとめる．

表 16.1 DEPP の利点と欠点

利　点	欠　点
①電源効率が高い	①入力トランスと出力トランスが必要なため重い
②インピーダンス-マッチングがとりやすい	②周波数特性が悪い
③回路設計が容易	③クロスオーバー歪みが生ずる

(4) SEPP 電力増幅回路

SEPP とは Single Ended Push Pull の略であり，この回路はアースに対し出力端子が1つで2つの増幅回路が対称に構成されている．この回路は，A級，AB級，B級のどの動作も可能である．また，DEPP の電力増幅回路に比べ出力トランスを省略できるので OTL（Output Transformer Less）電力増幅回路ともよばれる．また OTL 電力増幅回路の入力トランスを省略したものをコンプリメンタリ SEPP 電力増幅回路という．

図 16.6 にコンプリメンタリ SEPP 電力増幅回路の例を示す．

この電力増幅回路で使用するトランジスタは NPN 型と PNP 型の2個であり，かつその2つのトランジスタは特性が同じコンプリメンタリ形でなければならない（コンプリメンタリとは，お互いに補完し合うことを意味し，NPN と PNP 型は異なるが，増幅率 h_{FE} や h_{ie} 等の特性が同じ2つのトランジスタのことを言う）．

このコンプリメンタリのトランジスタを使った電力増幅回路は B 級動作をさせるので，トラ

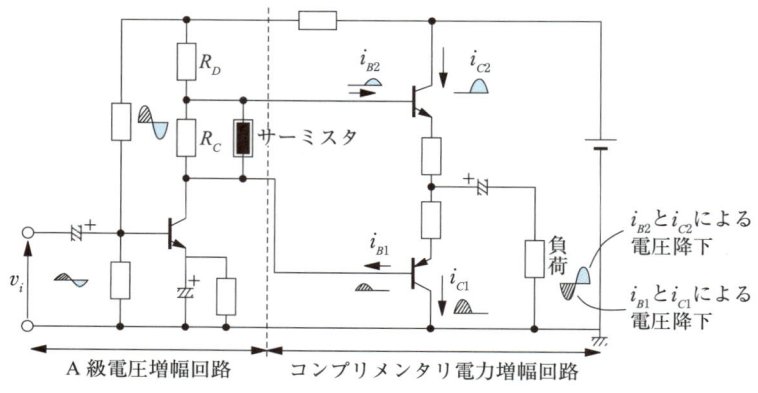

図16.6 コンプリメンタリSEPP電力増幅回路の回路図と入出力波形

ンジスタ1個あたりのバイアス点，動作点，入出力波形は図16.5のB級プッシュプル電力増幅回路の場合と同じである．

また，動作原理はB級プッシュプル電力増幅回路とほぼ同じであるが，逆相の半波の出力を直接負荷で合成する点が異なる．

実際のコンプリメンタリSEPP電力増幅回路には，図16.6に示すようにA級電圧増幅回路が取り付けてある．この理由は2つあり，1つはR_Cの電圧降下を利用してコンプリメンタリ回路の2つのトランジスタにそれぞれ正と負のバイアスをかけるためである．もう1つはR_DによってR_Cの両端に正弦波の波形を発生させ，それぞれのトランジスタを動作させるのに必要な出力を半波としてトランジスタに入力するためである．

ここで，R_Cにはサーミスタ（周囲の温度によって抵抗値が変化する素子）が並列に接続してあるが，これは温度補償をするためである．

(5) DEPPとSEPPのまとめ

表16.2はDEPPとSEPPの比較を示す．この表からもわかるとおりSEPPの方が優れてい

表16.2 DEPPとSEPPの比較

	DEPP	SEPP
基本回路		
出力トランス	必要　×	不要　○
波形歪み	有り　×	無し　○
コスト	高い　×	安い　○
重量	重い　×	軽い　○
電源	1個で良い　○	2電源（+，−）必要　×
トランジスタ	同種　○	コンプリメンタリ　×

るので現在は SEPP が主流となっている．

16.3 設計にあたっての注意

(1) 負荷のマッチングを考える

負荷に最大電力を効率よく供給するために，入力側と出力側の両方でマッチングをとる必要がある．

(2) 熱暴走を防止する方法を考える

電力を扱うのでジュール熱の発生を無視できない．これによるトランジスタの熱暴走を防止する方法について以下に記述する．

―防止方法―

① 最大許容コレクタ損失の大きいトランジスタを選ぶ．
② トランジスタのエミッタに，より高い抵抗を付ける（$R_E \Rightarrow$ 大）．
③ トランジスタに放熱板を付け，空冷する．

(3) 電源効率をよくする方法を考える

電力増幅回路の性能を表わす基準の１つに電源効率 η（イータ）がある．

$$\eta = \frac{その増幅回路から得られる最大交流出力電力}{直流電源から回路に供給される直流電力} \times 100 [\%] \tag{16-1}$$

この電源効率 η（イータ）が 100[%] に近いほど，直流電源からの消費電力を効率よく使っていることになり，<u>η を 100[%] に近づけるように設計することが大切</u>である．

(4) 非線形歪みをなくすことを考える

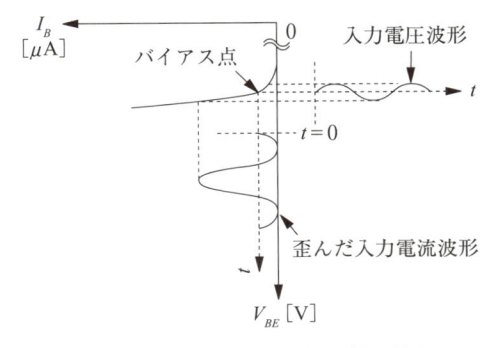

図 16.7 入力電流波形が歪む原因

A級シングル電力増幅回路の場合，非線形歪みが問題になる．図 16.7 は，I_B-V_{BE} 特性の湾曲部に入力信号の振幅が達し，出力波形が歪む様子を表わしている．この図より，設計するときはバイアス電圧をより高くしバイアス点をより左方に移動するか，入力電圧があまり大きくならないようにする必要がある．

(5) トランジスタの最大定格を考える

トランジスタのコレクターエミッタ間電圧 V_{CE} とコレクタ電流 I_C の積をコレクタ損失 P_C という．

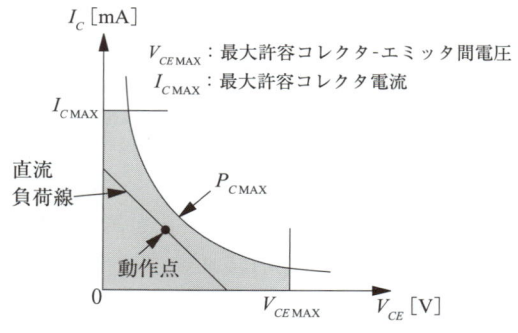

図 16.8　$P_{C\text{MAX}}$ 内の動作点

$$P_C = V_{CE} I_C \tag{16-2}$$

また，トランジスタにおける P_C の最大値を最大許容コレクタ損失 $P_{C\text{MAX}}$ とよぶ．この値を越えた電力がトランジスタに加わるとトランジスタは壊れてしまう．したがって設計するときには図 16.8 のように動作点を $P_{C\text{MAX}}$ の許容範囲内におく必要がある．

(6)　クロスオーバー歪みとその解消法を考える

B 級プッシュプル電力増幅回路ではクロスオーバー歪みが生じやすい．その歪みがある場合は，トランジスタのバイアス電圧をより高めに設定し，AB 級の動作をさせるとよい．

16.4　ダーリントン接続（ダーリントン回路）

1 個のトランジスタで増幅度が不足の場合，2 個のトランジスタを組み合わせて増幅度を高める方法がある．それをダーリントン接続（ダーリントン回路）という．具体的には表 16.3 の回路に示すとおりである．

接続法には同じタイプのトランジスタを使った (A)，(B) の同種結合型ダーリントン接続法，

表 16.3　ダーリントン接続（ダーリントン回路）

	同種混合型 NPN+NPN, PNP+PNP	異種混合型 NPN+PNP, PNP+NPN
NPN等価型	(A)	(C)
PNP等価型	(B)	(D)

異なるタイプのトランジスタを使った (C), (D) の異種結合型ダーリントン接続法がある.

各接続法はそれぞれ 1 個のトランジスタで等価的に表現することができ, (A), (C) は NPN 型トランジスタに, (B), (D) は PNP 型のトランジスタになる. これらの中でよく使用されるのは, (A) と (D) を組み合わせて作った図 16.9 のような電力増幅回路である. この回路により, Tr2 と Tr4 は同じ型番の大電力用トランジスタの使用が可能となる. ただし, ここで Tr1 と Tr3 は同じ特性（コンプリメンタリ）のものを使用しなければならない.

ダーリントン接続は, 電力増幅回路の他に, 差動増幅回路, 電源回路, ランプ駆動回路などに使用される.

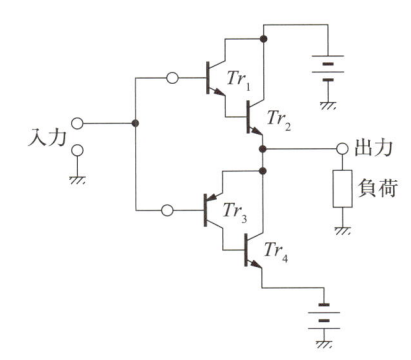

図 16.9 ダーリントン接続の回路例（電力増幅回路）

ここで, ダーリントン接続したときの増幅度を理論的に考えてみる.

図 16.10(a) において,

$$i_{B2} = i_{B1} + h_{fe1} i_{B1} = (1 + h_{fe1}) i_{B1} \tag{16-3}$$

$$i_{E2} = i_{B2} + h_{fe2} i_{B2} = (1 + h_{fe2}) i_{B2} \tag{16-4}$$

式 (16-4) へ式 (16-3) を代入すると,

$$i_{E2} = (1 + h_{fe2})(1 + h_{fe1}) i_{B1} \tag{16-5}$$

ここで, $h_{fe2} \gg 1$, $h_{fe1} \gg 1$ とすると,

$$i_{E2} = h_{fe2} h_{fe1} i_{B1} \tag{16-6}$$

となる. ここで等価トランジスタと比べると, i_{B1} は i_B, i_{E2} は i_E, i_{C2} は i_C, $h_{fe1} h_{fe2}$ は h_{fe} に対応し h_{fe} のみに注目しても, $h_{fe1} \times h_{fe2}$ と電流増幅率を非常に大きくできる.

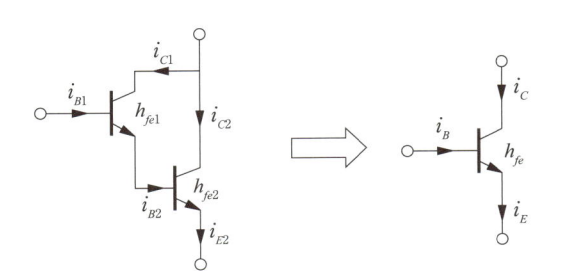

（a） ダーリントン接続　　（b） 等価トランジスタ

図 16.10 ダーリントン接続における増幅度の計算

第16章 演習問題

以下の問いに答えよ

1. バイポーラトランジスタ単体の働きとして正しいものを次から選べ．
    A. スイッチングの機能を持つ．
    B. 電圧を増幅する．
    C. メモリーの働きを持つ．
    D. 電流を増幅する．
2. 図 Q16.1 は何接続と呼ばれるものか答えよ．

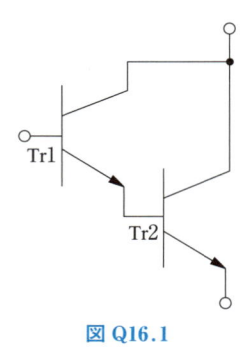

図 Q16.1

3. 図 Q16.1 の回路で使用しているトランジスタは何型トランジスタか答えよ．
4. 図 Q16.1 の回路は同種混合型であるが，異種混合型において，NPN 等価型の回路と PNP 等価型の回路を示せ．
5. 図 Q16.1 の回路の特徴として 2 つのトランジスタを使用しているがそれはなぜか答えよ．
6. 図 Q16.1 の回路で Tr1 と Tr2 の各 h_{fe} が 10 と 50 であるとき全体の電流増幅度を求めよ．

第17章 負帰還増幅回路

17.1 正帰還と負帰還

　増幅回路の出力の一部を入力に戻すことを帰還という．戻された出力信号が入力信号と合成されるとき，同相（加算）の場合を正帰還，逆相（減算）の場合を負帰還という．

　図17.1は正帰還，図17.2は負帰還の原理図を示し，正帰還は入力のない発振回路に応用され，負帰還は負帰還増幅回路に応用されている．負帰還増幅回路の増幅度は負帰還しない増幅回路に比べ増幅度が小さくなるが，周波数特性がよい，安定した増幅度が得られるなどの多くの利点がある．

図17.1　正帰還

図17.2　負帰還

17.2 負帰還増幅回路の原理

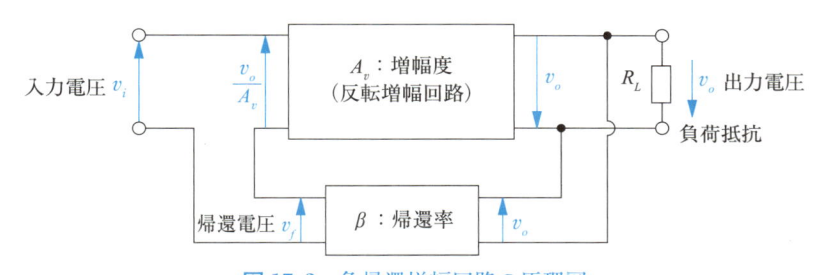

図17.3　負帰還増幅回路の原理図

　図17.3に負帰還増幅回路の原理図を示す．
この原理図における全体の増幅度を以下に求める．

$$v_i = v_f + \frac{v_0}{A_v} \tag{17-1}$$

ここで，$v_f = \beta v_0$ であるので，
$$v_i = \left(\beta + \frac{1}{A_v}\right)v_0 \tag{17-2}$$

式 (17-2) より，
$$\frac{v_0}{v_i} = \frac{1}{\beta + \dfrac{1}{A_v}} = \frac{A_v}{\beta A_v + 1} \tag{17-3}$$

したがって，全体の増幅度 A_f は，式 (17-4) で与えられる．
$$A_f = \frac{v_0}{v_i} = \frac{A_v}{1 + A_v \beta} \tag{17-4}$$

17.3　負帰還増幅回路の特徴

負帰還増幅回路は，増幅度を強制的に低下させているが，逆に次の5つの利点があるため，多く利用されている．

①増幅度が安定している（周囲の温度変化や直流電源 V_{cc} の変化に対し安定）．
②周波数特性が良くなる（帯域が広がり，高周波増幅回路として利用可）．
③入力インピーダンスや出力インピーダンスを変化できる（インピーダンス変換器やバッファとして利用できる）．
④増幅回路の内部で発生する雑音を少なくすることができる．
⑤増幅回路の内部で発生する歪みを少なくすることができる．

17.4 負帰還増幅回路の種類

表 17.1 は，負帰還増幅回路の帰還による分類を示す．

表 17.1　負帰還増幅回路の種類

			出力信号からの帰還法	
			電流帰還（直列帰還）	電圧帰還（並列帰還）
入力への帰還法	直列注入形	原理図	（回路図）	（回路図）
		回路例	基本増幅回路において C_E をとったもので，$h_{fe} \gg 1$ としたとき，$A_f = \dfrac{R_C R_L/(R_C+R_L)}{R_E}$	これはエミッタホロワの回路である．$v_i = v_0$ で $A_f = 1$ である．
		$\dot{Z}_i$	大きくなる	大きくなる
		$\dot{Z}_0$	大きくなる	小さくなる
		特徴	増幅度の設計が容易	入力インピーダンスが大きく，バッファとして使用可
	並列注入形	原理図	（回路図）	（回路図）
		回路図	（回路図）	（回路図）
		$\dot{Z}_i$	小さくなる	小さくなる
		$\dot{Z}_0$	大きくなる	小さくなる
		特徴	入力インピーダンスが小さい	回路がシンプル

A_v：帰還しないときの増幅度，A_f：帰還したときの全体の増幅度
β：帰還回路の帰還率，$\dot{Z}_i$：入力インピーダンス，$\dot{Z}_0$：出力インピーダンス

17.5 負帰還増幅回路の解析

ここでは負帰還増幅回路の具体例として電流帰還直列注入形を取り上げる．

図 17.4 は，電流帰還直列注入形負帰還増幅回路例を示す．またその回路の小信号等価回路は図 17.5 になる．以下に，この回路の電流増幅度を求める．

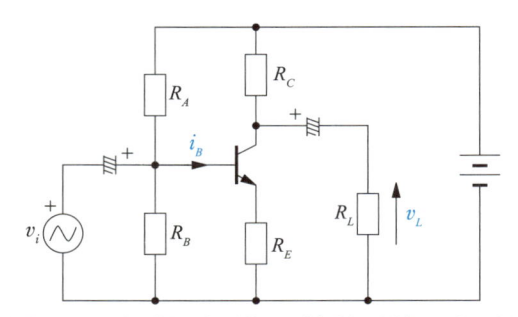

図 17.4 電流帰還直列注入形負帰還増幅回路の例

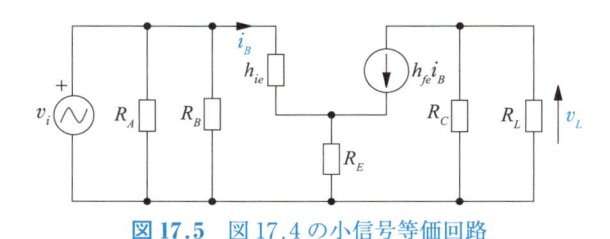

図 17.5 図 17.4 の小信号等価回路

$$v_i = h_{ie}i_B + R_E(1+h_{fe})i_B = \{h_{ie} + R_E(1+h_{fe})\}i_B \tag{17-5}$$

$$v_L = -h_{fe}i_B \times \frac{R_C R_L}{R_C + R_L} \tag{17-6}$$

$$A_f = \left|\frac{v_L}{v_i}\right| = \left|\frac{-h_{fe}\dfrac{R_C R_L}{R_C + R_L}}{h_{ie} + R_E(1+h_{fe})}\right| \tag{17-7}$$

ここで $1 \ll h_{fe}$ とするならば

$$A_f \fallingdotseq \frac{h_{fe}}{h_{ie} + h_{fe}R_E} \cdot \frac{R_C R_L}{R_C + R_L} \tag{17-8}$$

ここで $h_{ie} \ll h_{fe}R_E$ ならば

$$A_f = \frac{R_C R_L}{R_E(R_C + R_L)} = \frac{R_C /\!/ R_L}{R_E} \tag{17-9}$$

◆従来の基本増幅回路との比較

① 具体的な値を与えたときの増幅度

具体的な数値として $h_{fe}=100$，$h_{ie}=1[\mathrm{k}\Omega]$，$R_E=100[\Omega]$，$R_C=4[\mathrm{k}\Omega]$，$R_L=4[\mathrm{k}\Omega]$ を代入すると，負帰還増幅回路の増幅度 A_f は式（17-9）より，

$$A_f = \frac{1}{100[\Omega]} \times \frac{4[\mathrm{k}\Omega] \times 4[\mathrm{k}\Omega]}{4[\mathrm{k}\Omega] + 4[\mathrm{k}\Omega]} = 20 \quad (17\text{-}10)$$

となる．

② 基本増幅回路の増幅度

もし図 17.4 において R_E と並列にバイパスコンデンサを接続したならば，従来の基本増幅回路となる．このとき R_E の両端は短絡したと考えられ，$R_E = 0$ と見なすことができる．この場合の電圧増幅度 A_v は式（17-8）の R_E を 0 にすると，

$$A_v = \left|\frac{v_L}{v_i}\right| = \left|\frac{h_{fe}}{h_{ie}} \cdot \frac{R_C R_L}{R_C + R_L}\right| = \frac{h_{fe} R_C R_L}{h_{ie}(R_C + R_L)} \quad (17\text{-}11)$$

となる．

次に具体的な数値を代入すると，基本増幅回路の増幅度 A_v は式（17-11）より，

$$A_v = \frac{100}{1[\mathrm{k}\Omega]} \times \frac{4[\mathrm{k}\Omega] \times 4[\mathrm{k}\Omega]}{4[\mathrm{k}\Omega] + 4[\mathrm{k}\Omega]} = 200 \quad (17\text{-}12)$$

となる．

③ 増幅度の比較

負帰還増幅器の増幅度 A_f は 20 で基本増幅器の増幅度 A_v は 200 なので 10 倍の差が出ることがわかる．

④ 安定指数の比較

・負帰還がない場合

負帰還増幅器のない場合は，$R_E = 0$ を代入すると，$X = \infty$ となり，

$$S_N = \frac{(1+h_{FE})(1+\infty)}{1+h_{FE}+\infty} = \frac{1+h_{FE}}{\frac{h_{FE}}{1+\infty}+1} = 1+h_{FE} = 1+100 = 101 \quad (17\text{-}13)$$

となる．安定指数 S は 1 に近い方が安定しているため，$S_N = 101$ の値は，安定度が悪いことを意味している．

・負帰還がある場合

第 14 章の式（14-5）は安定指数 S を表わす式で従来の基本増幅回路の場合，式（14-5）における X は式（14-7）を使う．この式で具体的な数値として，$h_{FE} = 100$, $R_A = 15[\mathrm{k}\Omega]$, $R_B = 5[\mathrm{k}\Omega]$, $R_E = 1[\mathrm{k}\Omega]$ を代入すると，基本増幅回路の S を求めることができる．

最初に X の値を求める．

$$X = \frac{1}{R_E}\left(\frac{R_A R_B}{R_A + R_B}\right) = \frac{1}{1[\mathrm{k}\Omega]}\left(\frac{15[\mathrm{k}\Omega] \times 5[\mathrm{k}\Omega]}{15[\mathrm{k}\Omega] + 5[\mathrm{k}\Omega]}\right) = \frac{75}{20} = \frac{15}{4} \quad (17\text{-}14)$$

次に S の値を求めると，

$$S = \frac{(1+h_{FE})(1+X)}{1+h_{FE}+X} = \frac{(1+100)\left(1+\frac{15}{4}\right)}{1+100+\frac{15}{4}} = \frac{101 \times 19}{4+400+15} = \frac{101 \times 19}{419} \fallingdotseq 4.6 \quad (17\text{-}15)$$

となる．この値は，負帰還のない場合の 101 に比べてもあきらかに小さい値で，安定指数として非常に良い値である．したがって，この回路は安定した増幅器といえる．（§11.3 参照）

⑤ 以上をまとめると表 17.2 になる

表 17.2　負帰還がある場合とない場合の増幅度と安定指数の比較

	負帰還なし	負帰還あり
増幅回路の違い	C_E あり	C_E なし
増幅度（交流信号で考える）	$A_v=200$	$A_v=20$
安定指数（直流バイアスで考える）	$S=101$	$S=4.58$

増幅度は負帰還なしが優れているが，安定指数は負帰還ありの方が良い．

第17章　演習問題

1. 正帰還と負帰還の違いについて述べよ．
2. 図 Q17.1 の負帰還増幅回路において負帰還増幅回路の増幅度 A_f と基本増幅回路 A_v を求めよ．ただし $h_{fe}=100$, $h_{ie}=1[\mathrm{k}\Omega]$ とする．

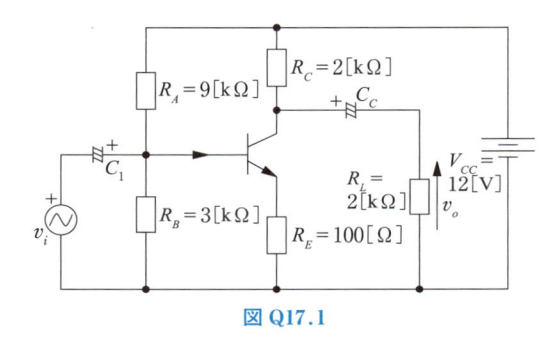

図 Q17.1

第18章 発振回路

18.1 発振回路とは

図 18.1 のように入力信号がないのに，出力から交流の正弦波や矩形波を得ることができる回路を発振回路という．

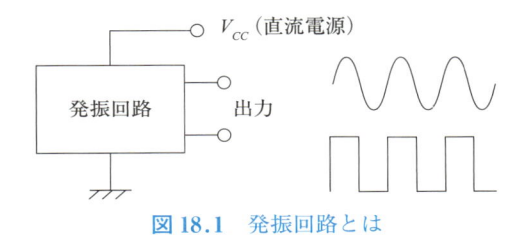

図 18.1 発振回路とは

(1) 発振回路の原理

発振させるには図 18.2 に示す 4 つの要素が必要である．

すなわち①増幅回路と②発振出力の周波数を決定する周波数選択回路と③出力を入力に正帰還する回路と④エネルギー供給源である直流電源が必要である．

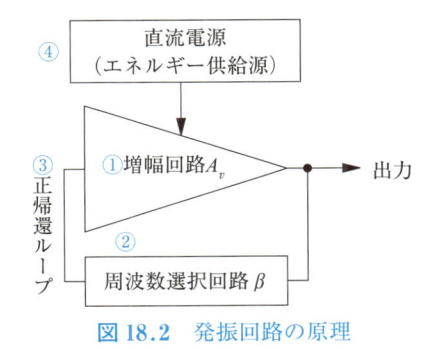

図 18.2 発振回路の原理

(2) 発振回路の種類と特徴（正弦波発振のみ）

表 18.1 に発振回路の種類と特徴について示す．

表 18.1 発振回路の種類と特徴

種類			利点	欠点	温度に対する周波数安定度	発振周波数
CR発振回路	移相型	進相型	可変周波数範囲が広い．周波数特性が良い．小型，軽量，安価．	周波数選択性が劣る．波形が歪みやすい．	$1 \sim 0.1$ [%/℃]	0.01[Hz] ~ 1[MHz]
		遅相型				
	ブリッジ型	ターマン型				
		ウィーンブリッジ型				
LC発振回路	反結合型（同調型）	コレクタ同調型	回路が簡単．波形歪みが少ない．高周波数で小型，軽量，安価である．	コイルの可変周波数範囲が狭い．低い周波数ではコイルが大きくなる．	$1 \sim 10^{-2}$ [%/℃]	数[kHz] $\sim$ 数百[kHz]
		ベース同調型				
		エミッタ同調型				
	電圧分割帰還型	ハートレー型				
		コルピッツ型				
水晶発振回路	ピアス BE 型(ハートレー型)		周波数安定性が極めて良い．調整不要．	発振周波数が可変できない．設計どおりの発振周波数で発振しないことがある．	$10^{-3} \sim 10^{-6}$ [%/℃]	数[kHz] $\sim$ 数百[kHz]
	ピアス CB 型(コルピッツ型)					
	サバロフ型(無調整コルピッツ型)					

18.2 CR 発振回路

表 18.2 は，CR 発振回路の具体例を示す．また，表 18.3 に CR 発振回路の特徴を示す．表中の C, R は，表 18.2 の各発振回路の基本型の C, R に対応し，トランジスタを使用した回路例やオペアンプを使用した回路例の C, R にも対応する．たとえば基本形の R_1, C_1 は各回路例の R_1, C_1 に対応している．

各種発振回路の中でも，周波数帯域が広いブリッジ型回路がよく使用される．

表 18.2 中における移相型回路例の R_s, R_f やターマン型回路例の R_{S1}, R_{S2}, R_f, ウィーンブリッジ型の R_3, R_{S2} の各可変抵抗は，出力の大きさを調整する可変抵抗である．

R_S, R_{S1}, R_{S2} は大きすぎると発振しなくなり，小さいと出力は大きくなる．

また R_f は小さいと発振しなくなり，大きいと出力は大きくなる．

ウィーンブリッジ型の可変抵抗 R_3 は，小さくすると出力が大きくなる．また，大き過ぎると発振しなくなる．表 18.3 は CR 発振回路の発振条件と特徴をまとめたもので，ウィーンブリッジ型が周波数帯域，安定度共に優れている．そのため発振器の回路によく使用される．

表18.2 CR発振回路の具体例

		基 本 型	トランジスタを使用した回路例	オペアンプを使用した回路例
移相型	進相型（並列R型）			
	遅相型（並列C型）			
ブリッジ型	ウィーン型			
	ウィーンブリッジ型			

18.2 CR発振回路

表 18.3 CR 発振回路の特徴

			発振条件		周波数帯域	安定度
			振幅条件	周波数条件		
移相型	進相型	（並列R型）	$\|A_v\| \geq 29$	$f_H = \dfrac{1}{2\sqrt{6}\pi CR}$ ただし $C=C_1=C_2=C_3$ $R=R_1=R_2=R_3$	低域 数[kHz]以下	×
	遅相型	（並列C型）		$f_L = \dfrac{\sqrt{6}}{2\pi CR}$ ただし $C=C_1=C_2=C_3$ $R=R_1=R_2=R_3$	高域 数[kHz]以上	△
ブリッジ型	ターマン型		$\|A_v\| \geq 3$ ただし $C=C_1=C_2$ $R=R_1=R_2$	$f_0 = \dfrac{1}{2\pi CR}$ ただし $C=C_1=C_2$ $R=R_1=R_2$	低域〜高域 10[Hz]〜100[kHz]程度	○
	ブリッジ型ウィーン		$\|A_v\| \geq \dfrac{1}{\dfrac{1}{3}-\dfrac{R_4}{R_3+R_4}}$ ただし $C=C_1=C_2$ $R=R_1=R_2$			

注：ブリッジ型の振幅条件は，オペアンプを使った回路では適用できない．

18.3　LC 発振回路

(1) 反結合型(同調型)発振回路

表 18.4 は，各種反結合型発振回路の基本型，実際の回路例および発振周波数をまとめたものである．同調回路と帰還部がトランジスタのどの端子につながっているかによってタイプ（型）が決まる．

(2) 電圧分割帰還型発振回路

電圧分割帰還型発振回路には，ハートレー型発振回路とコルピッツ型発振回路がある．各発振回路の基本型，実際の回路例および発振条件を表 18.5 にまとめる．

(3) LC 発振回路のまとめ

周波数安定性の点では，反結合型が優れ，コスト的にはトランスのない電圧分割帰還型が安価で優れている．

表 18.4 反結合型（同調型）発振回路の分類

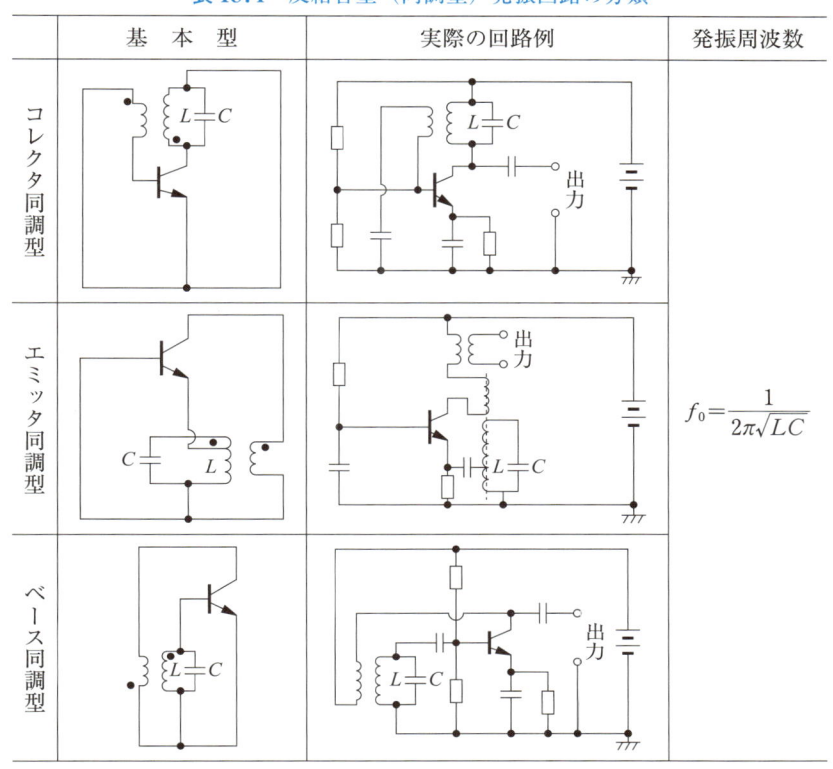

基本型	実際の回路例	発振周波数
コレクタ同調型		
エミッタ同調型		$f_0 = \dfrac{1}{2\pi\sqrt{LC}}$
ベース同調型		

表 18.5 電圧分割帰還型発振回路の分類

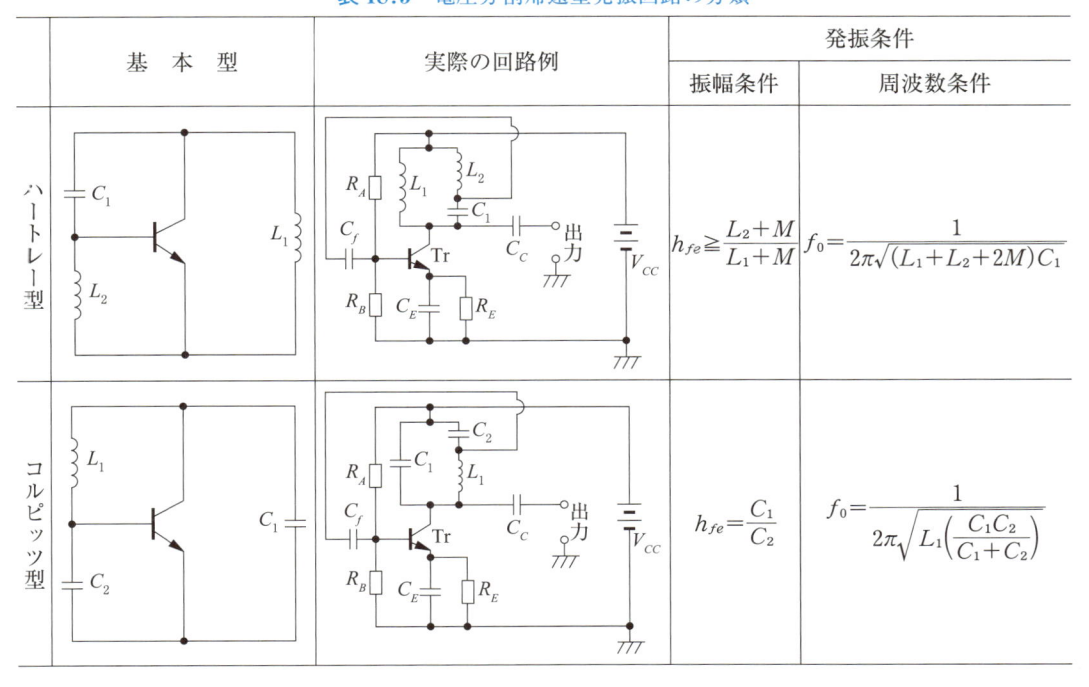

基本型	実際の回路例	発振条件 振幅条件	発振条件 周波数条件
ハートレー型		$h_{fe} \geqq \dfrac{L_2+M}{L_1+M}$	$f_0 = \dfrac{1}{2\pi\sqrt{(L_1+L_2+2M)C_1}}$
コルピッツ型		$h_{fe} = \dfrac{C_1}{C_2}$	$f_0 = \dfrac{1}{2\pi\sqrt{L_1\left(\dfrac{C_1 C_2}{C_1+C_2}\right)}}$

18.3　LC 発振回路

18.4　水晶発振回路

　二酸化ケイ素（SiO_2）の結晶すなわち無色透明な石英である水晶を薄く切った振動子は，水晶振動子とよばれ圧電効果を持つ．その水晶振動子は，ある特定の周波数の電圧を印加すると機械的に共振する性質がある．その性質を利用して水晶発振回路が作られる．水晶振動子の記号と電気的等価回路は，図 18.3(a)，(b) に示す．また，図 18.3(c) は振動子の周波数に対するリアクタンスの変化を示し，発振回路では誘導性の部分を利用することが多い．

（a）記号　　（b）等価回路　　（c）周波数に対するリアクタンス特性

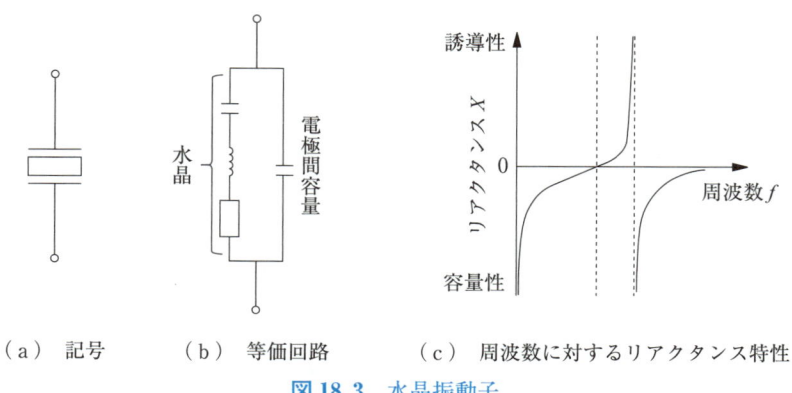

図 18.3　水晶振動子

　水晶発振回路は，ハートレー型発振回路やコルピッツ型発振回路の 1 つのコイルを水晶振動子に取り替えることで作ることができる．また水晶発振回路は，水晶振動子が持つ固有周波数で発振し，発振周波数はきわめて安定しているので基準発振回路に多く用いられている．しかし，発振周波数を可変できない欠点がある．各種水晶発振回路の基本型と実際の回路例を表 18.6 に示す．表中のピアス BE 型は同調型で出力を大きくとれる特徴がある．また，サバロフ型は簡単に作れるが，きれいな正弦波ではなく歪む可能性がある．

表 18.6 各種水晶発振回路の分類

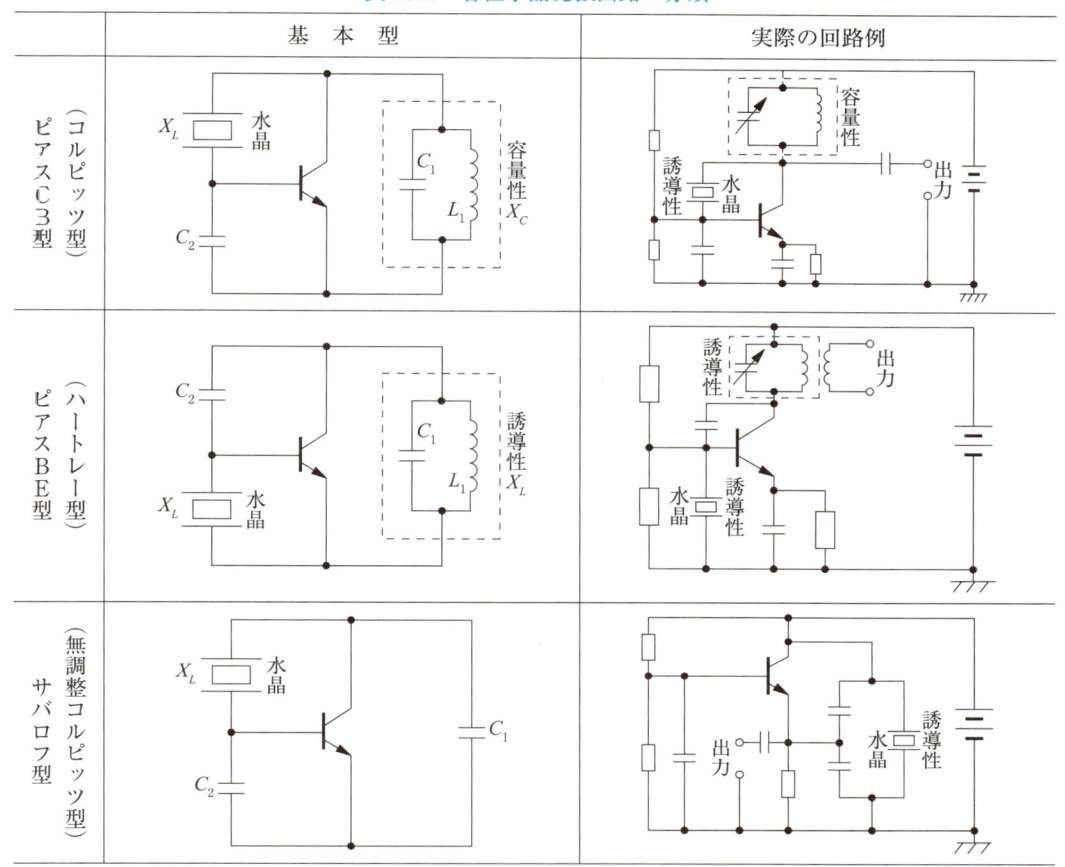

基本型	実際の回路例
（コルピッツ型）ピアスC3型	
（ハートレー型）ピアスBE型	
（無調整コルピッツ型）サバロフ型	

第18章 演習問題

1. 発振回路とは何か.
2. 図 Q18.1 は発振回路の原理を示す.
   この図において，(1)～(4) に適切な言葉を書け.
3. CR 発振回路の利点を書け.
4. LC 発振回路の利点を書け.

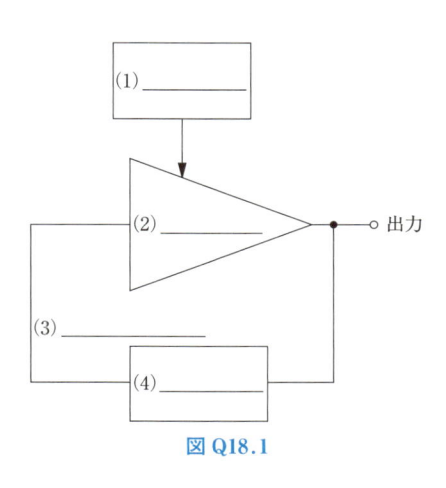

図 Q18.1

第19章 変調・復調回路

19.1 変調の必要性

<u>変調</u>は，1本の同軸ケーブルに信号をより多く送るための手段として，非常に有効である．このことを多重通信という．また，空間の中を無線で送信する場合も変調することで多くの信号を同時に送ることができる．そのとき高い周波数であればあるほど，アンテナの大きさを小さくでき，電力も少なくてすむ．すなわち，低周波の信号を直接電波として空間に放射するには，非常

表 19.1 変調の必要性

		変調なし	変調あり
有線	システム	① 送信機 A — 受信機 イ, ロ	② 送信機 A-M, B-M, C-M → 復調回路 DM-イ, DM-ロ, DM-ハ
	特徴	信号は，1つしか送れないが，混信がまったくなく，外部からのノイズに強い．また，変調・復調回路がないのでコストが安い．	途中のケーブル数を少なくできるため配線コストは安く済み，外部からのノイズにも強い．しかし，変調回路，復調回路が必要である．
	具体例	インターホン	CATV，インターネット，LAN
無線	システム	③ 送信機 A — 受信機 イ	④ イ-DM-M-A, ロ-DM-M-B, ハ-DM-M-C
	特徴	低周波の信号を送ることは非常に困難．	ケーブルは全くないので配線コストはゼロで，移動も容易である．しかし，アンテナが必要で，ノイズも多い．（ただし FM や PCM などノイズの少ないものもある）
	具体例	なし（低周波信号を送ることに関して）	ラジオ，テレビ，携帯電話，衛星放送，無線 LAN

に大きなアンテナと大きな電力が必要となる．したがって，電波を空間に送り出しやすくするために放射する電波の周波数は高くする必要がある．この高い周波数の波に信号を乗せることを変調といい，その高い周波数のことを搬送波，変調された波のことを変調波という．

変調された変調波から信号波を取り出すことを復調または検波という．

表19.1は，有線および無線で，変調を使用しない場合と使用する場合についてまとめたものである．変調は，通信の発展に欠かせないものであり，非常に多くの通信システムが変調のお蔭で動いていることが，表19.1の具体例からも明らかである．

表19.1中①のように送信機から受信機へ信号を送る場合，送信機と各受信機がそれぞれケーブルで結ばれていると変調する必要はない．しかし，②のように1本のケーブルで多くの信号を送る場合，混信してしまうので変調する必要がある．ここで信号を荷物，変調回路を貨物ターミナル，変調された電波を飛行機，アンテナを滑走路，復調回路を荷下ろし場に例えると，図19.1のようになる．図のように，信号という荷物を，搬送波という飛行機で運び，飛行機を飛び出させる役目を担う滑走路が送信アンテナで，飛行機を着陸させる滑走路が受信アンテナに相当し，たくさんの飛行機の中から自分が望む荷物（信号）を選ぶのが同調回路で，飛行機から荷物を取り出すのが復調回路（検波回路）である．

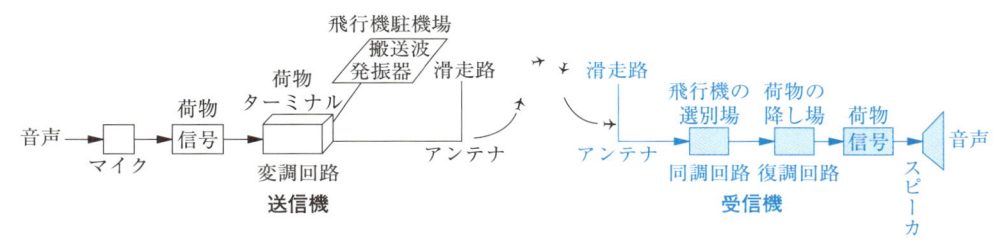

図19.1　変調についての説明

19.2　変調と復調の原理

放送局にいるアナウンサの声をラジオで聞くことができる原理を図19.2を使って考えてみる．

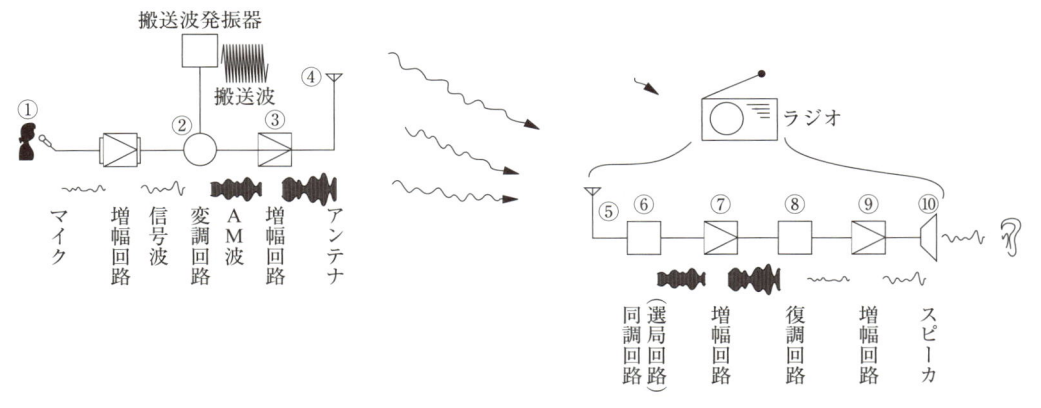

図19.2　変調の原理

まず，①アナウンサの声はマイクを通して電気信号に変換され，②搬送波と呼ばれる波と混合されAM波となる．それが③増幅され④アンテナから電波として放出される．ラジオは⑤アンテナに入った何種類かの電波の中から希望する放送局の電波を⑥同調回路で選び，⑦増幅した後，⑧復調回路によってAM波から信号を取り出し，それを⑨増幅して⑩スピーカにより電気信号から音声に変換されて，ようやく放送局内で発生されたアナウンサの声を聞くことができる．

19.3 変調の種類

変調の種類は大きく分けて，正弦波変調（搬送波が正弦波で連続波変調ともよばれる）とパルス変調（搬送波がパルス波）があり，前者の正弦波変調はさらに表19.2に示す4つの変調方式に分類される．また，後者のパルス変調は表19.3に示す5つの変調方式に分類される．

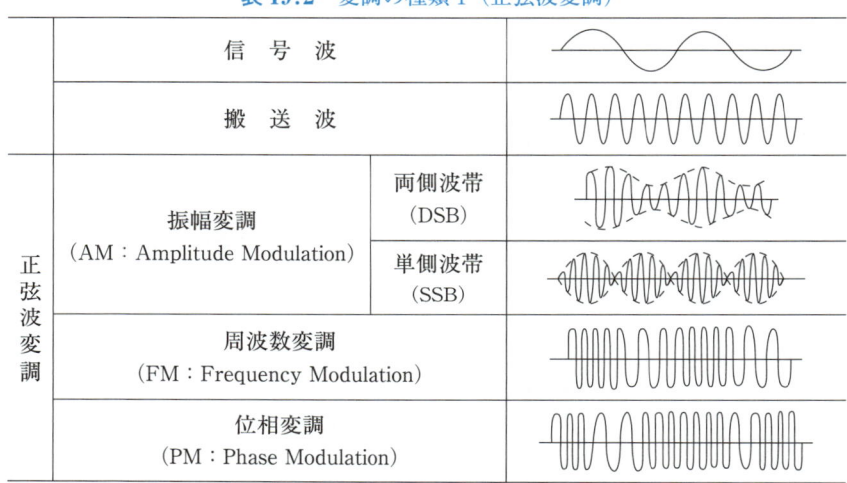

表 19.2　変調の種類1（正弦波変調）

	信　号　波		
	搬　送　波		
正弦波変調	振幅変調 (AM：Amplitude Modulation)	両側波帯 (DSB)	
		単側波帯 (SSB)	
	周波数変調 (FM：Frequency Modulation)		
	位相変調 (PM：Phase Modulation)		

表 19.3　変調の種類2（パルス変調）

	信　号　波	
パルス変調	パルス振幅変調 (PAM：Pulse Amplitude Modulation)	
	パルス幅変調 (PWM：Pulse Width Modulation)	
	パルス位置変調 (PPM：Pulse Position Modulation)	
	パルス符号変調 (PCM：Pulse Code Modulation)	
	パルス数変調 (PNM：Pulse Number Modulation)	

振幅変調は搬送波の振幅が信号波の振幅によって変化し，この方式には両側波帯（DSB：Double Side Band）変調と単側波帯（SSB：Single Side Band）変調があり，単側波帯変調はリング変調，または平衡変調ともよばれている．また，周波数変調は搬送波の周波数が信号波の振幅に応じて変化し，位相変調は搬送波の位相が信号波の振幅によって変化している．これらの周波数変調と位相変調は結果的には同じ作用で変調し，かつ復調もしている．

以下に振幅変調である両側波帯変調と周波数変調に関してのみ記述する．

19.4　振幅変調

(1) 振幅変調の原理

ここでは両側波帯の振幅変調を取り上げる．図19.3に示すように信号波を搬送波に乗せAM波にすると，搬送波の振幅が信号波の振幅によって変化する．

ここで，信号波，被変調波等の名称は，本によって異なり，非常にまぎらわしいので，変調波，被変調波，変調信号波という言葉は使用せず，信号波，搬送波，AM波の言葉を使用する．

搬送波に信号波を乗せる場合，図19.4(a)のように単純に2つの信号を重ねても変調されずAM波にはならない．したがって，図19.4(b)のように非線形回路を間に挟むことで変調が可能となる．

搬送波の式は，式（19-1）で与えられる．ここで位相は省略する．

$$v_c = V_c \sin\omega_c t \tag{19-1}$$

図 19.3　各波形の名称

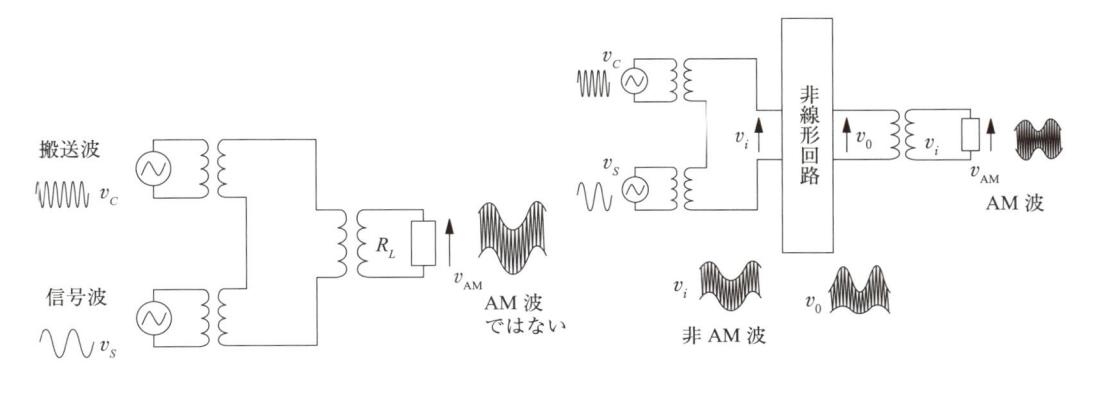

図 19.4　振幅変調の原理
（a）振幅変調不可　　（b）振幅変調可

ただし，$\omega_c = 2\pi f_c$ である．
また，信号波の式は，式（19-2）で与えられる．

$$v_s = V_s \sin\omega_s t \tag{19-2}$$

ただし，$\omega_s = 2\pi f_s$ である．

AM 波は，搬送波の最大値が信号波の振動によって変化するので，式（19-1）の V_C の代わりに $(V_c + V_s \sin\omega_s t)$ を代入すると，式（19-3）になる．

$$v_M = \underset{\underset{\text{搬送波の最大値＋信号波＝AM 波（}v_M\text{）の振幅}}{\uparrow\qquad\qquad\uparrow}}{(V_C + V_s \cos\omega_s t)} \sin\omega_c t \tag{19-3}$$

式（19-3）は，式（19-4）に変形できる．

$$v_M = V_C\left(1 + \frac{V_s}{V_c}\cos\omega_s t\right)\sin\omega_c t \tag{19-4}$$

ここで，V_s/V_c は，変調度 m と呼び，一般に [%] で表わす．変調度 m が 0[%] のとき変調されず搬送波だけになり，m が 100[%] を超えると信号波形は歪む．

式（19-4）は，式（19-5）に変形できる．

$$v_M = V_c \sin\omega_c t + V_s \sin\omega_c t \cos\omega_s t \tag{19-5}$$

ここで，三角関数の定理により

$$\sin A \cos B = \frac{1}{2}\{\sin(A+B) + \sin(A-B)\} \tag{19-6}$$

なので，
式（19-5）の AM 波 v_M は式（19-6）から式（19-7）となる．

$$v_M = \underset{\underset{\text{搬送波成分}}{\uparrow}}{V_c \sin\omega_c t} + \underset{\underset{\text{上側波帯}}{\uparrow}}{\frac{V_s}{2}\sin(\omega_c + \omega_s)t} + \underset{\underset{\text{下側波帯}}{\uparrow}}{\frac{V_s}{2}\sin(\omega_c - \omega_s)t} \tag{19-7}$$

この式から v_M は，搬送波の周波数成分 f_c と搬送波の周波数に信号波の周波数を加算した周波数 $(f_c + f_s)$ 成分と減算した周波数 $(f_c - f_s)$ 成分の3つの周波数成分から成り立っていることがわかる．図 19.5(a) に周波数スペクトルを示す．実際には，f_s は信号によって変化するので周波数の幅を持ち，図 19.5(b) のようなスペクトルになる．理論的式（19-7）のみに注目すれば，f_c，$f_c - f_s$，$f_c + f_s$ の3つのスペクトルしか現われないが，実際の変調回路では，$nf_c \pm$

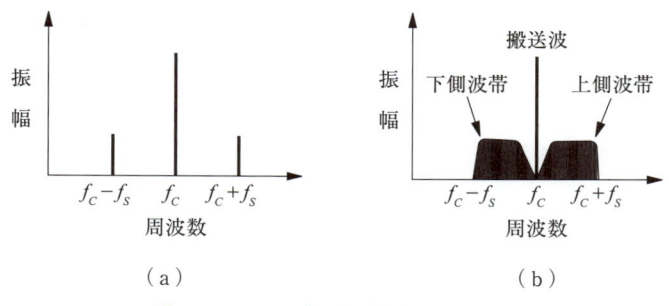

図 19.5　AM 波の周波数スペクトル

mf_s ($n : 0, 1, 2, 3, \cdots$, $m : 0, 1, 2, 3, \cdots$) のスペクトルが現れる．

(2) 振幅変調回路

振幅変調回路には，表 19.4 に示す 3 つの種類がある．

表 19.4 各種変調回路

	具体的な回路	使用頻度	波形歪み	消費電力
コレクタ変調回路		◎	少ない	大
ベース変調回路		○	多い	小
エミッタ変調回路		△	多い	小

表 19.4 の中の各素子の意味を以下に示す．

R_A, R_B：トランジスタのベースに直流バイアスをかけるための抵抗で，この抵抗値により AB 級，B 級，C 級を決定でき，R_A と R_B を ∞ にする（取り除く）と C 級になる．

R_E：安定度向上と熱暴走防止用の抵抗で，この値を大きくすると安定度は良くなり，熱暴走も起こりにくい．

C_1：T_C の 1 次コイルと同調（共振）させ，搬送波の周波数選択性を良くしている．

C_2：搬送波は，トランジスタのベース⇒エミッタ⇒C_3⇒C_2 を通って流れ，R_A のバイパスコンデンサとなっている．ただし，エミッタ変調回路では信号波も通る．

C_3：R_E のバイパスコンデンサ．ただし，エミッタ変調回路では，信号波に対し高いインピーダンス，搬送波に対し低いインピーダンスの容量を選ぶ必要がある．

C_4：T_M と共に AM 波の同調をとるためのコンデンサで中間タップを利用することもある．

C_5：搬送波の通り道を作るためのコンデンサ．

C_6：信号波の信号源へ直流を流さないためのコンデンサ．

19.5 振幅復調

AM 波から信号を取り出すことを復調という．復調は，一般に検波と呼ばれている．

(1) 検波回路（振幅復調回路）

図 19.6 は AM 波の検波（復調）を行う回路で，ダイオード (Si) によって 0.65[V] 以上の＋側を通し，ダイオードの極性を反対にすると，−0.65[V] 以下のマイナス側の信号成分を通す．

C_1 は搬送波をカットし，C_2 でさらに直流成分をカットし，信号成分だけを取り出している．ここで，C_1 は搬送波をアースと短絡させ，搬送波を出力に出さない働きをしている．もし，C_1 を取り除いたならば，図 19.6(b) 図のようになり，出力に再び AM 波が現われるため復調できない．

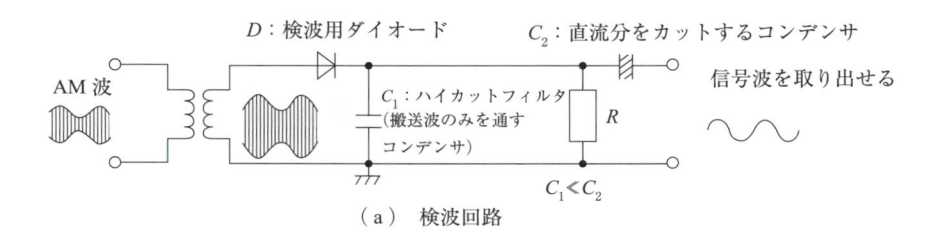

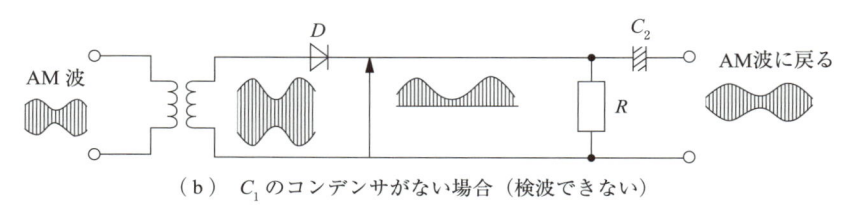

（a）検波回路

（b）C_1 のコンデンサがない場合（検波できない）

図 19.6 AM 波検波回路

(2) 検波と整流の違い

検波回路と整流回路は，図 19.7 に示すとおり，ダイオード D，コンデンサ C_1，抵抗 R の構

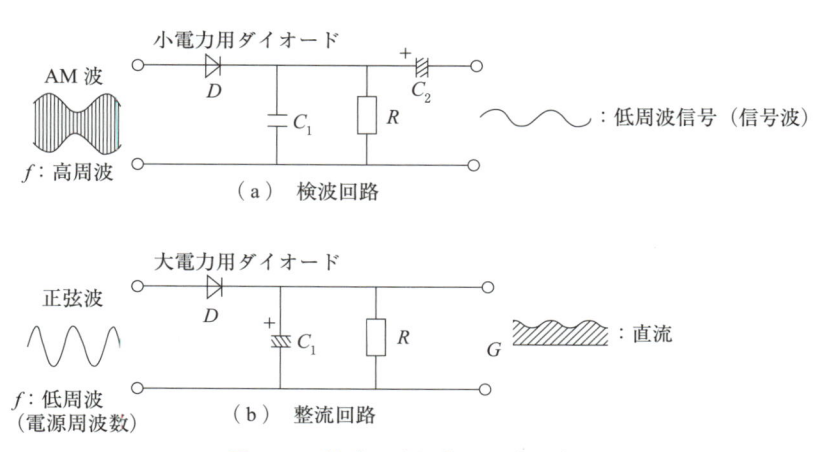

（a）検波回路

（b）整流回路

図 19.7 検波回路と整流回路の違い

成は非常に似ている．その違いを表19.5に示す．特に，検波回路の出力は交流（信号波）で整流回路の出力は直流である．

表 19.5　検波と整流の違い

	検　　波	整　　流
入力波形	AM 波	正弦波
入力の周波数	高周波	低周波から高周波まで使用されるが，主として電源周波数（50[Hz]，または60[Hz]）で使用される
ダイオード	小電力用 （流す電流は小さい）	大電力用 （流す電流は大きい）
C_1	高周波（搬送波）をカットするための小容量コンデンサ	低周波（50[Hz]～60[Hz]）をカットするための大容量コンデンサ（電解コンデンサ），平滑用コンデンサ
C_2	あり （直流カット用電解コンデンサ）	なし
出力	低周波（信号波）	直流

19.6　周波数変調回路

(1) 周波数変調の原理

周波数変調は図19.8に示すように，搬送波の周波数が信号波にしたがって変化している．信号波が正方向に大きくなると，搬送波の周波数 f_C は高くなり，信号波が負方向に大きくなると f_C は低くなる．周波数変調波 v_{FM} は，式 (19-8) で与えられる．

$$v_{FM} = V_c \sin(\omega_c t + m_f \sin \omega_s t + \theta) \tag{19-8}$$

ただし，V_c：搬送波の振幅の最大値，ω_c：搬送波の角周波数，m_f：変調指数，ω_s：信号波の角周波数，θ：搬送波の位相角である．

ここで，m_f については，式 (19-9) で与えられる．

$$m_f = \frac{\omega_d}{\omega_s} \tag{19-9}$$

ただし，ω_d：最大角周波数偏移である．

式 (19-8) を第1種ベッセル関数を用いて展開したものを周波数スペクトルで表わすと，図

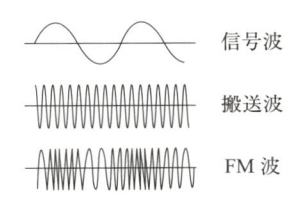

図 19.8　周波数変調における各波の関係

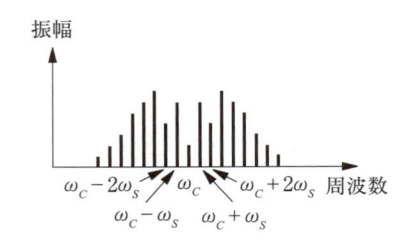

図 19.9　周波数変調波の周波数スペクトル

19.9のようになる．ベッセル関数の解説については省略する．

(2)　周波数変調回路

図 19.10 は，周波数変調回路の具体例である．周波数変調は，発振回路の発振周波数を信号によって変化させるために，共振回路のコンデンサに可変容量ダイオードを使用している．回路中では，D_{VC} と C_2，C_V で並列合成容量 C_0 を形成している．すなわち $C_0 = C_{VC} + C_2 + C_V$ である．

なぜ D_{VC} が C_V や C_2 と並列になっているかを説明すると，C_1 は搬送周波数に対しては短絡で，V_{CC} も内部抵抗ゼロで短絡なので，C_V の両端子に D_{VC} の両端子が接続されることになり，並列回路を形成している．また C_0 は L_1 と共振回路を作っている．L_2 は出力用，L_3 は帰還用で，L_1，L_2，L_3 の3つで1つのトランスになっている．C_1 はトランス L_1 からの直流をカットすると同時に，信号周波数に対しては，C_1 のリアクタンスを大きくし，信号波も通さない役割を果たす．また搬送波（発振）周波数に対しては，C_1 のリアクタンスを小さくし，搬送波を通す必要がある．

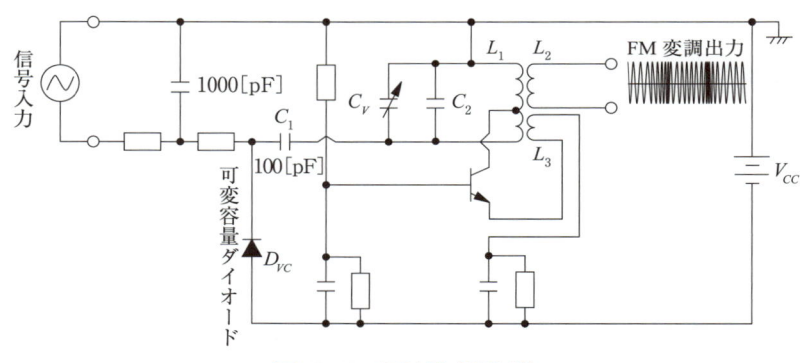

図 19.10　周波数変調回路

次に可変容量ダイオードについて記述する．可変容量ダイオード D_{VC} は，バリキャップまたはバラクタダイオードとも呼ばれる．

図 19.11 に示すようにダイオードに逆方向電圧を印加すると容量が電圧の大きさによって変化する．すなわち，信号電圧の大きさに応じてコンデンサの容量を変化させ，その変化によって共振周波数も変化することになる．その結果，発振周波数も変化し，周波数変調が実現できる．

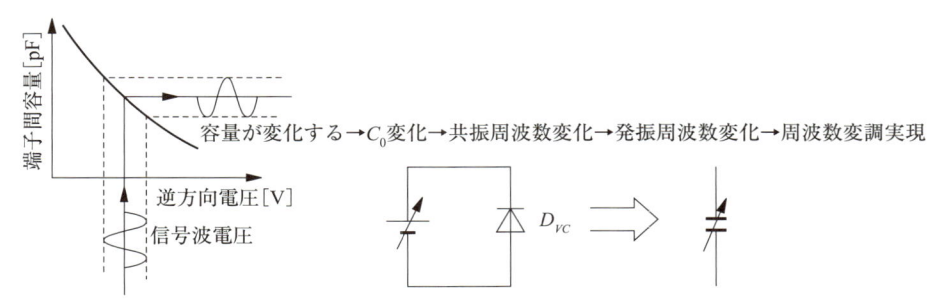

図 19.11 可変容量ダイオードにおける電圧と容量の関係

19.7 周波数復調

周波数復調を行う場合，一度 FM 波から AM 波に変換し，その後 AM 波を検波することで復調を行っている．

周波数復調回路としては，図 19.12 のフォスター・シーリー周波数弁別回路と図 19.13 のレシオ（比）検波回路が代表的であるが，最近は，PLL（Phase Locked Loop）による周波数弁別回路が多く使用されている．この回路は，複雑であるが IC 化されているので使いやすい．

フォスター・シーリー周波数弁別回路とレシオ（比）検波回路は非常に似た回路であるが，ダイオードの向きと出力の取り出し方が異なっている．

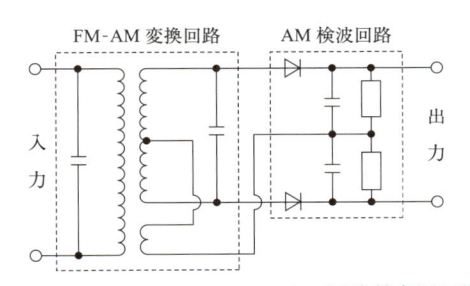

図 19.12 フォスター・シーリー周波数弁別回路　　**図 19.13** レシオ検波回路

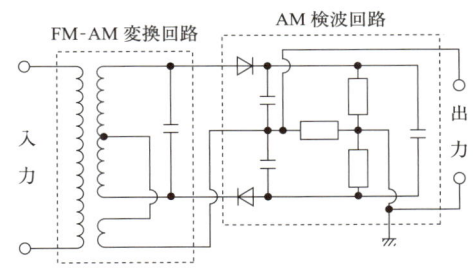

第19章 演習問題

1. 変調について次の問に答えよ．
(1) 1本の同軸ケーブルに複数の信号を送る方法を何というか答えよ．
(2) 高い周波数の波に信号を乗せることを変調というが，その高い周波数の波の名称を書け．
(3) 変調の必要性について変調した場合の有線と無線のそれぞれ利点を答えよ．
(4) 変調の種類には大きく分けるとどのようなものに分けられるか，3つ代表的なものを答えよ．
(5) (4) で答えた3つの変調の利点と欠点を答えよ．
(6) 送信機から受信機へ信号を送る場合，送信機と各受信機がそれぞれケーブルで結ばれていると，変調する必要はあるか．
(7) 正弦波変調について次の表の空いているところに波形を描け．

表 Q19.1

	信 号 波		〜〜
	搬 送 波		〰〰〰
正弦波変調	振幅変調 (AM)	両側波帯 (DSB)	
		単側波帯 (SSB)	
	周波数変調 (FM)		
	位相変調 (PM)		

第20章
ラジオの送信と受信について

　図20.1は，放送局内での信号の伝わり方を示している．すなわち，人間が喋った声や音楽などが，電波という形で送信されるまでの過程を表したものである．図に従って簡単に説明する．
①音声がマイクに入る．
②マイクによって，音声は電気的な音声信号に変換される．
③増幅する．
④信号と搬送波が混合器に入りAM波となる．
⑤AM波を増幅する．
⑥電波としてアンテナから空中へと放出している．

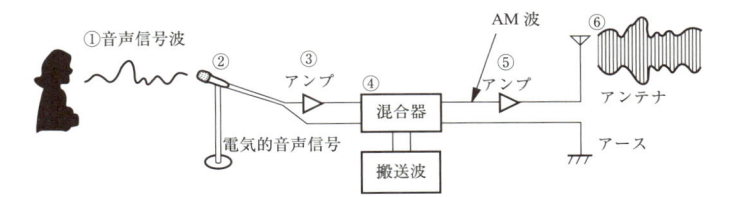

図20.1　放送局内での信号の伝わり方

　図20.2のように，空中には数多くの電波が飛び交っている．その中から放送局Bの放送を受信したい場合，ラジオの選局ダイヤルを放送局Bに合わせるとアンテナに入ってくる電波の中から，放送局Bの電波（放送局BのAM波）だけが，大きな電流としてアンテナ内の共振回路に流れ，他の電波と選り分けられている．選り分けられた放送局BのAM波は，ラジオ内部で増幅され，AM波から音声信号が検波され，その後，音声信号として増幅されてスピーカに入り，スピーカから音として耳に入ってくる．

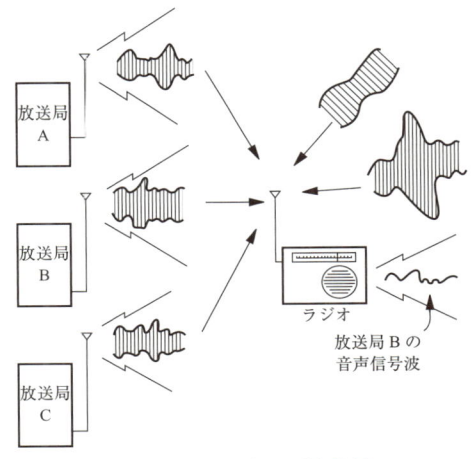

図20.2　ラジオの送受信

第21章 ストレート方式とスーパーヘテロダイン方式

21.1　ストレート方式のラジオ

　図21.1はストレート方式のラジオのブロック図を示し，図(b)は図(a)を簡略化したブロック図である．以下にその動作原理について説明する．

　空中を飛び交う多くの電波はアンテナでキャッチされ，その中から同調回路によって1つの電波だけを選び出している．

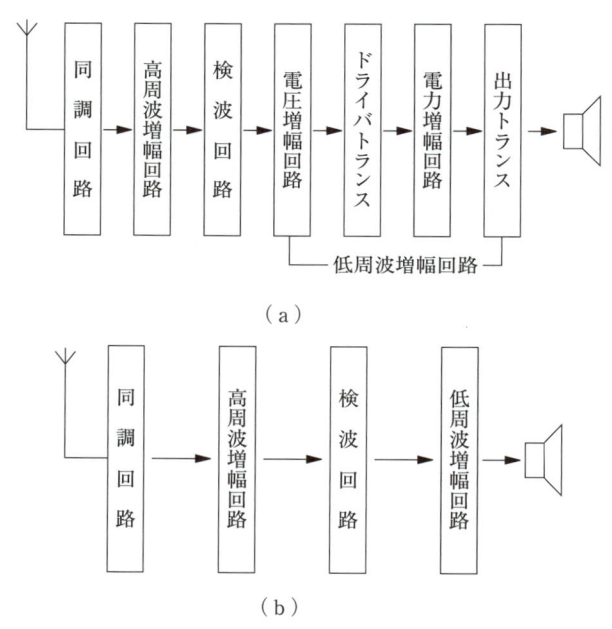

(a)

(b)

図21.1　ストレート方式のラジオの回路ブロック図

　その選ばれた電波の電流は微弱な電流なので，高周波増幅回路によって増幅し，その後，検波回路により，AM波から音声信号のみを取り出している．さらに低周波増幅回路で，取り出した音声信号を増幅して，スピーカによって音に変換している．

　このストレート方式は基本的な方式であるが，さらにラジオとして最低限必要な回路にするならば，高周波増幅回路と低周波増幅回路を除き，スピーカをイヤホンに換えると，電池も必要なく，いわゆる鉱石ラジオになる．

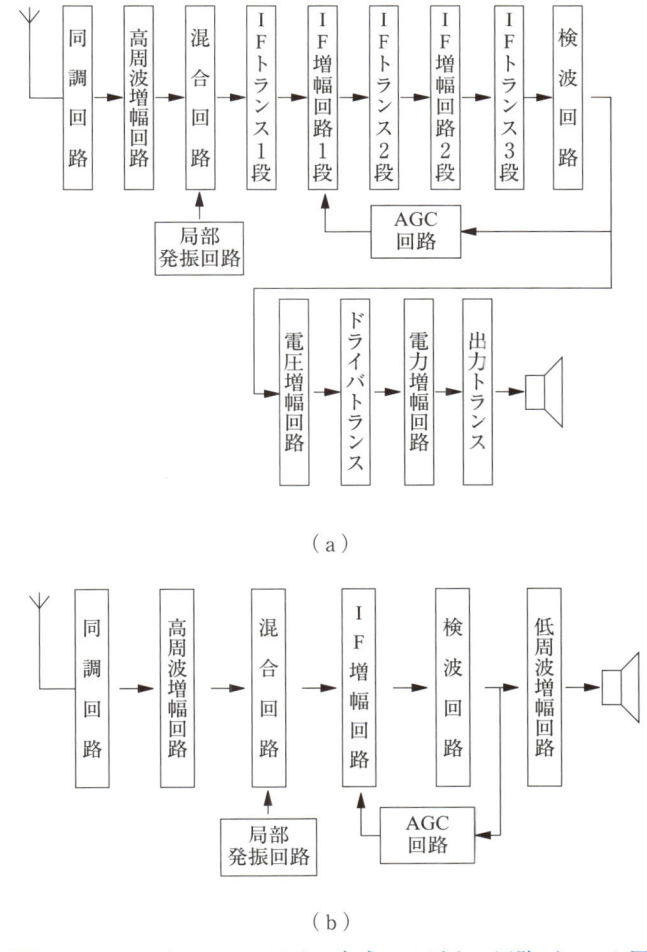

21.2 スーパーヘテロダイン方式のラジオ

ラジオの回路方式の中で最も一般的に使用されている方式がスーパーヘテロダイン方式である．

図 21.2 はスーパーヘテロダイン方式のブロック図であり，図 (b) は図 (a) をさらに簡略化したものである．また図 21.3 は実際に使用されているスーパーヘテロダイン方式のラジオの回路である．

図 21.2(b) のブロック図を見るとわかるように，ストレート方式との大きな違いは，混合回路（ミキシング回路），局部発振回路，IF（中間周波）増幅回路，AGC 回路の 4 つの回路の有無である．

ストレート方式では受信した周波数をそのまま高周波（搬送波）増幅してその後すぐに検波，低周波（音声信号波）増幅を行っていたが，スーパーヘテロダイン方式では，高周波増幅を行った後，受信した搬送波周波数を「別の特定の周波数すなわち中間周波数（Intermediate

(a)

(b)

図 21.2 スーパーヘテロダイン方式のラジオの回路ブロック図

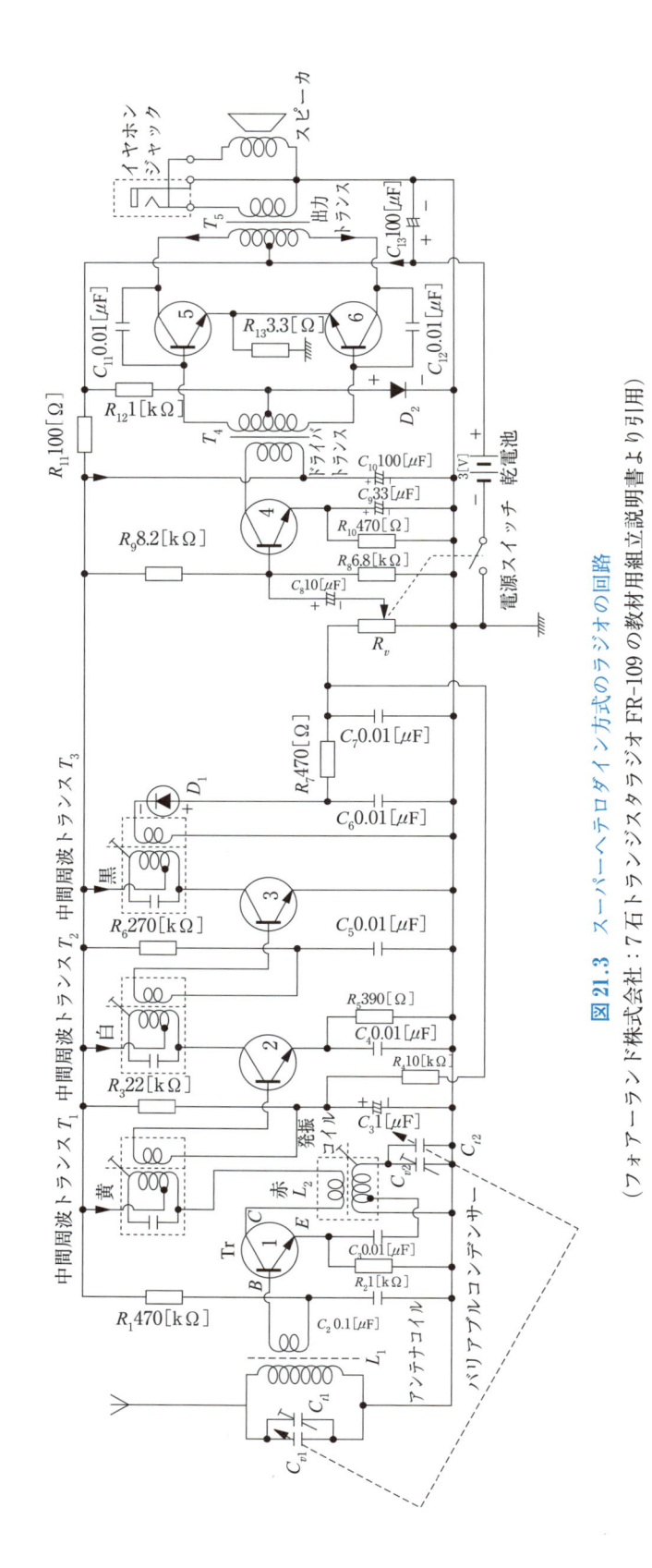

図 21.3 スーパーヘテロダイン方式のラジオの回路
(フォアーランド株式会社：7石トランジスタラジオ FR-109 の教材用組立説明書より引用)

Freqency)」に変換している．その中間周波数は，日本の AM ラジオの場合，JIS 規格で 455[kHz] に定められている．受信周波数を中間周波数に変換することによって①感度が良い，②安定度が良い，③選択度が良い，の利点が得られる．このことについては §21.4 で詳しく説明をする．

図 21.3 のスーパーヘテロダイン方式のラジオは電子回路技術の集大成といえるもので，同調回路，高周波増幅回路，検波回路，低周波増幅回路など，多くの回路から構成されている．すなわち表 21.1 に示す通り，増幅回路の種類だけでも 12 種類の回路が含まれ，さらにその他の回路として，12 種類の回路を含んでいる．したがって，スーパーヘテロダイン方式のラジオの回路を理解すればアナログ電子回路をほとんど理解できるといっても過言ではない．

表 21.1　スーパーヘテロダイン方式のラジオに含まれる電子回路の種類

増幅回路	その他の回路
1. 高周波増幅回路	1. 同調回路
2. 中間周波増幅回路	2. 共振回路
3. 低周波増幅回路	3. 発振回路
4. 電圧増幅回路	4. 混合回路（ミキシング回路）
5. 電力増幅回路	5. 周波数変換回路
6. プッシュプル増幅回路	6. AGC 回路
7. A 級増幅回路	7. 検波回路
8. AB 級増幅回路	8. フィルタ回路
9. B 級増幅回路	9. 音量調整回路
10. CR 結合回路	10. 帰還回路
11. 同調結合型増幅回路	11. インピーダンス変換回路
12. トランス結合型増幅回路	12. 温度補償回路

注）実際の増幅回路に関しては各ブロックの組み合わせからなる．
　　ただしプッシュプル増幅回路は有無で組み合わせる．

21.3　周波数変換について

(1)　周波数変換の必要性

最初に，なぜ周波数変換をする必要があるのか．また，周波数変換を行うことによってどのような効果が出てくるのかについて考えてみる．

AM 放送の場合，各放送局の搬送波周波数 f_c は 526.5[kHz] ～ 1606.5[kHz] の間と決まっている．たとえば，搬送波周波数が 1000[kHz] の放送局の電波を受信した場合，ストレート方式のように 1000[kHz] をそのまま増幅するよりも，1000[kHz] を 455[kHz] と低い周波数に変換したほうが増幅しやすいため感度をよりよくすることができる．また §21.4 で詳述するが搬送波の周波数を 1000[kHz] から 455[kHz] にすることで選択度も良くなる．

(2)　周波数変換（受信した搬送波の周波数を中間周波数に変換）の方法と原理

「受信周波数（搬送周波数）＋455[kHz]」の周波数の正弦波を局部発振回路で発生させて，混合回路（ミキシング回路）で，受信した AM 波と局部発振回路によって作られた正弦波を混合

している．このとき，混合回路からの出力からは，AM 波の搬送波周波数 f_c（実際には，f_c の他に $f_c \pm f_s$ 周波数が含まれる．ここで f_s は信号周波数である）の局部発振周波数 f_0，それに $f_0 \pm f_c$，$2f_0 \pm f_c$，$f_0 \pm 2f_c$，$3f_0 - f_c$，… など多数の周波数が出てくる．混合回路（ミキシング回路）の出力に現れたこれらの周波数の中から，フィルタの働きを持つ中間周波トランスによって，$f_0 - f_c$ だけを選び出している．この $f_0 - f_c$（＝455[kHz]）が中間周波数である．

(3) 中間周波数が 455[kHz] に定められた理由

中間周波数は JIS 規格で，455[kHz] に決められていることは前にも触れた．ここではなぜ中間周波数を 455[kHz] に決めたかについて考える．

中間周波数が 455[kHz] より高い場合と低い場合では，それぞれ以下の欠点がある．

　　455[kHz] より高い場合⇒増幅しにくい．選択度特性が悪い．

　　455[kHz] より低い場合⇒影像妨害が起こりやすい．

したがって，以上の妥協点として 455[kHz] が選ばれている．

21.4　スーパーヘテロダイン方式の利点と欠点

表 21.2 はスーパーヘテロダイン方式の特徴をまとめたものである．

表 21.2　スーパーヘテロダイン方式の利点と欠点

利　　点	欠　　点
◆感度が良い（微弱な電波もキャッチできる）	◆回路が複雑（コストが高い）
◆安定度が良い（電界レベルが変動しても音量一定）	◆調整が必要（最初に調整すれば半永久的に不要）
◆選択度が良い（混信が少ない）	◆影像妨害がある（実用レベルでは，ほぼ問題なし）

以下に各項目の詳細な説明を行う．

(1) 感度

感度とは電波の強弱における受信能力のことをいう．すなわち，弱い電波でも受信できると「感度が良い」という．一般に増幅回路は，高い周波数よりも低い周波数の方が増幅しやすい．それは，高い周波数になると正帰還や負帰還が起こりやすく，前者は異常発振を起こし，後者では増幅度の低下を招くことになる．

スーパーヘテロダイン方式では，高い搬送波周波数を低い中間周波数（455[kHz]）に変換しているため増幅が容易で，ストレート方式に比べて感度をよくすることができる．

(2) 安定度

安定度とは，受信電波の強さの変化（電界レベルの変化）に対し，音声出力（スピーカの出力）がどれだけ変化しているか（安定しているか）をあらわす度合いである．スーパーヘテロダイン方式は，感度が良いため AGC 回路をつけることが可能となり，ストレート方式に比べて，安定度は非常によくなる．詳しいことは §22.6 で説明する．

(3) 選択度と忠実度

選択度とは，いろいろな電波の中から受信希望周波数の電波（受信をしたい放送局の電波）のみを選り分ける性能の度合いをいう．

スーパーヘテロダイン方式では，同調回路のほかに，中間周波トランスが3つあり，これらがフィルタの役目をしている．ストレート方式に比べスーパーヘテロダイン方式の方がフィルタの数が多いので選択度も良くなる．

また，スーパーヘテロダイン方式では，搬送波の周波数を周波数変換により低くしているために同じQ値のバンドパスフィルタで帯域を狭くすることができる．

Qとは尖鋭度のことで，$Q=f_0/\Delta f$（f_0：共振周波数，Δf：半値幅）という式で与えられ，Qの値が同じ条件の下では，f_0が小さければΔfも小さくなる．たとえば$Q=100$で，f_0が$1000[kHz]$のとき，$\Delta f=10[kHz]$となり，f_0が$455[kHz]$のとき，$\Delta f=4.55[kHz]$となる．したがって，$455[kHz]$のほうがΔfの値は小さくなる．

Δfの値（間隔）が狭いほど混信の割合が少なくなり，選択度が良くなる．このことを図で説明したのが図21.4(a)である．この図において縦軸Gは中間周波増幅における電圧利得である．

ここで，選択度は良すぎると忠実度が悪くなるという欠点が生じる．すなわち，図21.4(b)のような選択度を持つラジオの場合では，側波帯の一部（斜線部分）が削られた形となるために，忠実に音を再現できなくなる．したがって，選択度を考えるときは忠実度も考慮する必要がある．

ただし，スーパーヘテロダイン方式の場合，中間周波トランス（フィルタ）が3つあり，それらのフィルタの共振周波数を少しずらすことで，選択度，忠実度ともに良くすることができる．

ここで，忠実度について考える．忠実度とは，受信電波からの元信号を，ラジオの音声出力においてどの程度忠実に再現できるか，という度合いを意味する．実際には音響的忠実度と電気的忠実度がある．

◆音響的忠実度⇒ラジオから聞こえる音が，生の音に近いかどうかの度合いを示し，電子回路とスピーカの両方に影響される．

◆電気的忠実度⇒ラジオにおいて，スピーカに信号が入る前までの電子回路が与える影響が，どの程度あるかという度合いで，周波数特性から判断できる．

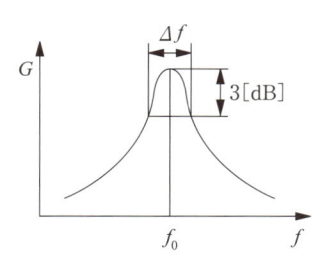

図 21.4 選択度特性の説明図

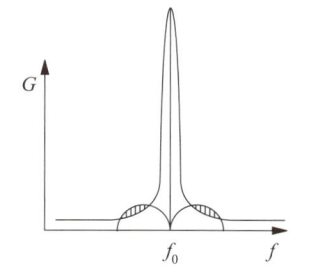

図 21.5 選択度特性が良すぎると忠実度が悪くなる

(4) 影像妨害

局部発振周波数は「受信周波数+455[kHz]」であり，さらに，その周波数に455[kHz]を加えた周波数が影像周波数である．

つまり，図21.6に示すとおり局部発振周波数を対称軸として±455[kHz]に受信周波数と影像周波数がある形になっている．具体的な数字で示すならば，受信周波数を1000[kHz]としたとき局部発振周波数は1455[kHz]であり，影像周波数は1455+455=1910[kHz]となる．仮に，1000[kHz]を搬送波周波数としている放送局があって，その局の放送を受信したとする．しかし，何らかの形で1910[kHz]を搬送波周波数とする放送局の電波が入ってきた場合，局部発振周波数との差はいずれも455[kHz]となるので，中間周波増幅回路においてどちらの周波数も増幅してしまう．これがいわゆる影像混信であり，この影像混信によって受信しようとした放送に希望しない放送局の信号が混ざる．このことを影像妨害という．

この影像妨害は，各放送局の搬送波周波数をほかの放送局の影像周波数にあたる周波数から避けることによって防ぐ．つまり，ある放送局の搬送波周波数が600[kHz]なら，1510[kHz]を搬送波周波数とする放送局がなければ，影像妨害は起きない．実際の放送局の搬送波周波数は，お互いに影像妨害を起こさないような周波数が選ばれている．

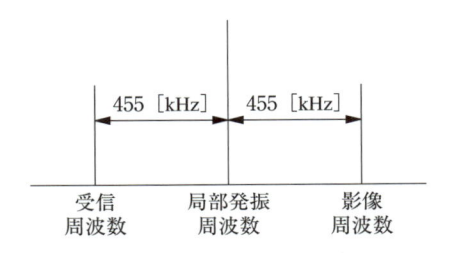

図 21.6 周波数スペクトルにおける各周波数の関係

第22章
ラジオの各回路の説明

22.1　同調回路

　同調回路は，選局をするための回路である．この回路は，図 22.1 のようにコイル (L) とコンデンサ (C) から成り立ち，搬送波の周波数に共振する共振回路となっている．共振とは L や C によって，ある特定の周波数の信号だけが，大きな電流となって流れることであり，L か C のどちらかを可変することによって，共振周波数を変化させている．もし，希望する放送局の搬送波周波数と共振回路の共振周波数が一致すると，その回路に最も大きな電流が流れ，ほかの周波数による電流はほとんど流れず，選局することが可能になる．

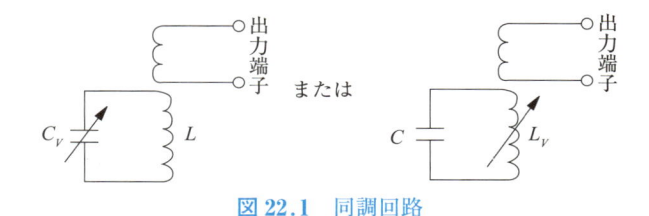

図 22.1　同調回路

22.2　トランジスタを3個使用したときの高周波増幅回路と局部発振回路と混合回路における各電流の流れ方

　図 22.2 は図 21.2(b) における高周波増幅回路と局部発振回路と混合回路（ミキシング回路）の詳細図である．図 21.3 では3つの回路の働きを1つのトランジスタで行っているが，ここでは，わかりやすくするために，あえて3つの機能を持つ回路にトランジスタを1個ずつ配置した．以下に各回路の入力信号，出力信号，バイアス電流（直流入力電流），動作電流（直流出力電流）の流れ方を詳細に記述する．

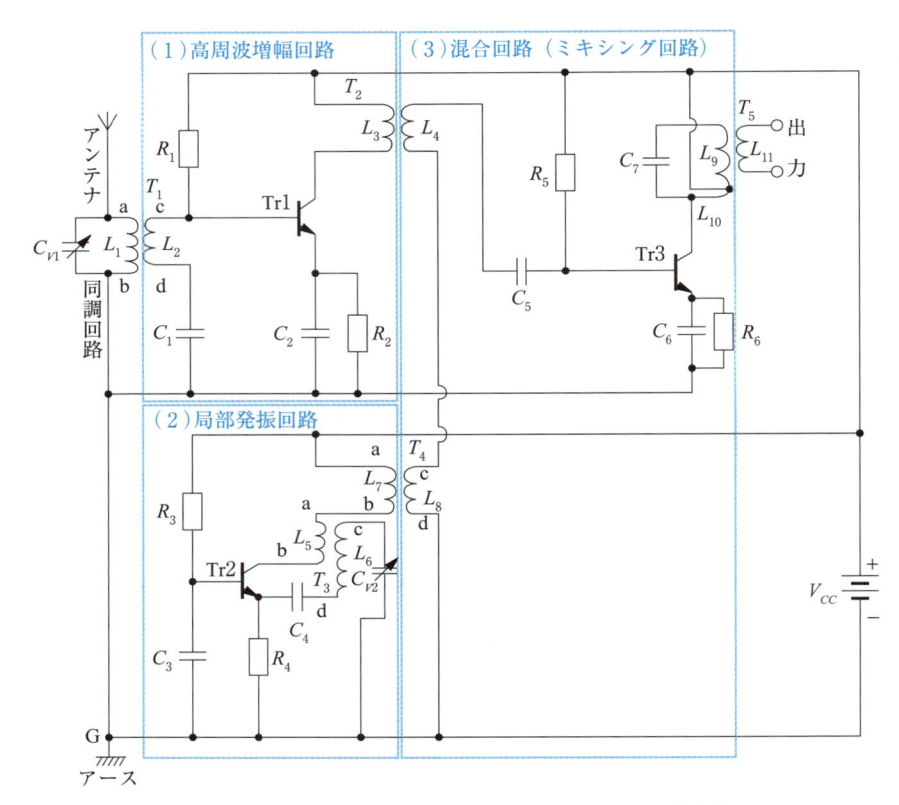

図 22.2 スーパーヘテロダイン方式ラジオの周波数変換部

(1) 高周波増幅回路

アンテナで捉えた電波を同調回路で選択（選局）し，T_1 のトランス（実際はバーアンテナ）の2次側（L_2）が高周波増幅回路の信号入力となる．

●入力信号の流れ方

図 22.2 の高周波増幅回路部を抜き出したものを，図 22.3 に示す．この図における T_1 の点 c からスタートし，トランジスタのベースへ流れ込み，C_2，C_1 を通り，T_1 の点 d に戻る．

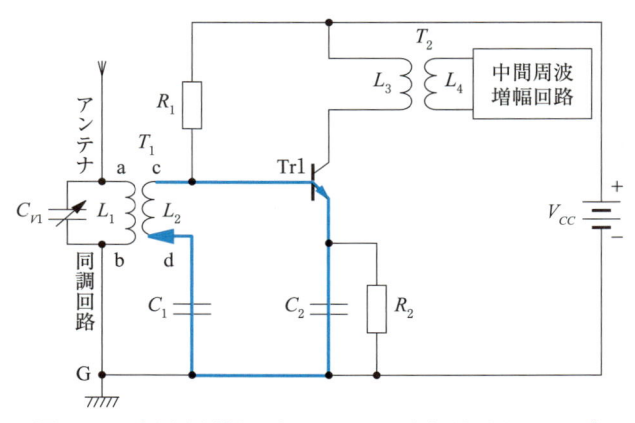

図 22.3 高周波増幅回路における入力信号電流の流れ方

●出力信号の流れ方

増幅された出力信号は，図 22.4 に示す通りトランジスタ Tr1 のエミッタ E からスタートし，C_2 を通り，V_{CC} －端子から＋端子へ抜け，L_3 に入り，Tr1 のコレクタ C に戻る．

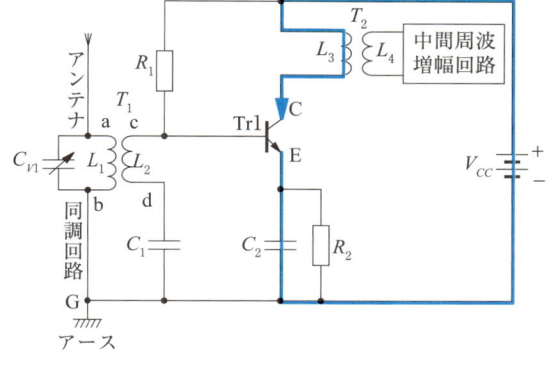

図 22.4 高周波増幅回路における出力信号電流の流れ方

●バイアス電流の流れ方

直流バイアス電流は図 22.5 に示すように V_{CC} の＋端子からスタートし，R_1 を通り，Tr1 のベースに入り，Tr1 のエミッタを抜け，R_2 を通って，V_{CC} の－端子に戻る．

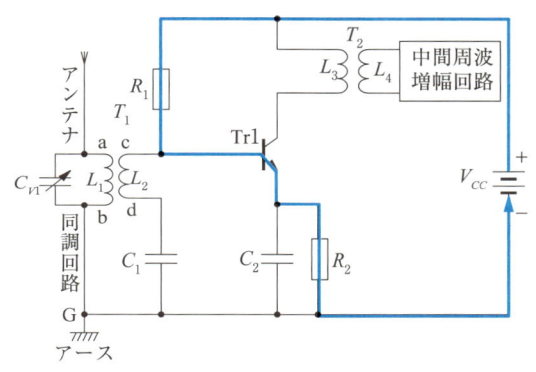

図 22.5 高周波増幅回路におけるバイアス電流の流れ方

●動作電流の流れ方

直流の動作電流は図 22.6 に示すように V_{CC} の＋側からスタートし，T_2 の L_3，トランジスタ Tr1 のコレクターエミッタを通り，R_2 を通って，V_{CC} の－側へ戻る．

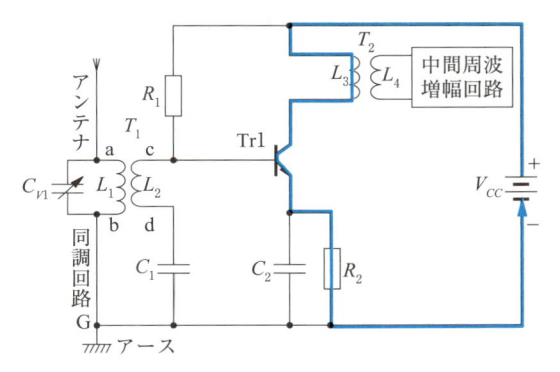

図 22.6 高周波増幅回路における動作電流の流れ方

(2) 局部発振回路

局部発振回路は本来入力発振電流なるものは存在しないが，ここではポジティブフィードバック（正帰還）されたものが入力電流となる．

● 発振入力電流の流れ方

図 22.7 に示すように発振入力電流は T_3 の点 c からスタートし，C_{V2} を流れ，C_3 を通り，トランジスタ Tr2 のベース・エミッタに流れ，C_4 を通り，T_3 の点 d に戻る．すなわち，L_6 の出力がトランジスタ Tr2 のベース・エミッタ間にかかり，実質 Tr2 の入力となる．このとき，T_3 の 2 次側に並列に接続されて C_{V2} と L_6 が共振し，その共振周波数が局部発振周波数となる．

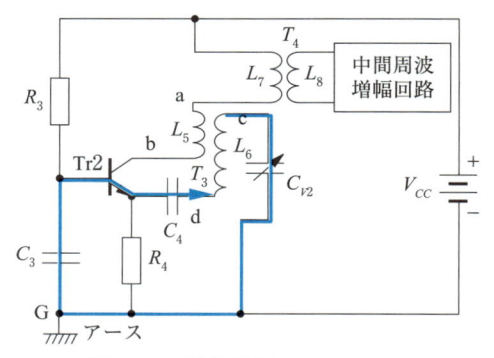

図 22.7 局部発振回路における発振入力電流の流れ方

● 発振出力電流の流れ方

図 22.8 に示すように Tr2 のエミッタからスタートし，C_4 を通り，トランス T_3 の L_6（点 d→点 c）→C_{V2}→V_{CC}→トランス T_4 の L_7→トランス T_3 の L_5 からトランジスタ Tr2 のコレクタへと戻る．

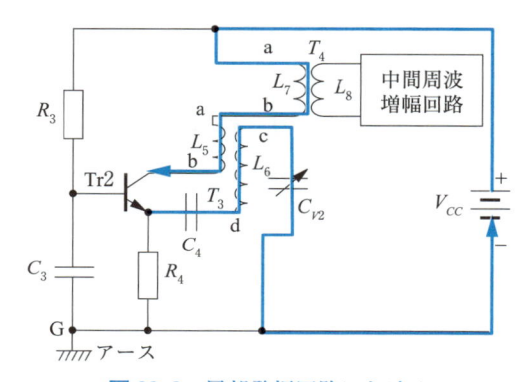

図 22.8 局部発振回路における発振出力電流の流れ方

● 直流バイアス電流の流れ方

図 22.9 に示すように V_{CC} の＋端子をスタートし R_3→Tr2 のベース→Tr2 のエミッタ→R_4→V_{CC} へ戻る

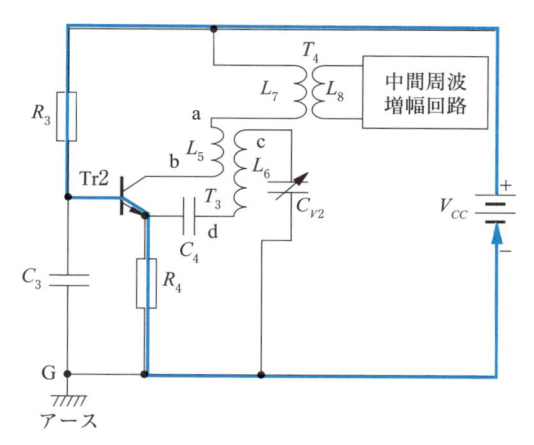

図 22.9 局部発振回路における直流バイアス電流の流れ方

●動作電流の流れ方

図 22.10 に示すように V_{CC} の＋端子をスタートし T_4 の L_7→T_3 の L_5→Tr2 のコレクタ→Tr2 のエミッタ→R_4→V_{CC} へ戻る

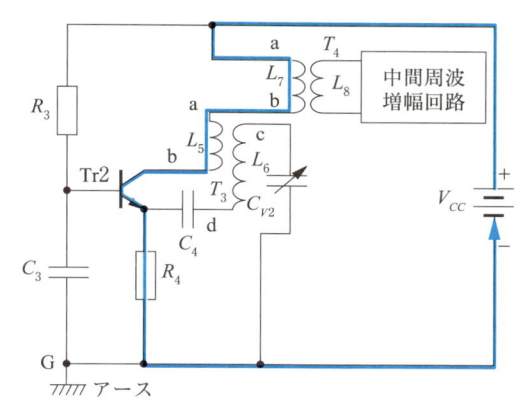

図 22.10 局部発振回路における動作電流の流れ方

(3) ミキシング回路

●入力電流の流れ方

図 22.11 に示すようにトランス T_2 の L_4 の点 c→C_5→Tr3 のベース・エミッタ→C_6→トランス T_4 の L_8 を通り，トランス T_2 の L_4 の点 d に戻る．

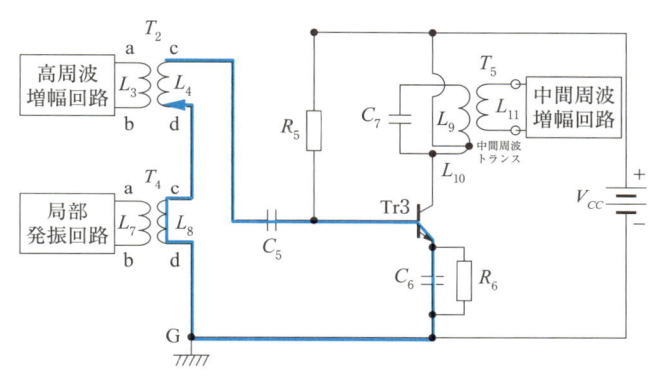

図 22.11 ミキシング回路における入力電流の流れ方

●出力電流の流れ方

ルートは図 22.12 に示すように 2 つあり，周波数によって異なる．回路中での流れ方を図 22.13 に示す．

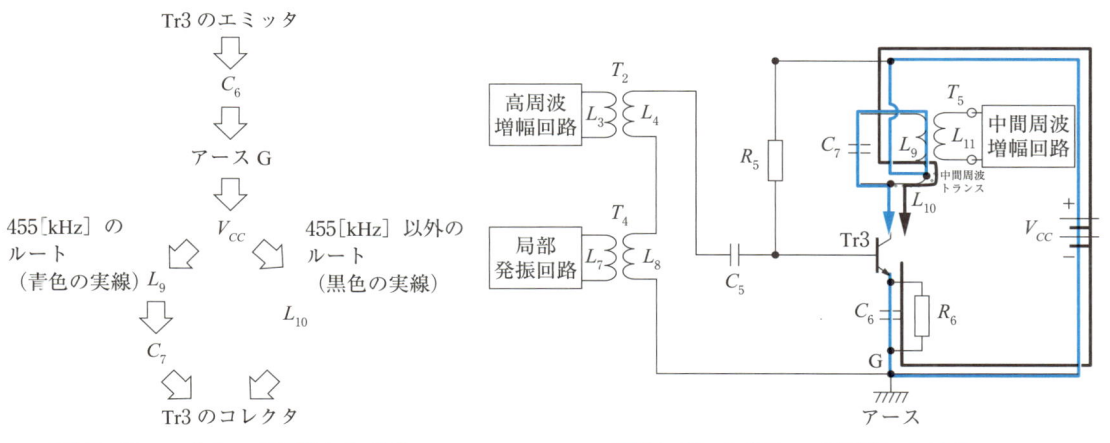

図 22.12 ミキシング回路における出力電流の流れ方

図 22.13 ミキシング回路における出力電流の流れ方

22.2 トランジスタを 3 個使用したときの高周波増幅回路と局部発振回路と混合回路における各電流の流れ方　　171

●直流バイアス電流の流れ方

図 22.14 に示すように V_{CC} ＋端子をスタートし R_5 → Tr3 のベース→エミッタ→ R_6 → V_{CC} の－端子に戻る

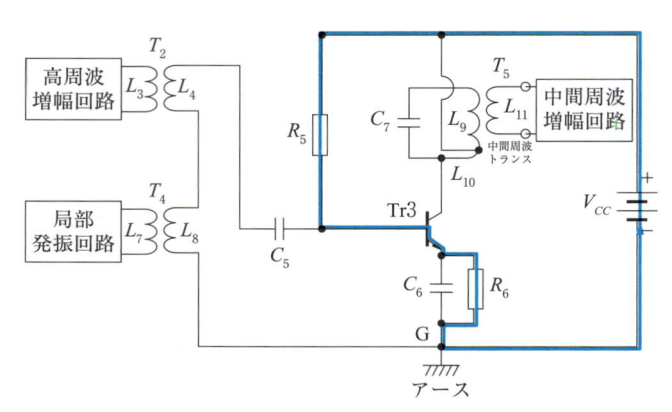

図 22.14　ミキシング回路における直流バイアス電流の流れ方

●動作電流の流れ方

図 22.15 に示すように V_{CC} ＋端子をスタートし T_5 の L_{10} → Tr3 のコレクター エミッタ→ R_6 → V_{CC} の－端子に戻る

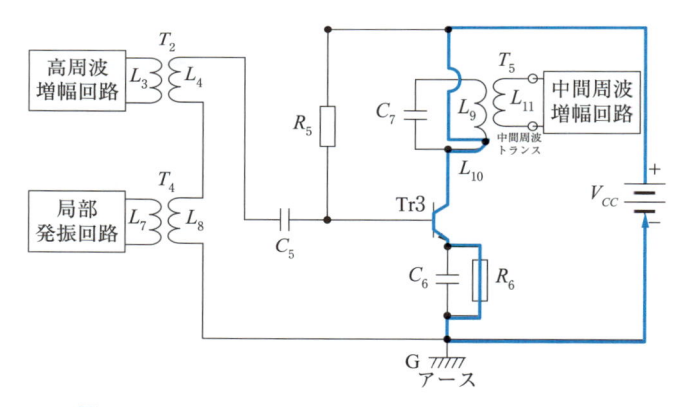

図 22.15　ミキシング回路における動作電流の流れ方

以上の高周波増幅回路，局部発振回路，ミキシング回路はそれぞれトランジスタを 1 つずつ含んでいるが，これら 3 つの各トランジスタの特性を 1 つのトランジスタにまとめることができる．その回路が図 22.16 で，世の中でもっとも多く使用されている．

22.3 トランジスタ1個で高周波増幅と局部発振と混合（ミキシング）の働きをする回路

図22.16は高周波増幅回路，局部発振回路，混合回路（ミキシング回路）が1つの回路で構成された回路例である．一般のラジオでは1つのトランジスタで高周波増幅，局部発振，混合（ミキシング）の3つの役割を果たすことが多い．図中の○で囲んであるトランジスタが，先に述べた3つの回路を動かすためのトランジスタである．以下に3つの回路についてそれぞれ説明する．

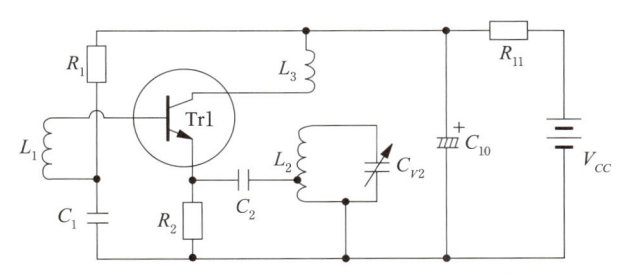

図 22.16 高周波増幅回路，局部発振回路，混合回路（ミキシング回路）

(1) 高周波増幅回路

図22.17は，図22.16の回路から高周波増幅に必要な回路を抜き出したものである．

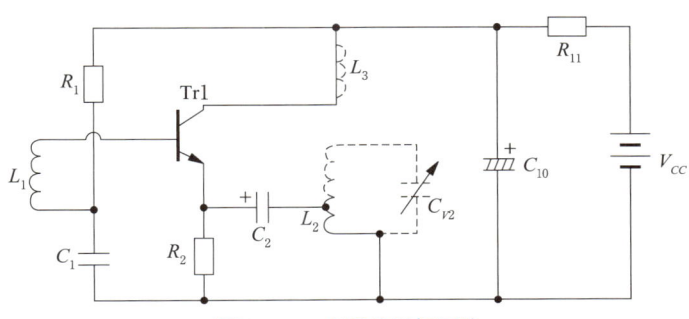

図 22.17 高周波増幅回路

AM放送における放送局の搬送波周波数は，526.5[kHz]〜1606.5[kHz]の範囲と決まっていることは，前述の通りである．つまり，ラジオの同調回路によって選ばれる周波数もその間にあることになる．高周波増幅回路は，その同調（選局）された高周波（搬送波）を増幅する回路である．

高周波増幅回路における直流電流の流れを図22.18(a)に示す．ここで入力電流はバイアス電流で，出力電流は動作電流である．また，交流信号の流れを図22.18(b)に示す．

（a） 直流の流れ　　　　　　　　　（b） 交流信号の流れ

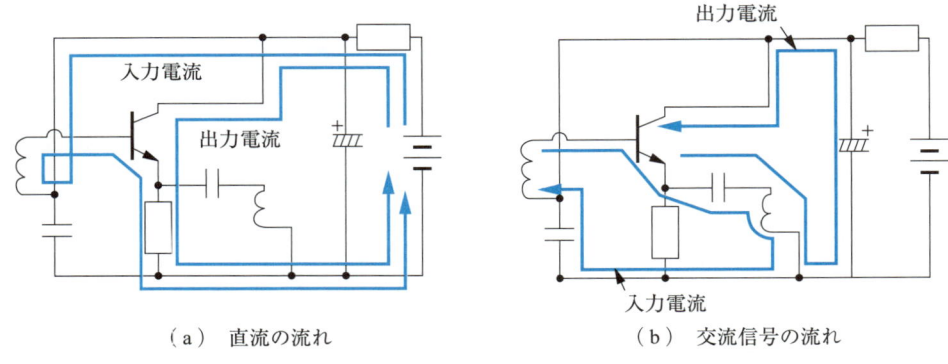

図 22.18　高周波増幅回路における直流電流と交流信号の流れ

(2) 局部発振回路

図 22.19 は，図 22.16 の回路から，局部発振に必要な回路を抜き出したものである．

①局部発振回路とは

スーパーヘテロダイン方式では，受信した搬送波周波数を中間周波数に変換している．周波数変換は §21.3 で記述した通り，受信周波数とラジオ内部で発振させた周波数との差をとることで行っている．つまり，局部発振回路は「受信周波数＋455[kHz]」の周波数で発振を行っている．

図 22.19 の C_{V2} は，連動バリコン（連動バリアブルコンデンサ）を使用していて，同調回路のバリコンと連動になっている．同調回路のバリコンを動かすと，連動して局部発振回路のバリコンも動きキャパシタンスが変化する．実際に 2 つのバリコンによる共振回路では最初から 455[kHz] の差を持たせている．すなわち，局部発振回路では，常に受信周波数より 455[kHz] 高い周波数を発振させている．

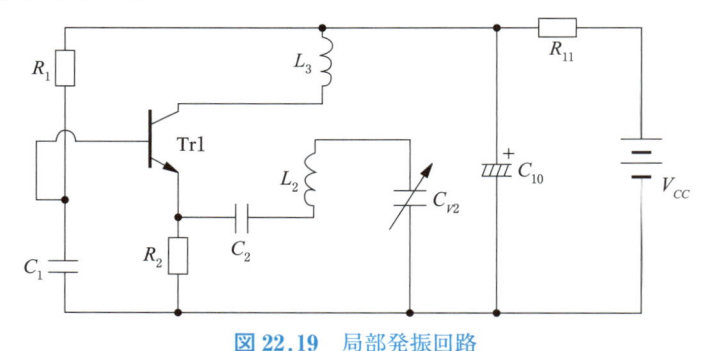

図 22.19　局部発振回路

②発振について

発振をさせるには，図 22.20 に示すように<u>増幅器</u>，<u>共振回路</u>，<u>正帰還</u>という 3 つの要素プラスエネルギー供給源（電源）が必要である．

図 22.21 は局部発振回路について説明したものである．入力電流 i_1 が増幅回路によって増幅され出力電流 i_2 として出てくる．それが L_2 と C_{V2} の共振回路によって，特定の周波数だけ選ばれて L_3 から L_2 へ正帰還される．さらに，その周波数の電圧が再び増幅器に入り増幅され，特定の周波数だけ選ばれて正帰還され……，以上の繰り返しで発振が起こる．

図 22.20　発振の原理

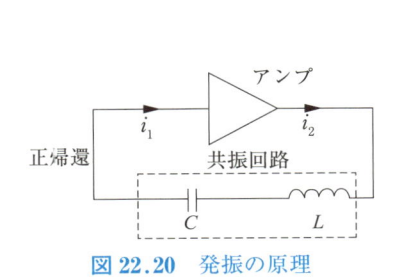

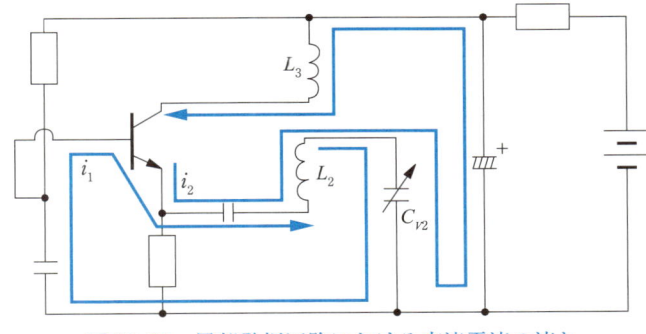

図 22.21　局部発振回路における交流電流の流れ

発振の原理を図 22.21 の実際の回路を用いてより詳細に説明する．

入力電流 i_1 が流れることにより，増幅された出力電流 i_2 が流れる．出力電流が L_3 を流れることで，L_3 と L_2 からなるトランスでは相互誘導（電磁誘導）が起こり，電圧が L_2 に誘起される．したがって L_2 側では，その電圧によって新たな入力電流が，i_1 のループに沿って流れる．この場合，L_2 と C_{v2} による共振周波数の電流が，最もよく流れる．すなわち，この電流の周波数が局部発振周波数（受信周波数 + 455[kHz]）と一致する．ここで，L_3 と L_2 の巻き方（L_3 と L_2 の極性）は正帰還になるように巻かれていなければならない．すなわち，最初の入力電流 i_1 と新たに作られる入力電流は同相でなければならない．

以上により，増幅された電流がトランスを介して入力に正帰還され，共振回路によって特定の周波数が選ばれ，また，それが増幅，正帰還，共振，増幅，正帰還，共振，……と繰り返し，一定の正弦波を発振させることができる．

(3) 混合回路（ミキシング回路）

混合回路（ミキシング回路）は，受信周波数と局部発振回路で発振させた周波数の2つの周波数を混合させている．混合回路といっても，トランジスタ1つでその役割を果たしている．それは，トランジスタ増幅回路の非線形性を利用して，2つの周波数を混ぜ合わせている．

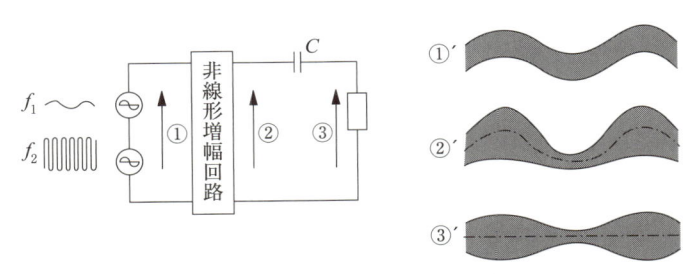

図 22.22　混合回路（ミキシング回路）の原理

図 22.22 のように2つの周波数 f_1 と f_2 の波形を加え，各位置における波形を考えると，①の位置では①'のような波形が得られ，①'の波形を非線形増幅回路に通すと②の位置では②'のような波形が得られる．

トランジスタの非線形性というのは，図 22.23 に示す第3象限における曲線部分のことである（直線部は線形という）．この非線形性を利用して得られた出力波形は，②'のようになることが

わかる．その波形を図22.22に示すようにコンデンサCに通すと③の出力電圧波形は，③'のような波形になる．それはコンデンサに通すことによって，②'の波形が平均化されるためである．つまり，②'の波形の点線部がその波形の直流分を意味し，その直流分をコンデンサCでカットしている．

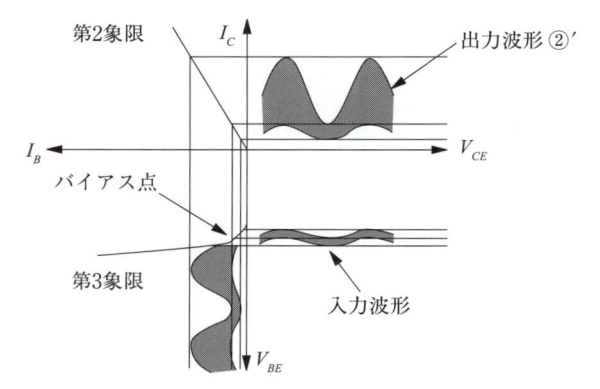

図 22.23　トランジスタの非線形性による出力波形の関係

22.4　中間周波増幅回路

図22.24の中間周波増幅回路は，特定の周波数（455[kHz]）のみを増幅する回路で，同調結合型回路である．入力側と出力側に中間周波トランス（IFT）があり，フィルタの働きをしている．混合されたあと，出てくる多数の周波数（f_0，f_C，$f_0 \pm f_C$，$f_0 \pm 2f_C$，$2f_0 \pm f_C$，…など）の中から$f_0 - f_C$つまり「455[kHz]」を選び出しているのがIFTである．ゆえに中間周波増幅回路では，IFTによるフィルタの役目と，そのフィルタを通ってきた455[kHz]の周波数を増幅させるという2つの役目を持っている．

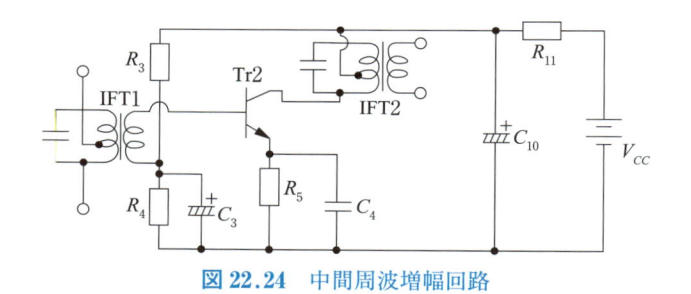

図 22.24　中間周波増幅回路

スーパーヘテロダイン方式の選択度が良いのは，①低い周波数に変換し，②たくさんのフィルタを通しているからである．また455[kHz]という特定の周波数だけ増幅させれば良いため，増幅回路の設計も容易になる．

22.5 検波回路

図 22.25 の検波回路は復調回路ともよばれ，AM 波から音声信号を取り出す働きがある．この検波回路は，ダイオードにより整流し，コンデンサと抵抗からなる π 型フィルタを通すことによって，AM 波を音声信号に復調している．ここで V_R は音量調整用の可変抵抗器で，いわゆるボリュームといわれるものである．この復調（検波）の過程を図 22.26 に示す．

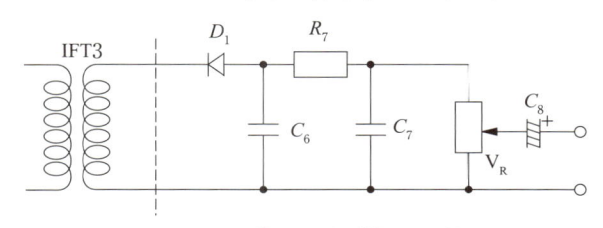

図 22.25 検波回路（復調回路）

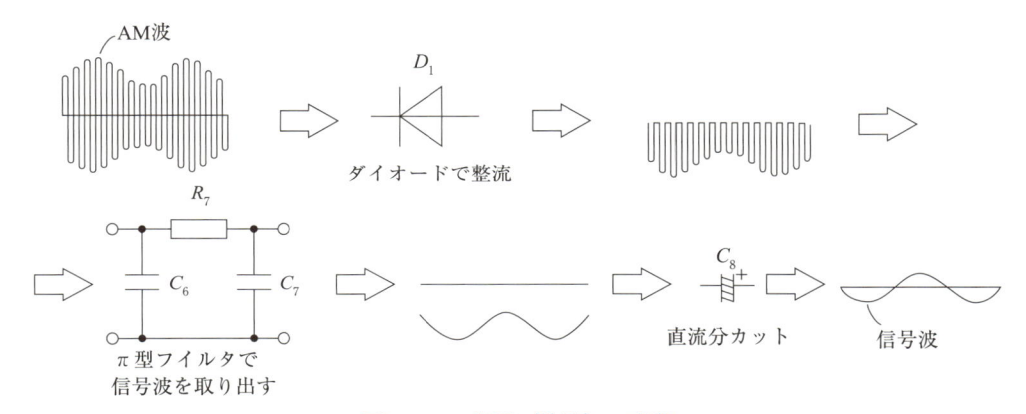

図 22.26 復調（検波）の過程

22.6 AGC 回路

(1) AGC 回路とは

AGC 回路は，ラジオの安定度（受信電波の電界レベルの変化に対する安定度）を良くすることを目的として付けられた回路である．

AGC とは，Automatic Gain Control の略で，日本語では自動利得調整といわれている．

この回路は，図 22.27 に示す通り 1 つの抵抗と 1 つのコンデンサからなる．この回路を取り付けることでラジオ自身が自動的に利得を調整する．したがって，アンテナに入ってくる電波のレベルが変化しても，スピーカから出てくる音の大きさは変化せず，ほぼ一定に保つことができる．

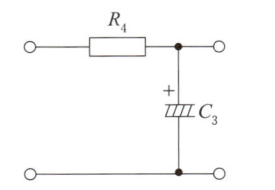

図 22.27 AGC 回路 AGC 特性

(2) AGC の原理

AGC の動作原理を図 22.28 に示すように①電界強度が強くなると②検波出力が大きくなり，

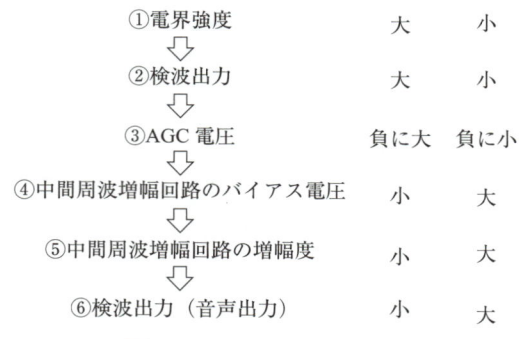

①電界強度	大	小
⇓		
②検波出力	大	小
⇓		
③AGC電圧	負に大	負に小
⇓		
④中間周波増幅回路のバイアス電圧	小	大
⇓		
⑤中間周波増幅回路の増幅度	小	大
⇓		
⑥検波出力（音声出力）	小	大

図 22.28　AGC の動作原理

③AGC 電圧が負に大きくなり④，⑤を経て⑥検波出力が小さくなる．逆に電界強度が弱いと検波出力は大きくなり電界の強さの変化に対し音声信号出力は変化しない．図 22.29 の AGC 特性からわかるように，AGC 回路を取り除いた場合，入力電圧が大きくなるに従い，ラジオの出力電圧も点線で示すように大きくなる．そこで AGC 回路を取り付けると，ラジオの音声信号出力電圧がある大きさで抑えられる．ある入力レベル以上では電界レベルがどんなに大きくなっても，音声信号出力電圧は一定の大きさを保つことができる．

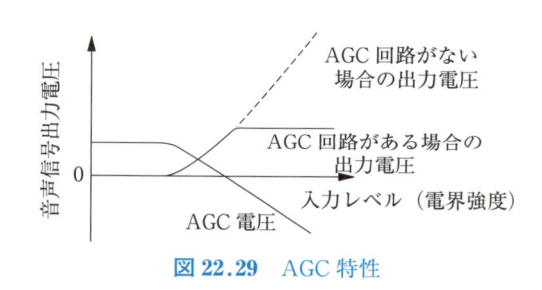

図 22.29　AGC 特性

ここで，AGC 電圧とは検波回路から取り出された電圧の直流分でこの直流電圧により中間周波増幅回路のバイアス電圧を変化させ増幅度も変えている．すなわち，電界強度（入力）の変動に対し音声出力は一定値を保つ働きをし，安定度が良くなっている．

図 22.30 は AGC 回路の働きを，カーラジオを例にとって示したものである．ビルが立ち並ぶところでは，電波がビルによって邪魔されてしまうため，電界レベルも低下する．また，送信アンテナに近づくにつれて，電界レベルは強くなる．AGC 回路がなければ，このように電界レベ

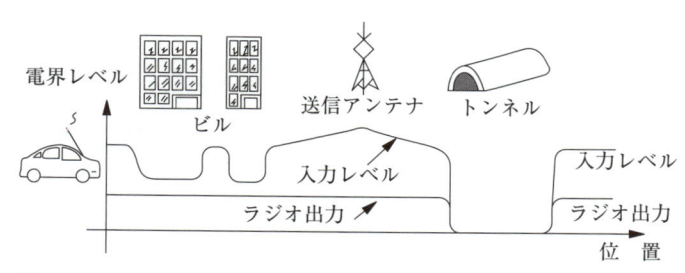

図 22.30　AGC 回路による入力電界レベルとラジオの出力の関係

ルの変化に伴い，出力音声は大きくなったり小さくなったりするので，大変聞きづらい．そこで，AGC 回路を取付けることで，電界レベルの変動に関係なく，スピーカから一定の大きさの音として聞くことが可能となる．

ただし，トンネル内では著しく電界レベルが下がってしまうので，音は聞こえなくなる．ちなみに，信号波の大きさが変動しても，AGC とは無関係で音の大きさは変化する．

22.7 電圧増幅回路

図 22.31 に電圧増幅回路を示す．検波した信号は微小であるために，直接スピーカに加えても音は出ない．したがって，電圧増幅回路で信号を増幅する必要がある．

ここで使用されている回路の出力側は，トランス結合となっている．このトランスはドライバトランスと呼ばれ，電圧増幅回路の後に続くプッシュプル回路（電圧増幅回路）で同相と逆相の信号を同時に作り出す働きがある．さらにインピーダンス・マッチング，直流分カットなどの働きもある．

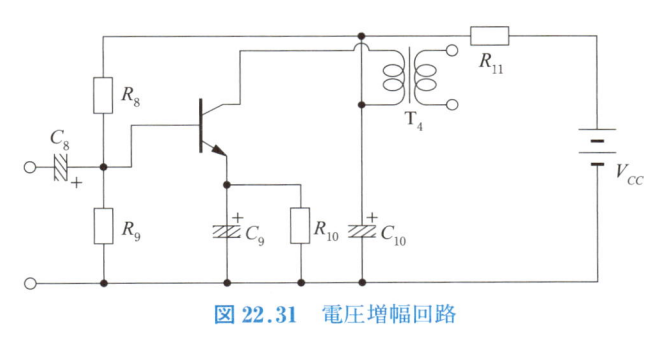

図 22.31 電圧増幅回路

22.8 電力増幅回路

ここで用いられる図 22.32 の電力増幅回路は，A 級プッシュプル回路が用いられている．D_2 は抵抗でもよいが，ダイオードにすることで，温度による安定度をさらによくしている．

また，コンデンサ C_{12}，C_{13} は出力音声が「キンキン」という耳障りな音にならないように，高域をカットすることを目的として付けられている．C_{12}，C_{13} を付ける代わりに，2 つのトランジスタの各コレクタの両端にコンデンサを 1 つ付ける方法もある．

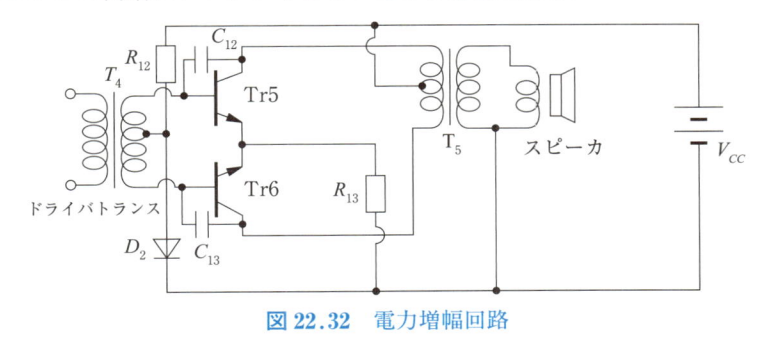

図 22.32 電力増幅回路

第23章 電界効果トランジスタ（FET）

23.1 FETとバイポーラトランジスタとの比較

　トランジスタには，ユニポーラトランジスタとバイポーラトランジスタがある．ユニポーラトランジスタのキャリア（電荷を運ぶもの）は，電子か正孔（ホール）のいずれか一方であるが，バイポーラトランジスタの場合は電子と正孔の両方がキャリアとして働く．一般に前者はFET（Field Effect Transistor：電界効果トランジスタ），後者は，単にトランジスタと呼ばれている．表23.1は，FETとバイポーラトランジスタの比較を示す．

表 23.1　FETとバイポーラトランジスタの比較

	FET	バイポーラトランジスタ
キャリア	電子か正孔 いずれか一方	電子と正孔
制御形態(増幅形態)	電圧制御(電圧増幅)	電流制御(電流増幅)
入力インピーダンス	非常に高い　(◎)	低い　(△)
消費電力	小さい　(◎)	大きい　(×)
集積化	容易　(◎)	容易とは言えない(△)
熱暴走(周囲の温度による影響)	なし　(◎)	あり　(×)
雑音(熱雑音)	少ない　(○)	多い　(×)
利得(電圧増幅度，電流増幅度)	小さい　(×)	大きい　(○)
信号波形の歪み	大きい　(×)	小さい　(○)

注）(◎)，(○)，(×)は比較の優劣を表す．

23.2 FETの分類

(1) FETにおける構造的な分類

FETを構造的に分類すると，以下のようになる．

◆ J型FET（Junction型FET：接合型FET）
◆ GaAs型FET（Gallium Arsenide型FET：ガリウム砒素型FET）接合型FETの一種．

◆ MOS 型 FET（Metal Oxide Semiconductor 型 FET：金属酸化膜半導体型 FET）：
半導体物質の酸化物である SiO_2 等を絶縁材料として使用したもので，MIS（Metal Insulator Semiconductor）とも呼ばれ，これらを総称して絶縁ゲート型電界効果トランジスタ IGFET（Insulated Gate FET）という．

◆ TFT 型 FET（Thin Film Transistor：薄膜型 FET）：液晶ディスプレイで使用される．

◆ CMOS（Complementary Metal Oxide Semiconductor：相補型 MOSFET）

◆ SB 型 MOSFET（Schottky Barrier FET：ショットキー障壁型 FET）：高速スイッチング動作が可能．

◆ HEMT 型 FET（High Electron Mobility Transistor：高電子移動度トランジスタ）
ヘテロ接合を用いた，超高速トランジスタ．

◆ MOD 型 FET（Modulation Dope FET：変調ドープ電界効果トランジスタ）

◆ SIT（Static Induction Transistor：静電誘導型トランジスタ）

◆ DMOS（Double-diffused MOSFET：2 重拡散 MOS 型 FET）

◆ VMOS（V-groove MOSFET：V 溝 MOSFET）

以下に接合型 FET と MOS 型 FET を比較する．また，集積回路で多く使用される CMOS と高周波特性に優れた SB 型 FET について記述する．

(2) 接合型 FET と MOS 型 FET の比較

次に FET の代表的な接合型 FET と MOS 型 FET の性能を比較したものを表 23.2 に示す．

表 23.2 接合型と MOS 型 FET の性能比較

	接合型 FET	MOS 型 FET
入力インピーダンス Z_i[kΩ]	$10^7 \sim 10^9$	$10^{11} \sim 10^{12}$
特性モード	デプレッションモードのみ	デプレッションモード，エンハンスメントモード
相互コンダクタンス g_m[mS]（ドレイン電流/ゲート電圧）	0.1〜10　（×）	5〜20　（○）
直流電源の電圧利用率	悪い　（×）	良い　（○）
最大電流（電流容量）	小さい　（×）	大きい　（○）
集積化	適する　（○）	より適する（◎）
雑音指数（内部雑音が発生する度合い）：大きいほど雑音が多くなる	小さい　（○）	大きい　（×）
静電気による影響	なし　（○）	あり　（×）ゲートが破壊されやすい
温度変化（周囲の温度に対する安定度）	安定　（○）	不安定　（×）

(3) CMOS

CMOSは，nチャネル形FETとpチャネル形FETを組み合わせたものである．その特徴は，以下のとおりである．

①信頼性が高い
②回路構成が簡単（回路の小型軽量化が容易）
③消費電力が非常に小さい
④動作速度が速い
⑤入力インピーダンスが高い
⑥動作電圧範囲が広い（低電圧動作が容易）
⑦製造プロセスが複雑という欠点がある

(4) SB型FET（ショットキーバリアFET）

SB型FET（ショットキーバリアFET）は，普通のJ型FETに比べてキャリアの移動距離（ソース・ドレイン間距離）を短くすることができるので，動作速度を速くでき，それにより遮断周波数（応答速度）が高く（速く）なり，数10[GHz]の信号まで増幅することができる．HEMT型FETも同様の特性を示す．

23.3　各種FETの記号

FETの記号は，本によって異なり混乱を招いているので，一般に使用されている記号（一般），JIS規格の記号（JIS）と略式の記号（略式）を表23.3に示す．この表に示すとおり，接合

表23.3　各種FETの記号

			D型（デプレッション型）		E型（エンハンスメント型）	
			nチャネル	pチャネル	nチャネル	pチャネル
接合型	シングルゲート	(一般)	G→D/S	G←D/S	×	×
		(JIS)	G→D/S	G←D/S	×	×
	デュアルゲート	(一般)	G₁→G₂ D/S	G₁←G₂ D/S	×	×
		(JIS)	G₁→G₂ D/S	G₁←G₂ D/S	×	×

		D型 or D+E型		E型	
		nチャネル	pチャネル	nチャネル	pチャネル
MOS型	シングルゲート	(略式)/(一般)/(JIS)	(略式)/(一般)/(JIS)	(略式)/(一般)/(JIS)	(略式)/(一般)/(JIS)
	デュアルゲート	(一般)/(JIS)	(一般)/(JIS)	(一般)/(JIS)	(一般)/(JIS)

注) G：ゲート，D：ドレイン，S：ソース，SG：サブストレートゲート

型 FET にはエンハンスメント型が無い．

23.4 各種 FET の構造と動作原理

(1) 各種 FET の構造と FET を動作させるときの電源の接続法

表 23.4 に，各種 FET を動作させるときの電源の接続法を示す．

それぞれの FET の型の違いにより，V_{GS}（ゲート・ソース間電圧），V_{DS}（ドレイン・ソース間電圧）の極性が異なることに注意する必要がある．

表23.4　各種FETの構造と電源の接続法

型	チャネル		回路図	原理図
接合型	デプレッション型	n		
		p		
MOS型	デプレッション型	n		
		p		
	エンハンスメント型	n		
		p		

(2) 接合型FETとMOS型FETの動作原理

図23.1は接合型FETの動作原理図，図23.2はMOS型FETのデプレッションモードの動作原理図，図23.3にMOS型FETのエンハンスメントモードの動作原理図を示す．

接合型FETの場合，特性モードはデプレッションモードのみなので図23.1に示すようにE_{GS}の大きさにより，空乏層の領域が変化し，図23.1(a)のように$E_{GS}=0$[V]のとき，空乏層の領域は小さくI_Dの電流は流れやすい．図23.1(b)のようにE_{GS}の値が大きくすると空乏層の領域

図 23.1 接合型 FET の動作原理図（デプレッション）

図 23.2 MOS 型 FET のデプレッションモードの動作原理図

図 23.3 MOS 型 FET のエンハンスメントモードの動作原理図

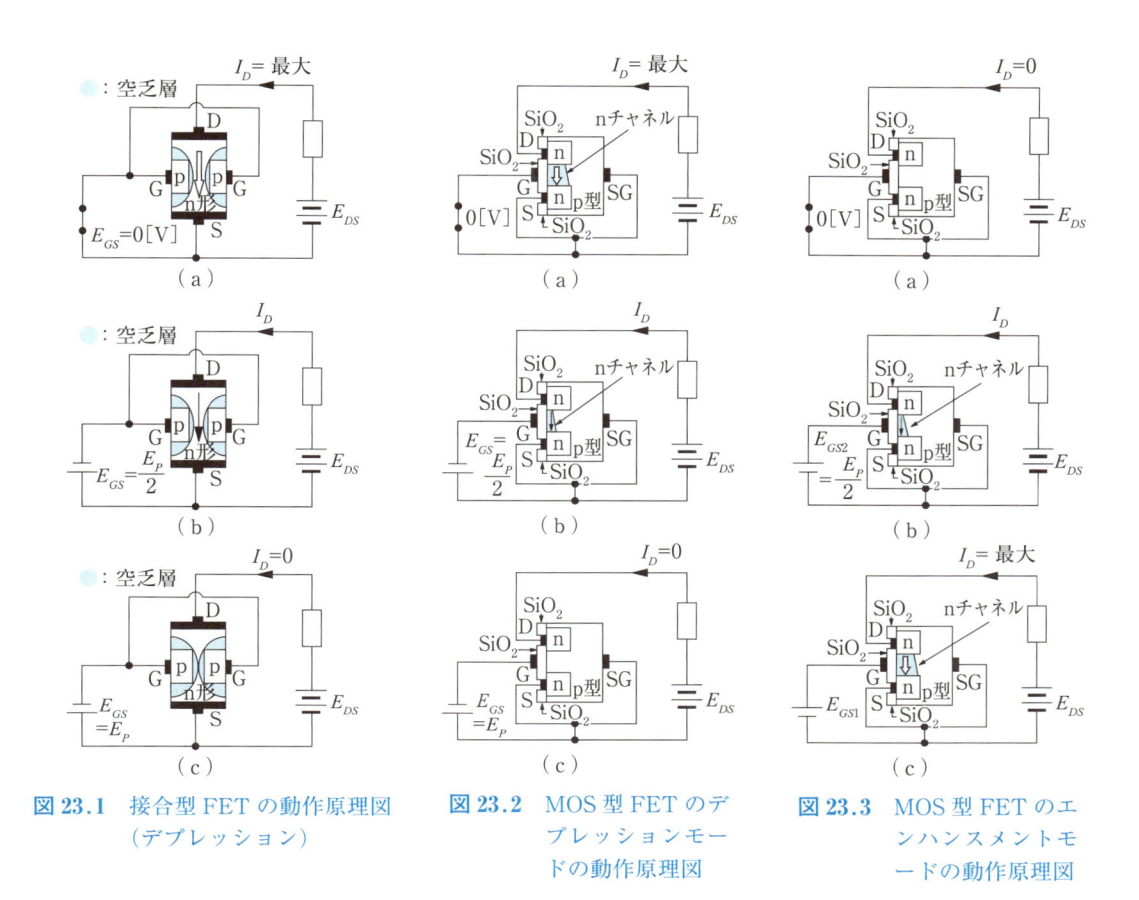

は大きくなり，I_D は流れにくくなる．図 23.1(c) のように E_{GS} の値をさらに大きくすると空乏層の領域が最大になり電流 I_D は流れなくなる．

MOS 型 FET のデプレッションモードでは図 22.2(a) に示すように，ゲート電圧 0[V] でチャネルの幅が広く，ドレイン電流 I_D は最大となり，E_{GS} を大きくするとチャネルが狭くなり，図 (c) のようにチャネルが無くなると電流は流れなくなる．

また，MOS 型 FET のエンハンスメントモードの場合は，図 23.3 に示すように E_{GS} によってチャネル（電荷の通り道）の幅が変化し，図 23.3(a) に示すように $E_{GS}=0$ でチャネルは無く I_D の電流は流れず，図 (b) のように，E_{GS} を大きくするとチャネルが形成され I_D の電流が流れる．図 (c) のように E_{GS} をより大きくすることでチャネルの幅が広がり I_D は大きくなる．

23.5 FET の静特性

n チャネル FET の静特性は，図 23.4 に示すように代表的に 3 種類に分類される．また p チャネルも同様に 3 種類に分類でき，図 23.5 に示される．表 23.5 には，実際に販売されている FET の型は，どの静特性のタイプに多いか調べた分類表を示す．この表において，Normally ON とは V_{GS} が 0[V] のときに I_D が流れやすい状態であることを意味する．

（a）デプレション型 （a）デプレション型

（b）デプレション＋エンハンスメント型 （b）デプレション＋エンハンスメント型

（c）エンハンスメント型 （c）エンハンスメント型

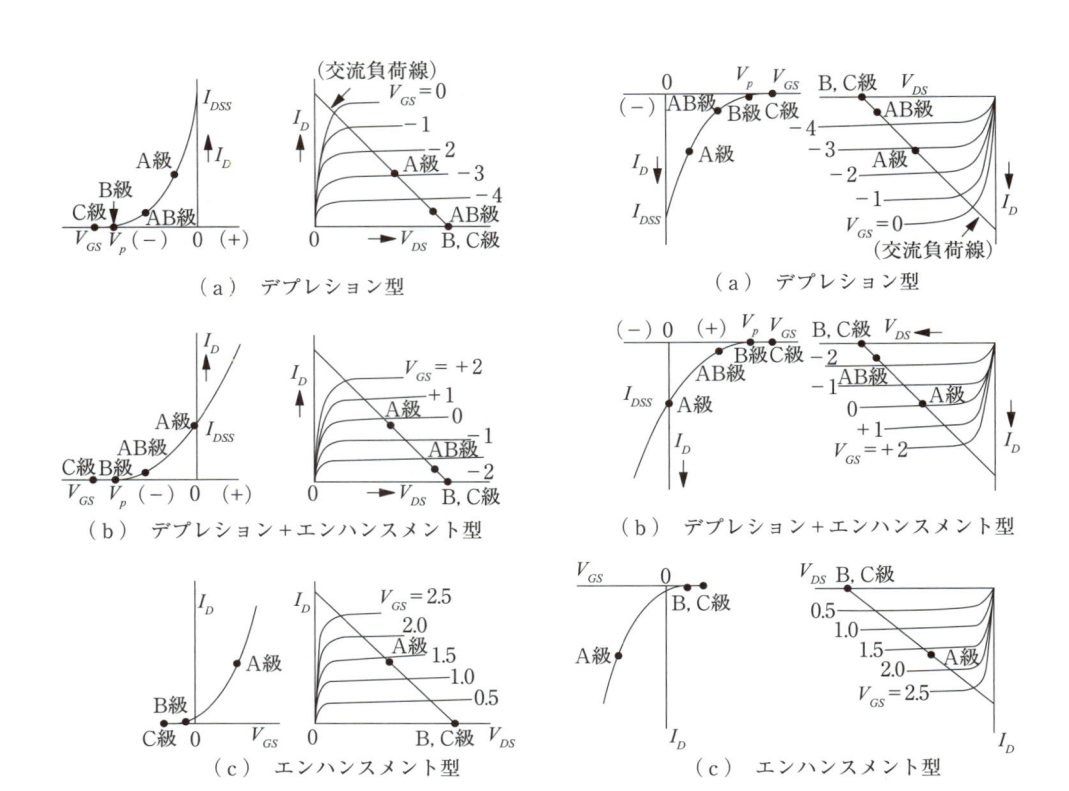

図 23.4　nチャネル FET の静特性図　　図 23.5　pチャネル FET の静特性図

表 23.5　静特性のタイプによる FET の分類

静特性のタイプ	主な形式
（a）デプレッション型（Normally ON 型）	接合型 FET に多い
（b）デプレッション型＋エンハンスメント型	3SK に多い
（c）エンハンスメント型（Normally OFF 型）	2SJ，2SK に多い

（a）　デプレッション型

ゲート・ソース間電圧 V_{GS} が 0[V] でソース・ドレイン間電流 I_D が流れる．図 23.4(a) に示すように n チャネルの場合，ゲート・ソース間電圧 V_{GS} を負に大きくするとチャネル幅が狭くなり，I_D が小さくなる．これは，ディフューズドチャネル（Diffused Channel）型とも呼ばれる．

（b）　デプレッション型＋エンハンスメント型

デプレッション型とエンハンスメント型両方の性質を持っている．図 23.4(b) や図 23.5(b) に示すように V_{GS} は負から正の電圧領域を使用する．

（c）　エンハンスメント型

ゲート・ソース間電圧 V_{GS} が 0[V] で，I_D はあまり流れず図 23.4(a) に示すように n チャネ

ルの場合，V_{GS} を正に大きくするとソースとドレインの間のチャネル幅が広がり，I_D が大きくなる．これは，インデュースドチャネル（Induced Channel）型とも呼ばれる．

23.6 FET の増幅回路

(1) エンハンスメント型 MOS FET の基本増幅回路　その1

図23.6に，MOS FET を用いた基本増幅回路を示す．この図を見ると，図6.16のバイポーラトランジスタと同じ回路構成である．ただし，図6.16における R_E，C_E が図23.6では短絡されている．これは MOS FET の場合，周囲の温度が高くなっても I_G は流れず熱暴走が起きないので短絡されている．R_A，R_B の抵抗値が非常に高くなっていることがわかる．この回路の等価回路は，バイポーラトランジスタの§8.2と同じ方法で導くことができ，図23.7(a)に示すようになる．また，図23.7(b)に示すように回路を簡略化できる．

r_d の値は，静特性より式（23-1）で，導き出すことができる．

$$r_d = \frac{\Delta V_{DS}}{\Delta I_D} \quad (ただし\ V_{GS}\ 一定) \tag{23-1}$$

またバイポーラトランジスタの h_{fe} に相当する相互コンダクタンス g_m[S]（ゲート・ソース間電圧に対するドレイン電流）の値も静特性により式(23-2)で，導き出すことができる．g_m の値は 0.1[mS]〜10[S] の値を持つ．

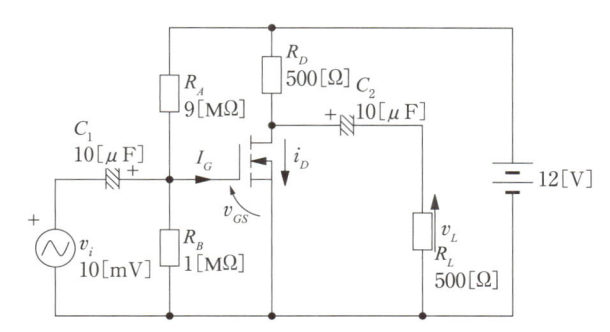

図23.6 MOS FET（エンハンスメント型）の基本増幅回路　その1

図23.7(a)　図23.6の小信号等価回路

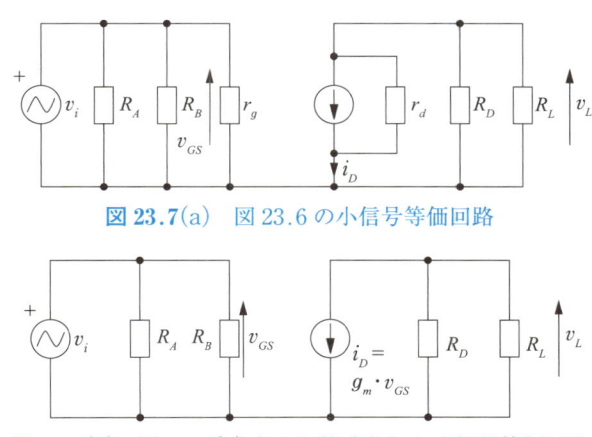

図23.7(b)　図23.7(a)をより簡略化した小信号等価回路

$$g_m = \frac{\Delta I_D}{\Delta V_{GS}} \quad (ただし\ V_{DS}\ 一定) \tag{23-2}$$

FET の増幅回路は，入力インピーダンスが高いという特長を持っているので，R_A，R_B の値を高くしないとその特長を生かすことができない．

次に，図 23.6 の回路で，入力信号電圧 $v_i=10[\mathrm{mV}]$，MOS 型 FET の相互コンダクタンス $g_m=20[\mathrm{mS}]$ としたときの出力電圧 v_L の値と増幅回路の電圧増幅度を求めてみる．

$v_i = v_{GS} = 10[\mathrm{mV}]$

$i_D = g_m \cdot v_{GS} = 20[\mathrm{mS}] \times 10[\mathrm{mV}] = 200[\mu\mathrm{A}]$ より，

$$v_L = -i_D \cdot \frac{R_D R_L}{R_D + R_L} = -200[\mu\mathrm{A}] \times 250[\Omega] = -50[\mathrm{mV}] \tag{23-3}$$

したがって，

$$電圧増幅度 = \left|\frac{v_L}{v_i}\right| = \left|\frac{-50[\mathrm{mV}]}{10[\mathrm{mV}]}\right| = 5\ 倍 \tag{23-4}$$

となる．

(2) 接合型 FET の基本増幅回路　その 2

図 23.8 の回路は，図 23.6 の回路において，FET をエンハンスメント型 MOS FET から接合型 FET に換え，R_A を取り外し C_S と R_S を付け加えた回路になっている．

R_A を取り外した理由は，V_{GS} の直流バイアスは負の電源が必要であるからである．実際には，ゲート・ソース間の電圧 $V_{GS}=-V_S+V_B$ で与えられ R_B に直流の電流が流れないので $V_B=0$ となり $V_{GS}=-V_S$ となる．したがって $R_S=200[\Omega]$ の抵抗の電位差（電圧降下）によって負のバイアス電圧を作っている．

ここで，直流に関しては，$I_D=10[\mathrm{mA}]$，$V_{GS}=-2.0[\mathrm{V}]$ とする．

図 23.8 の回路の小信号等価回路は図 23.9 になる．

回路解析については第 23 章の演習問題 3.とその解答で示す．

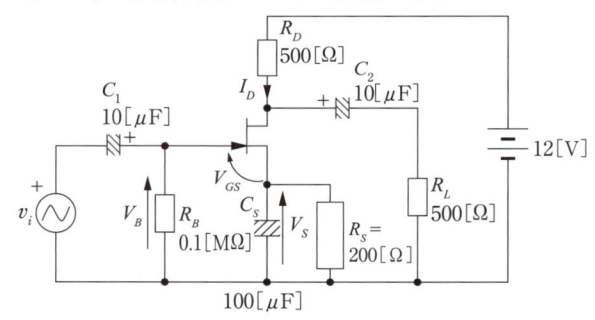

図 23.8　接合型 FET（デプレッション型）の基本増幅回路　その 2

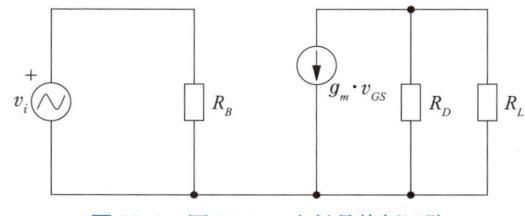

図 23.9　図 23.8 の小信号等価回路

第23章 演習問題

1. 以下の各問について，FETとバイポーラトランジスタのどちらに当てはまるかを答えよ．
  (1) キャリアとして電子と正孔の両方が動く．
  (2) 電圧で制御をする．
  (3) 集積化が容易．
  (4) 消費電力が大きい．
  (5) 熱暴走が起こりやすい．
  (6) 利得が大きい．

2. 以下のエンハンスメント型MOS FET増幅回路の小信号等価回路を描け．また，i_Dの値とv_Lの値と，この回路の電圧増幅度Gを求めよ．ただし，FETの相互コンダクタンス$g_m=200$[mS]とす

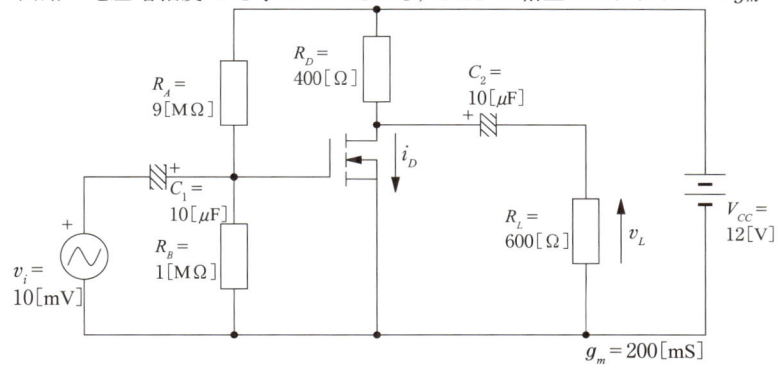

図 Q23.1

る．

3. 以下の接合型FET増幅回路の小信号等価回路を描け．また，i_Dの値とv_Lの値と，この回路の電圧増幅度Gを求めよ．ただし，FETの相互コンダクタンス$g_m=100$[mS]とする．

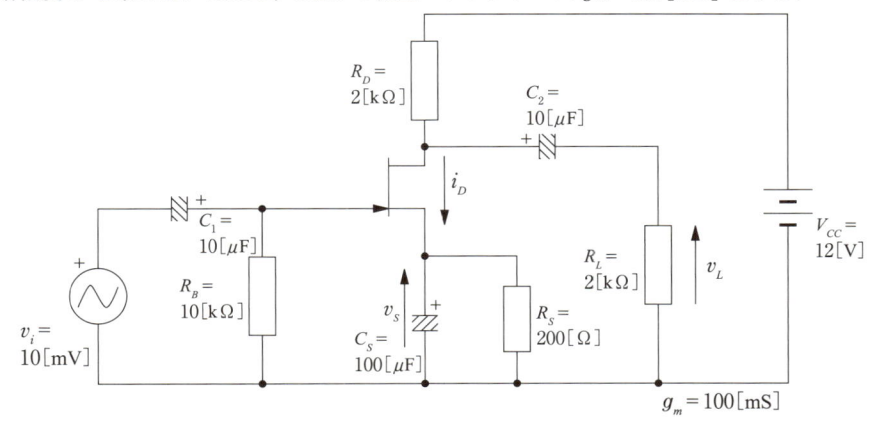

図 Q23.2

第24章 オペアンプ

24.1 オペアンプとは，どんなものか？

オペアンプ（Op アンプ）とは，Operational Amplifier の略であり，アナログ IC の中心となる増幅器である．古くは，真空管を使ってオペアンプが作られていたが，現在ではトランジスタや FET（電界効果トランジスタ）を IC 化したもので作られている．

表 24.1 は，オペアンプとトランジスタの比較を示したものである．オペアンプはトランジスタに比べ増幅度，入力インピーダンスがともに非常に大きく，出力インピーダンスが小さいという特徴を持っている．また，回路設計も非常に簡単で初心者でも増幅器を簡単に設計できる．このように気軽に使用できるのがオペアンプの特長であるが，コストや周波数特性，高電圧出力特

表 24.1　オペアンプとトランジスタの比較

	トランジスタ	オペアンプ	
外形，記号			
		理想	現実
増幅度	20～2000 倍（電流増幅度）	∞（電圧増幅度）	$1\times10^4 \sim 5\times10^5$
入力インピーダンス	小さい	∞	数百 [kΩ] ～数十 [MΩ]
出力インピーダンス	大きい	0	150[Ω] 以下（1[Ω] 以下のものもある）
回路設計	困難	非常に簡単	
他の回路部品数	多い	少ない	
電源	1 個	2 個（＋電源と－電源）（1 個の場合もある）	
高電圧出力	約 1000[V] まで可能	最高約 50[V] まで，通常 15[V]	
価格	安い（平均 10 円以下）	高い（平均 100 円以下）	

性などはトランジスタの方が有利である．

24.2 オペアンプの条件

オペアンプとは，増幅度と入力インピーダンスが無限大（∞）であり，出力インピーダンスが非常に小さい（0 に近い）増幅器である．しかし，実際に用いられているオペアンプの増幅度は $1\times10^4 \sim 5\times10^5$ 程度で，入力インピーダンスは，数百 [kΩ]～数十 [MΩ] のものが多い．ただし入力インピーダンスに関しては数 [TΩ] のものもある．出力インピーダンスは，75[Ω] と 150[Ω] のものが多いが，1[Ω] 以下のものもある．

24.3 オペアンプの基本的性質

図 24.1 に示すように，オペアンプを使用するとき一般に 2 つの電源（$+V_{CC}, -V_{CC}$）が必要で，入力端子は 2 つあるのに対し，出力端子は 1 つである．また破線が示しているように，アースは共通となって 1 つの端子にまとめる必要がある．以下のオペアンプの回路では $+V_{CC}$ と $-V_{CC}$ の電源およびアースは省略しているが実際の回路では必要である．

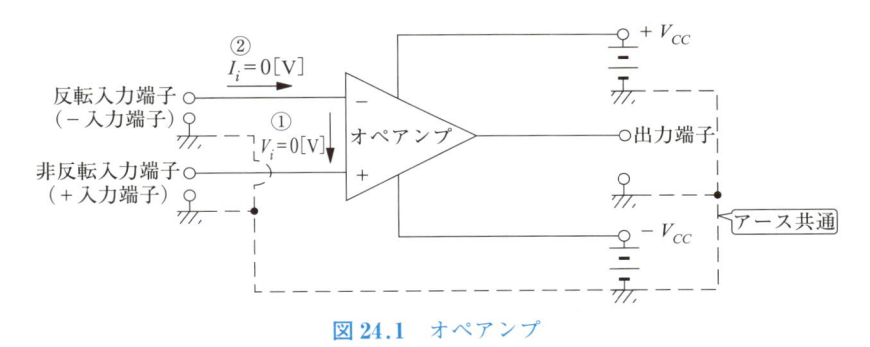

図 24.1 オペアンプ

オペアンプの回路を考えるとき，以下の 2 つの基本的性質を理解するならば非常に簡単に解析または，設計できるようになる．

性質(1)　　$V_i=0[V]$

オペアンプの特徴の 1 つは，－入力端子と＋入力端子の電位差が 0[V] ということである．すなわち，

$$V_i=0[V] \tag{24-1}$$

である．このことを仮想短絡（イマジナリーショート）という．以下に $V_i=0[V]$ を証明する．

図 24.2 において，増幅度 A が ∞ であると仮定し，いま，出力電圧 V_0 が 1[V] であるとする．ここで，

$$V_0=AV_i \tag{24-2}$$

より，

$$V_i=\frac{V_0}{A} \tag{24-3}$$

が成り立つ．

$V_0=1[\mathrm{V}]$，増幅度 $A=\infty$ を式（24-3）に代入すると，
$$V_i=\frac{V_0}{A}=\frac{1[\mathrm{V}]}{\infty}\fallingdotseq 0[\mathrm{V}]$$
となり，$V_i=0[\mathrm{V}]$ と考えることができる．

図 24.2 の回路は内部抵抗が $0[\Omega]$ の定電圧電源と考えることができる．

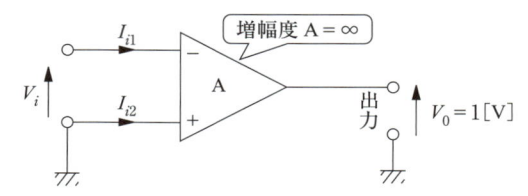

図 24.2　仮想短絡の説明図

性質(2)　　　$I_{i1}=I_{i2}=0[\mathrm{A}]$

オペアンプの入力インピーダンスは ∞ であると仮定するならば図 24.2 において，－入力端子へ流れる電流 I_{i1} は $0[\mathrm{A}]$ で＋入力端子へ流れる電流 I_{i2} も $0[\mathrm{A}]$ である．このことから，

$$I_{i1}=I_{i2}=0[\mathrm{A}] \tag{24-4}$$

と考える．

以上まとめると図 24.3 のようになり，$0[\mathrm{A}], 0[\mathrm{V}], 0[\mathrm{A}]$ すなわち $0, 0, 0$ と覚えておくと便利である．

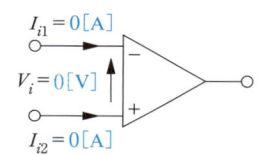

図 24.3　オペアンプの回路解析の基本

24.4　オペアンプを用いた基本的回路

(1)　符号変換器

図 24.4 に示した回路が符号変換器である．この回路は，入力抵抗 R_i とフィードバック抵抗

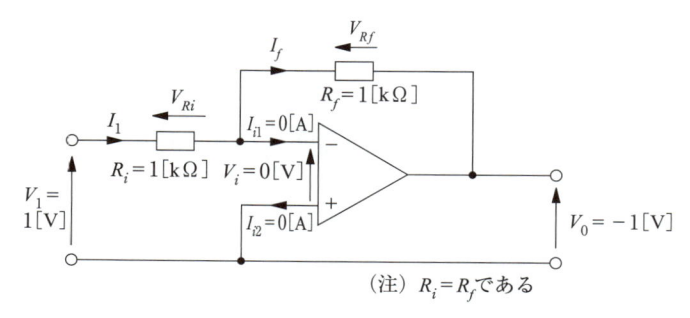

図 24.4　符号変換器

（注）$R_i=R_f$ である．

R_f が等しいため増幅度は 1 である．しかし，入力端子に入れた入力波形と出力端子での出力波形は符号が反転する．すなわち，
$$V_0 = -V_1 \tag{24-5}$$
の関係が成り立つ．このことより，図 24.4 は符号変換器と呼ばれている．

ここで，符号変換器の入力と出力の関係を証明する．

まず図 24.3 に示した通り，0[A] 0[V] 0[A] を記入する．

キルヒホッフの電圧則により，
$$V_1 = V_i + V_{Ri} = 0 + V_{Ri} = V_{Ri} \tag{24-6}$$
オームの法則により，
$$I_1 = \frac{V_{Ri}}{R_i} \tag{24-7}$$
式 (24-6) を代入すると
$$I_1 = \frac{V_1}{R_i} = \frac{1}{1 \times 10^3} = 1 \times 10^{-3} = 1[\text{mA}] \tag{24-8}$$
となる．

次に，I_f を求める．キルヒホッフの電流則により，
$$I_f = I_1 - I_{i1} \tag{24-9}$$
オペアンプの性質 (2) の式 (24-4)，または図 24.3 より，$I_{i1} = 0[\text{A}]$ であるため，
$$I_f = I_1 = 1[\text{mA}] \tag{24-10}$$
よって，
$$V_{Rf} = I_f R_f \tag{24-11}$$
$$= I_1 R_f \tag{24-12}$$
$$= 1[\text{mA}] \times 1[\text{k}\Omega] = 1[\text{V}]$$
したがって，求める出力電圧 V_0 は，
$$V_0 = V_i - V_{Rf} = 0 - V_{Rf} = -1[\text{V}] \tag{24-13}$$
となる．このことから入力電圧 $+1[\text{V}]$ が出力電圧で反転して $-1[\text{V}]$ になっていることがわかる．次に記号を使って証明する．

図 24.4 の記号を用いて考えると，
$$V_0 = V_i - V_{Rf} \tag{24-14}$$
$$= 0[\text{V}] - I_f R_f = -I_1 R_f \tag{24-15}$$
$$= -\frac{V_{Ri}}{R_i} R_f \tag{24-16}$$
$$= -\frac{V_1 - V_i}{R_i} R_f \tag{24-17}$$
$$= -\frac{V_1 - 0}{R_i} R_f = -\frac{R_f}{R_i} V_1 \tag{24-18}$$
$$\therefore V_0 = -\frac{R_f}{R_i} V_1 \tag{24-19}$$
また，$R_f = R_i$ では，

$$V_0 = -V_1 \tag{24-20}$$

が成立し，符号変換していることがわかる．

図 24.4 の符号変換器において，図 24.5 (a) の波形を入力すると，出力には図 24.5 (b) のような反転した波形が出る．

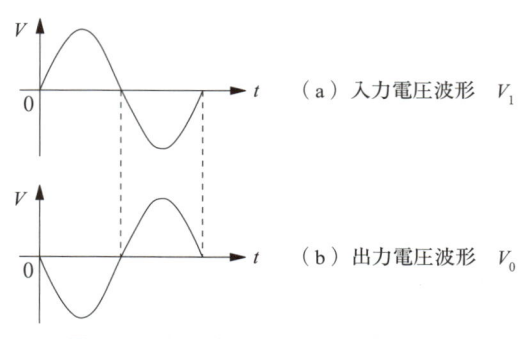

図 24.5 符号変換器の入出力電圧波形
（a）入力電圧波形 V_1
（b）出力電圧波形 V_0

(2) 反転増幅器

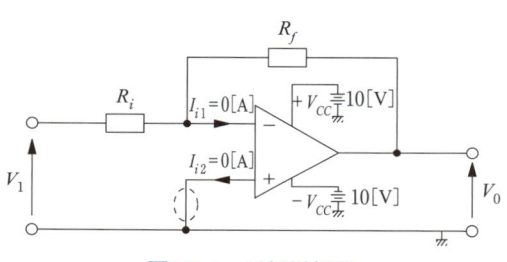

図 24.6 反転増幅器

図 24.6 の回路が，基本的な反転増幅器である．反転増幅器の回路は，基本的には符号変換器と同じである．しかし，入力抵抗 R_i とフィードバック抵抗 R_f の関係が符号変換器のとき $R_i = R_f$ であったが，反転増幅器の場合は，$R_i < R_f$ となることで，機能が異なる．すなわち反転増幅器では，式 (24-19) より，

$$V_0 = -\frac{R_f}{R_i} V_1 \tag{24-21}$$

の関係が成り立つ．このことは，符号変換器における入出力の関係を導いた式 (24-14) から式 (24-19) で証明されているので，ここでは省略する．

また，回路を設計するにあたり，普通は図 24.6 の破線円の部分に $(R_i R_f)/(R_i + R_f)$ の値，つまり R_i と R_f の並列合成抵抗の値と同じ値の抵抗をつける．これは，出力オフセット電圧を小さくする効果がある．計算上では，$I_{i2} = 0$ [A] として取り扱うため，ここの合成抵抗における電圧降下は 0 [V] である．

ここで反転増幅器の具体例を示す．いま，$R_f = 10$ [kΩ]，$R_i = 1$ [kΩ] とするならば，

$$V_0 = -\frac{10 \text{[kΩ]}}{1 \text{[kΩ]}} V_1 = -10 V_1 \tag{24-22}$$

となる．出力電圧は入力電圧の 10 倍の値で符号変換（反転）されていることがわかる．

もし，入力が 2[V] で増幅度を 10 倍に設定すると出力は，−20[V] になるはずであるが，実際にはオペアンプの電源電圧で制限され，電源電圧 $+V_{cc}$ が 10[V]，$-V_{cc}$ が −10[V] のときは −10[V] しか出ない．

次に，反転増幅器に交流波形を入力すると，図 24.7 に示すように，(a) の交流入力波形に対し (b) のように反転し，増幅された交流出力波形が出てくる．

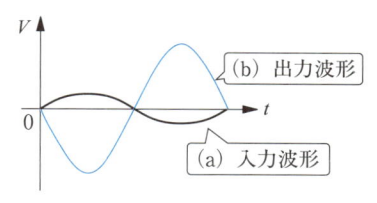

図 24.7　反転増幅器の入出力波形

以上の反転増幅器を簡単にまとめると，

① 図 24.6 の反転増幅器では，入力電圧 V_1 と出力電圧 V_0 の波形は反転する．
② 図 24.6 の反転増幅器の電圧増幅度 A_V は，

$$A_V = \left| \frac{V_0}{V_1} \right| \tag{24-23}$$

$$= \left| -\frac{R_f}{R_i} \right| = \frac{R_f}{R_i} \tag{24-24}$$

で表わされる．

次に，反転増幅器の応用例をあげる．

図 24.8 は，増幅度を自由に変えられる反転増幅器の一例を示したものである．この反転増幅器では，入力抵抗 R_i とフィードバック抵抗 R_f との比で増幅度が決まる．実際に，図 24.6 で R_f が可変抵抗であるならば，その R_f の値を変化させることにより出力電圧は 0[V]〜$-10V_1$[V] まで変化させることができる．つまり，R_f によって自由に増幅度を選択することができる．

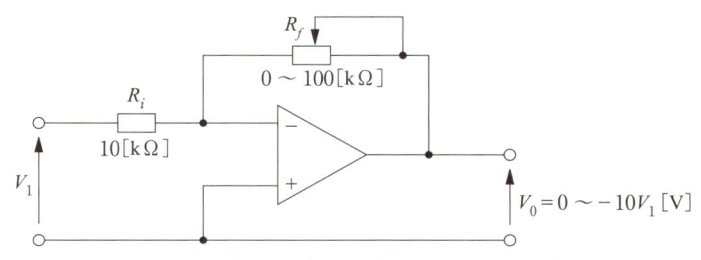

図 24.8　増幅度を自由に変えられる反転増幅器

(3) 非反転増幅器

図 24.9 の回路が基本的な非反転増幅器である．図 24.6 のときは，反転入力端子（− 入力端子）に入力電圧を印加したが，非反転増幅器は非反転入力端子（＋ 入力端子）に入力電圧を印

図 24.9 非反転増幅器

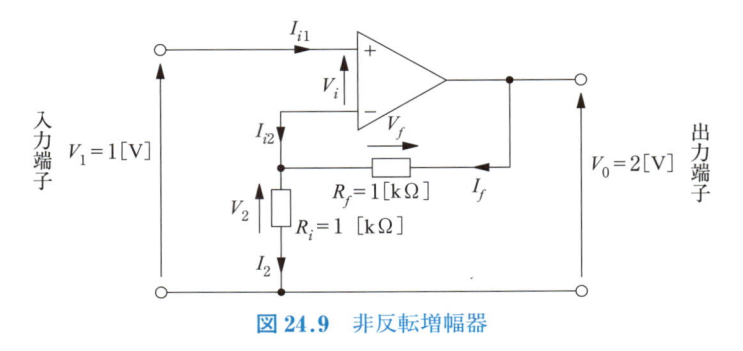

加する．そのために，出力波形は入力波形に対して反転しない．ここで入出力の関係は，

$$V_0 = \frac{(R_i + R_f)}{R_i} V_1 \tag{24-25}$$

となる．式（24-25）の関係を以下に証明する．

オペアンプの入力電圧を V_i，R_i にかかる電圧を V_2 と置くならば，キルヒホッフの電圧則より，回路の入力電圧 V_2 は，

$$V_2 = V_1 - V_i \tag{24-26}$$

が成り立つ．

オペアンプの性質(1)の式（24-1）より，$V_i = 0$ であるから，

$$V_2 = V_1 \tag{24-27}$$

また，図 24.9 の回路において I_2 はオームの法則より，

$$I_2 = \frac{V_2}{R_i} \tag{24-28}$$

となる．

次に，フィードバック抵抗 R_f に流れる電流を I_f とするならば，キルヒホッフの電流則より，

$$I_2 = I_f + I_{i2} \tag{24-29}$$

また，オペアンプの性質(2)の式（24-4）より，$I_{i2} = 0$ であるので，

$$I_2 = I_f \tag{24-30}$$

$$\therefore \quad V_f = R_f \cdot I_f = R_f \cdot I_2$$

I_2 に式（24-28）を代入して，

$$V_f = R_f \frac{V_2}{R_i} \tag{24-31}$$

V_2 に式（24-27）を代入して，

$$V_f = \frac{R_f}{R_i} V_1 \tag{24-32}$$

また，出力電圧 V_0 は，

$$V_0 = V_2 + V_f \tag{24-33}$$

となり，V_2 に式（24-27），V_f に式（24-32）を代入して，

$$V_0 = V_1 + \frac{R_f}{R_i} V_1 \tag{24-34}$$

$$= \left(1+\frac{R_f}{R_i}\right)V_1 \tag{24-35}$$

$$= \frac{R_i+R_f}{R_i}V_1 \tag{24-36}$$

となる．

実際に，抵抗と入力電圧に具体的な数値を入れて出力電圧を求めてみる．入力電圧 $V_1=1$ [V]，入力抵抗 $R_i=1$ [kΩ]，フィードバック抵抗 $R_f=1$ [kΩ] として計算するならば，非反転増幅器の証明式 (24-27) より，

$$V_2 = V_1 = 1[\text{V}] \tag{24-37}$$

式 (24-28) より，

$$I_2 = \frac{1[\text{V}]}{1[\text{k}\Omega]} = 1[\text{mA}]$$

式 (24-30) より，

$$V_f = R_f \frac{V_2}{R_i} = 1[\text{k}\Omega] \times \frac{1[\text{V}]}{1[\text{k}\Omega]} = 1[\text{V}] \tag{24-38}$$

以上より，出力電圧 V_0 をまとめると，

$$V_0 = V_2 + V_f = 1[\text{V}] + 1[\text{V}] = 2[\text{V}] \tag{24-39}$$

となり，反転しないで2倍増幅できる増幅器となることがわかる．

図 24.9 の非反転増幅回路の入力端子に図 24.10 における (a) の交流入力波形を入力すると，図 24.10 (b) のような反転しない，すなわち同相で増幅された交流出力波形が出てくる．

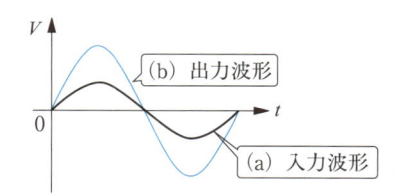

図 24.10 非反転増幅器の入出力波形

以上のことにより，図 24.9 の非反転増幅器の特徴を簡単にまとめると，

① 図 24.9 の非反転増幅器では，入力電圧 V_1 と出力電圧 V_0 の関係は反転せず，位相関係としては同相になっている．

② 図 24.9 の非反転増幅器の電圧増幅度 A_V は，

$$A_V = \frac{V_0}{V_1} \tag{24-40}$$

$$= \frac{R_i+R_f}{R_i} \tag{24-41}$$

で表わされる．

③ 非反転増幅器は，発振回路として用いられることが多く，増幅回路としては反転増幅器の方が一般的に用いられる．その理由は，正帰還が起きやすく異常発振するからである．

(4) 加算器

図 24.11 の回路は，基本的な加算器を示し，反転増幅型である．実際には非反転増幅型の加算器もあるが，あまり使用されないため，ここでは反転増幅型の加算器だけについて考えてみる．

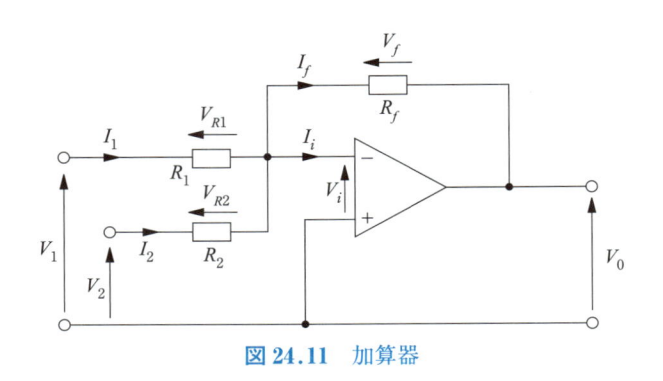

図 24.11 加算器

図 24.11 は反転増幅型加算器であるため，2 つの入力信号は，反転入力端子（− 入力端子）に入れる．また，図 24.11 の回路で入力抵抗 R_1, R_2 とフィードバック抵抗 R_f の関係において，$R_1=R_2=R_f$ が成り立てば増幅度が 1 の反転加算器になる．もし，$R_1=R_2<R_f$ の関係になれば増幅機能を持った反転加算器となり，入力電圧の和が増幅されると同時に極性が反転した出力電圧が得られる．

以下では，$R_1=R_2=R_f$ の回路について記述する．その場合の入出力の関係は，

$$V_0=-(V_1+V_2) \tag{24-42}$$

となる．

次に，この関係式を証明する．まず，2 つの入力電圧を V_1, V_2, 2 つの入力抵抗を R_1, R_2, フィードバック抵抗を R_f, 出力電圧を V_0 とする．

キルヒホッフの電圧則より，

$$V_1=V_i+V_{R1} \tag{24-43}$$
$$V_2=V_i+V_{R2} \tag{24-44}$$

オペアンプの性質(1)の式 (24-1) の関係 $V_i=0[\text{V}]$ を式 (24-43)，(24-44) に代入するならば，

$$V_{R1}=V_1 \tag{24-45}$$
$$V_{R2}=V_2 \tag{24-46}$$

となる．

また，オームの法則より，

$$I_1=\frac{V_{R1}}{R_1}=\frac{V_1}{R_1} \tag{24-47}$$

$$I_2=\frac{V_{R2}}{R_2}=\frac{V_2}{R_2} \tag{24-48}$$

キルヒホッフの電流則より，

$$I_1+I_2=I_f+I_i \tag{24-49}$$

オペアンプの性質(2)の式 (24-4) より，$I_i=0$ となり

$$I_1 + I_2 = I_f \tag{24-50}$$

ここで，出力電圧 V_0 はキルヒホッフの電圧則より，

$$V_0 = V_i - V_f \tag{24-51}$$

$V_i = 0\,[\mathrm{V}]$ であるため，

$$V_0 = -V_f = -I_f R_f \tag{24-52}$$

式 (24-50) を代入し，

$$V_0 = -(I_1 + I_2)R_f \tag{24-53}$$

式 (24-47)，式 (24-48) を代入し，

$$V_0 = -\left(\frac{V_1}{R_1} + \frac{V_2}{R_2}\right)R_f \tag{24-54}$$

$$= -\left(\frac{R_f}{R_1}V_1 + \frac{R_f}{R_2}V_2\right) \tag{24-55}$$

ここで，$R_1 = R_2 = R_f$ なので，

$$V_0 = -(V_1 + V_2) \tag{24-56}$$

となり，証明が終わる．

実際に，抵抗と入力電圧に具体的な数値を入れて，出力電圧を求めてみる．

入力電圧 $V_1 = 2\,[\mathrm{V}]$，$V_2 = 1\,[\mathrm{V}]$，入力抵抗 $R_1 = R_2 = 1\,[\mathrm{k}\Omega]$，フィードバック抵抗 $R_f = 1\,[\mathrm{k}\Omega]$ として計算してみる．

加算器の証明

式 (24-47) と式 (24-48) より，

$I_1 = 2\,[\mathrm{mA}]$，$I_2 = 1\,[\mathrm{mA}]$

式 (24-50) より，

$$I_f = 2\,[\mathrm{mA}] + 1\,[\mathrm{mA}] = 3\,[\mathrm{mA}] \tag{24-57}$$

式 (24-52) より，

$$V_0 = -(3\,[\mathrm{mA}]) \times 1\,[\mathrm{k}\Omega] = -3\,[\mathrm{V}] \tag{24-58}$$

となり，$V_0 = -(V_1 + V_2) = -(2\,[\mathrm{V}] + 1\,[\mathrm{V}]) = -3\,[\mathrm{V}]$ という 2 つの入力電圧を加算して符号変換するという演算が行われていることがわかる．

(5) 減算器

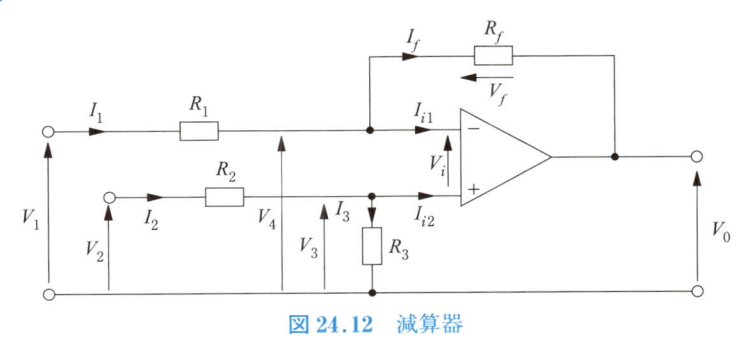

図 24.12 減算器

図 24.12 の回路が，オペアンプを用いた基本的な減算器である．減算器は，反転入力端子（− 入力端子）と非反転入力端子（＋ 入力端子）の 2 つの入力端子にそれぞれ別の入力電圧を印加

し，それぞれの電圧の差を出力電圧として得る回路である．すなわち，

$$V_0 = V_2 - V_1 \tag{24-59}$$

の関係がある．ただし $R_1 = R_{f1} = R_2 = R_{f2}$ である．

上式の関係を以下に証明する．

$$V_0 = V_3 + V_i - V_f \tag{24-60}$$

オペアンプの性質(1)の式（24-1）より，$V_i = 0[\text{V}]$ なので，キルヒホッフの電圧則から

$$V_0 = V_3 - V_f \tag{24-61}$$

オームの法則より，

$$V_f = R_f I_f \tag{24-62}$$

キルヒホッフの電流則より式（24-62）の I_f は，

$$I_f = I_1 - I_{i1} \tag{24-63}$$

$I_{i1} = 0[\text{A}]$ であるため，

$$I_f = I_1 \tag{24-64}$$

式（24-64）を式（24-62）に代入すると

$$V_f = R_f I_1 \tag{24-65}$$

キルヒホッフの電圧則より，

$$V_1 = V_3 + V_i + I_1 R_1 \tag{24-66}$$

$V_i = 0[\text{V}]$ であり，それを代入し，式を整理すると，

$$I_1 = \frac{V_1 - V_3}{R_1} \tag{24-67}$$

式（24-67）を式（24-65）に代入し，さらに，その式を式（24-61）に代入するならば，

$$V_0 = V_3 - R_f \frac{V_1 - V_3}{R_1} \tag{24-68}$$

$$= V_3 - \frac{R_f}{R_1} V_1 + \frac{R_f}{R_1} V_3 \tag{24-69}$$

V_3 でくくるならば，

$$V_0 = \frac{R_1 + R_f}{R_1} V_3 - \frac{R_f}{R_1} V_1 \tag{24-70}$$

ここで，オペアンプの ＋ 入力端子のインピーダンスは ∞ であるため，V_2 と V_3 は式（24-71）の分圧比で表わされる．

$$V_3 = \frac{R_3}{R_2 + R_3} V_2 \tag{24-71}$$

式（24-71）を式（24-70）に代入して，

$$V_0 = \frac{R_1 + R_f}{R_1} \left(\frac{R_3}{R_2 + R_3} \right) V_2 - \frac{R_f}{R_1} V_1$$

$$= \frac{R_3}{R_1} \left(\frac{R_1 + R_f}{R_2 + R_3} \right) V_2 - \frac{R_f}{R_1} V_1 \tag{24-72}$$

$R_1 = R_2 = R_f = R_3$ とするならば，式（24-72）は，

$$V_0 = V_2 - V_1 \tag{24-73}$$

となり，証明が終わる．

(6) 積分器

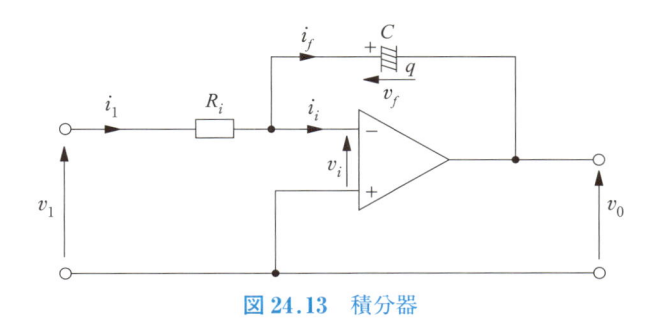

図 24.13　積分器

積分器は，入力電圧を積分した値を出力する．図 24.13 の回路が基本的積分器である．(6) の積分器と (7) の微分器では，電圧・電流の記号は小文字に変わるが，それは，直流を扱わないからである．したがって $V_i=v_i=0$，$I_{i1}=I_{i2}=I_i=i_i=0$ と考える．

この積分回路は，図 24.6 の反転増幅器の回路において，フィードバック抵抗 R_f をコンデンサに替えると積分器となる．ここで，図 24.13 の積分器の出力は，積分した値をさらに反転して出力されることはいうまでもない．すなわち，

$$v_0 = -\frac{1}{CR_i}\int v_1 dt \tag{24-74}$$

となる．ここで，$C=10[\mu F]$，$R_i=100[k\Omega]$ とすると，

$$v_0 = -\int v_1 dt \tag{24-75}$$

となる．また，CR_i の値を 1 より小さい値に選べば，増幅と積分と符号変換が同時に行われる．

以下に式 (24-74) を証明する．

入力電圧を v_1，入力抵抗を R_i，コンデンサで蓄えられる電荷を q として考える．まず，図 24.13 の積分器においてキルヒホッフの電圧則より，

$$v_0 = v_i - v_f \tag{24-76}$$

オペアンプの性質 (1) の式 (24-1) より $V_i=0$ で $V_i=v_i$ なので $v_i=0$ となり，

$$v_0 = -v_f \tag{24-77}$$

ここで，

$$q = C \cdot v_f \tag{24-78}$$

また，

$$q = \int i_f dt \tag{24-79}$$

であるため，式 (24-78) と式 (24-79) より q を消すと，

$$\int i_f dt = C \cdot v_f \tag{24-80}$$

が成り立つ．この式を変形すると，

$$v_f = \frac{1}{C}\int i_f dt \tag{24-81}$$

となる．

キルヒホッフの電流則より，

$$i_f = i_1 - i_i \tag{24-82}$$

オペアンプの性質(2)の式(24-4)において $I_{i1}=i_i=0$ を式(24-82)に代入すると，

$$i_f = i_1 \tag{24-83}$$

ここで，式(24-77)に式(24-81)を代入すると，

$$v_0 = -\frac{1}{C}\int i_f dt \tag{24-84}$$

式(24-84)に式(24-83)を代入すると，

$$v_0 = -\frac{1}{C}\int i_1 dt \tag{24-85}$$

となる．

ここで，オームの法則と式(24-1)において $V_i=v_i=0$ から，

$$i_1 = \frac{v_1 - v_i}{R_i} = \frac{v_1}{R_i} \tag{24-86}$$

となり，式(24-86)を式(24-85)に代入すると，

$$v_0 = -\frac{1}{C}\int \frac{v_1}{R_i} dt = -\frac{1}{CR_i}\int v_1 dt \tag{24-87}$$

となり，証明が終わる．

ここで，図24.13の積分器に階段波と正弦波を入力すると，どのような波形が出てくるか考えてみる．

図24.14は，積分器に階段波を入力したときに，出力端子にどのような波形が出てくるのかを示したものである．図24.14(a)は，階段波入力を表わし，図24.14(b)は図24.14(a)の波形を積分したときの波形を表わしている．図24.13の積分器は，反転入力端子(－入力端子)に電圧を入力しているため，図24.14(b)の積分波形は，図24.14(c)に示すように反転して出力される．

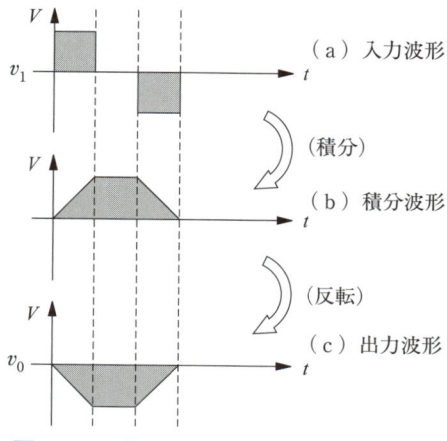

図24.14 積分器に階段波を入れた場合の入力波形と出力波形の関係

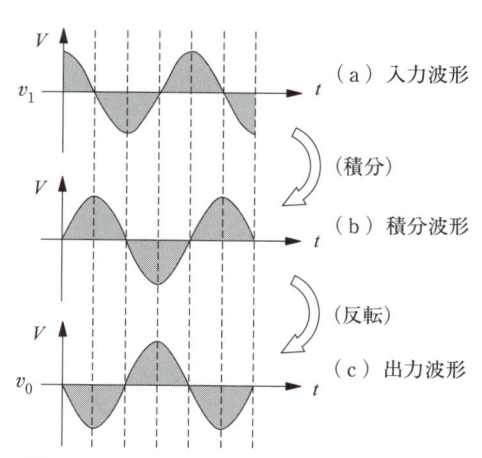

図24.15 積分器に正弦波を入れた場合の入力波形と出力波形の関係

次に正弦波が入力された例を示す．図 24.15 (a) は正弦波の入力波形，(b) は積分した波形，(c) は正弦波を積分して反転した出力波形を表わしている．

ここで，図 24.13 の積分器を簡単にまとめてみる．

① ある入力電圧波形を積分器に通すと，積分し，反転された出力電圧波形が出てくる．

② 図 24.13 の積分器の出力電圧 v_0 は，

$$v_0 = -\frac{1}{CR_i}\int v_1 dt \tag{24-88}$$

で表わされる．ここで，$C=1000[\mu F]$，$R_i=1[k\Omega]$ とすると $CR_i=1[s]$ となり，

$$v_0 = -\int v_1 dt \tag{24-89}$$

が成立する．

③ 積分器は，コンデンサで高周波を負帰還させ，低周波は負帰還されずに増幅する性質をもっている．そのため，ローパスフィルタとして，実際によく用いられている．

(7) 微分器

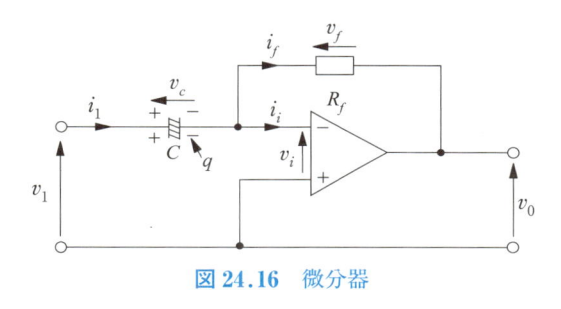

図 24.16 微分器

微分器は，入力電圧を微分した値を出力する．図 24.16 の回路が基本的微分器である．微分器は，図 24.6 の反転増幅器の回路において，フィードバック抵抗はそのままにして入力抵抗をコンデンサに変えたものである．

図 24.16 の微分器は，図 24.13 のときと同様に，反転入力端子（− 入力端子）に入力しているため，出力電圧は入力電圧に対して反転する．つまり，入力信号を微分すると同時に反転も行っている．

ここで，入力電圧 v_1 と出力電圧 v_0 の関係は，

$$v_0 = -CR_f \frac{dv_1}{dt} \tag{24-90}$$

で表わされる．

次に，図 24.16 の微分器における入力と出力の関係を証明してみる．入力電圧を v_1，フィードバック抵抗を R_f，出力電圧 v_0，コンデンサ C に蓄えられる電荷を q として考える．

図 24.16 の回路においてキルヒホッフの電圧則より，

$$v_1 = v_C + v_i \tag{24-91}$$

オペアンプの性質 (1) の式 (24-1) より，$V_i=0[V]$ であり，$v_i=V_i$ であるため $v_i=0[V]$ となり

$$v_1 = v_C \tag{24-92}$$

また，図 24.16 の回路中のコンデンサにおいて，

$$q = C \cdot v_c \tag{24-93}$$

であり，電流と電荷の関係は，

$$i_1 = \frac{dq}{dt} \tag{24-94}$$

が成立し，式 (24-93) を式 (24-94) に代入すると，

$$i_1 = \frac{dq}{dt} = \frac{d(Cv_c)}{dt} = C\frac{dv_c}{dt} \tag{24-95}$$

が成り立つ．キルヒホッフの電流則より，

$$i_f = i_1 - i_i \tag{24-96}$$

オペアンプの性質 (2) より，$i_i = 0 [\text{A}]$ であるため，

$$i_f = i_1 \tag{24-97}$$

式 (24-95) と式 (24-97) より，

$$i_f = i_1 = C\frac{dv_c}{dt} \tag{24-98}$$

オームの法則とキルヒホッフの電圧則より，出力電圧 v_0 は，

$$v_0 = v_i - v_f = v_i - i_f \cdot R_f \tag{24-99}$$

$v_i = 0 [\text{V}]$ であるため，

$$v_0 = 0 - i_f \cdot R_f = -i_f \cdot R_f \tag{24-100}$$

式 (24-100) に式 (24-98) を代入し，さらに式 (24-92) を代入すると，

$$v_0 = -C\frac{dv_c}{dt}R_f = -CR_f\frac{dv_1}{dt} \tag{24-101}$$

となり，証明が終わる．

　次に，図 24.16 の微分器に三角波と正弦波を入力すると，どのような波形が出てくるか考えてみる．

　図 24.17 は，微分器に三角波を入力したとき，出力端子にどのような波形が出てくるかを示している．図 24.17 (a) は入力波形，(b) は (a) を微分したときの波形，(c) は (b) を反転したもの

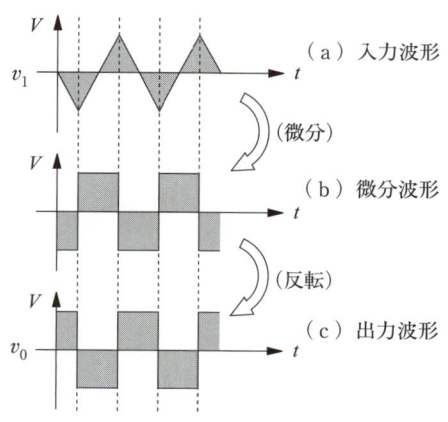

図 24.17 微分器に三角波を入れた場合の入力波形と出力波形の関係

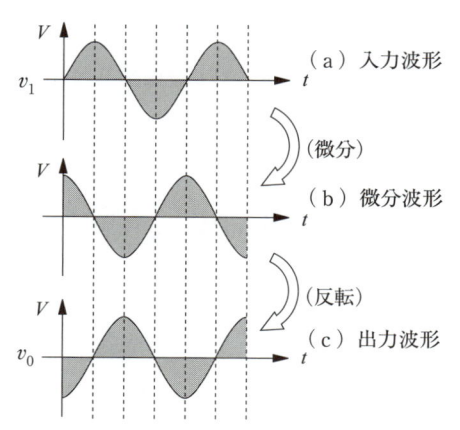

図 24.18 微分器に正弦波を入れた場合の入力波形と出力波形の関係

で，実際の出力波形を示している．

また，図 24.18 は，微分器に正弦波を入力したとき，出力端子にどのような波形が出てくるかを示している．図 24.18 (a) は入力波形，(b) は (a) の微分波形，その微分波形を反転させたものが (c) の波形であり，正弦波を入力したときの出力波形を示している．

図 24.16 の微分器を簡単にまとめてみる．
① ある入力電圧を微分器に通すと，微分されかつ反転された出力電圧が出てくる．
② 微分器の出力電圧 v_0 は，

$$v_0 = -CR_f \frac{dv_1}{dt} \tag{24-102}$$

で表わされる．ここで，$C=1000[\mu F]$，$R_f=1[k\Omega]$ とすると $CR_f=1[s]$ となる $v_0=-CR_f\frac{dv_1}{dt}$ が成立する．

③ 微分器では，入力コンデンサで低周波（低域）が除かれ，高周波（高域）だけが，出力される．そのため，ハイパスフィルタとして利用できる．しかし，振幅は小さくても立ち上がりの鋭いトリガ的なノイズが信号とともに入力された場合，より一層ノイズが強調されるため，図 24.16 のような微分器を単独に使用することは少ない．

(8) 除算器

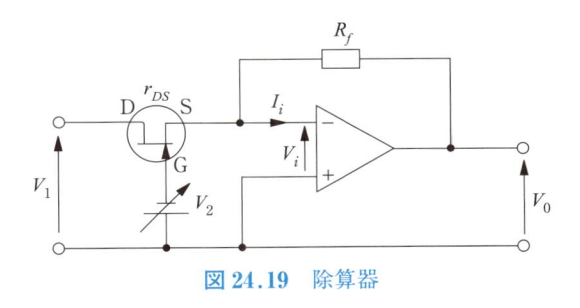

図 24.19 除算器

除算器は，2つの入力信号を除算（割り算）した値を出力する．図 24.19 の回路が基本的除算器である．図 24.6 の反転増幅器の回路で，入力抵抗 R_i の代わりに接合形 FET を入れ，G（ゲート）に V_2 の電圧を印加すると除算器になる．ここで，入力と出力の関係は，

$$V_0 = -\frac{R_f}{K}\left(\frac{V_1}{V_2}\right) \tag{24-103}$$

となる．ただし，K は比例定数である．

次に，図 24.19 における除算器の入力と出力の関係を証明してみる．図 24.19 で用いた FET は，n チャネル接合型 FET とし，D はドレイン，G はゲート，S はソースを表わす．

ここで，2つの入力電圧を V_1，V_2，フィードバック抵抗を R_f，出力電圧を V_0，ドレイン・ソース間の内部抵抗を r_{DS} とする．図 24.19 の回路で，V_2 の電圧を若干大きくすると，n チャネル型 FET の特性より，V_{GS} が負方向に大きくなりドレイン電流 I_D が V_2 の大きさに比例して小さくなる．I_D が小さくなるということは，r_{DS} の値は逆に V_2 に比例して大きくなることを意味している．

すなわち，
$$r_{DS} = KV_2 \quad (K \text{ は比例定数}) \tag{24-104}$$
の式が成り立つ．

以下に，図 24.6 の反転増幅器のように考えて，式（24-21）から出力電圧 V_0 を求めると，
$$V_0 = -\frac{R_f}{R_i}V_1 = -\frac{R_f}{r_{DS}}V_1 \tag{24-105}$$

式（24-104）を式（24-105）に代入すると，
$$V_0 = -\frac{R_f}{K}\left(\frac{V_1}{V_2}\right) \tag{24-106}$$
となり，証明が終わる．

図 24.19 の除算器について簡単にまとめてみる．

① 入力電圧 V_1 と V_2 を除算器に通すと V_1 を V_2 で割り符号を反転させた出力電圧が出てくる．

② 除算器の出力電圧 V_0 は，
$$V_0 = -\frac{R_f}{K}\left(\frac{V_1}{V_2}\right) \quad (K \text{ は比例定数}) \tag{24-107}$$
で表わされる．

③ 除算器は，2 つのアナログ信号を除算するときに用いられる．

(9) ボルテージホロワ

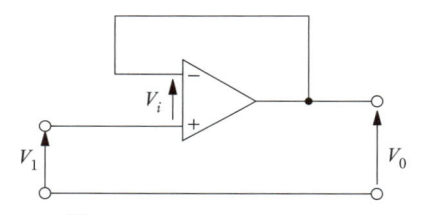

図 24.20 ボルテージホロワ

図 24.20 の回路がボルテージホロワである．ボルテージホロワは，図 24.9 の非反転増幅器において，入力抵抗 R_i を ∞，すなわち開放にし，フィードバック抵抗 R_f を短絡し，フィードバックを非常に大きくした回路である．V_1 の入力側から見たインピーダンスは非常に大きく，V_0 の出力側から見たインピーダンスは非常に小さく，増幅度 A_V は 1 である回路であり，$V_0 = V_1$ の関係がある．

ボルテージホロワは，インピーダンス変換やバッファとして用いられている．バッファとは，出力で異常が起こっても，入力側に異常を伝えないものである．すなわち，出力の異常をバッファによって防止し，入力側の部品を壊さない働きがある．

次に，ボルテージホロワの入力と出力の関係を証明する．図 24.20 のボルテージホロワにおいて，入力電圧を V_1，出力電圧を V_0 とするならば，

キルヒホッフの電圧則より，
$$V_1 + V_i = V_0 \tag{24-108}$$

が成り立つ．

オペアンプの性質(1)の式 (24-1) より，$V_i=0$ となり，出力電圧 V_0 は，
$$V_0 = V_1 \tag{24-109}$$
となり証明が終わる．

図 24.20 のボルテージホロワを簡単にまとめてみる．

① 図 24.20 のボルテージホロワでの入力電圧 V_1 と出力電圧 V_0 の関係は，
$$V_0 = V_1 \tag{24-110}$$
で表わされる．

② ボルテージホロワは，入力インピーダンスが非常に大きく，出力インピーダンスが非常に小さいため，インピーダンス変換やバッファとして多く用いられている．

24.5 オペアンプの中身について

いままで，オペアンプはブラックボックスのように考えてきたが，ここではオペアンプの中身について考えてみる．現在のオペアンプの中身は，トランジスタと抵抗，FET，ダイオード，コンデンサ等の素子から成り立っている．オペアンプはできるだけ小型化することが要求されるため，トランスは使用されていない．また抵抗の素子を用いる代わりに，トランジスタで抵抗の代用となるものを作りコストの低減をはかっている．

大容量のコンデンサは製造上小型化が非常に難しいため，現在ではオペアンプにできるだけ内蔵しないようにしている．少しでも理想のオペアンプに近づけるために MOSFET が入力増幅段によく用いられている．

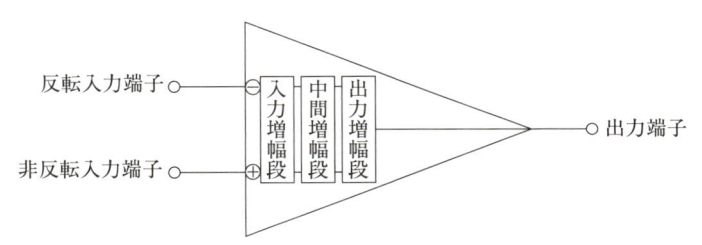

図 24.21 オペアンプの中身のブロック図

図 24.21 は，オペアンプの中身の構造をブロック図化したものである．オペアンプの中身は，入力増幅段，中間増幅段，出力増幅段の 3 つの増幅段から成り立っている．次に，3 つの増幅段について簡単に記述する．

① 入力増幅段

入力増幅段では，ドリフト[*1] の影響を受けにくい図 24.22 に示すような差動増幅回路が用いられている．また，差動増幅器に含まれている定電流源にはカレントミラー[*2] 回路が用いられている．

---

*1：ドリフトとは，直訳で浮遊の意味で，入力電力が 0[V] でも出力電圧が変動することを言う．
*2：カレントミラー回路とは，簡単に定電流電源を作ることができる回路である．

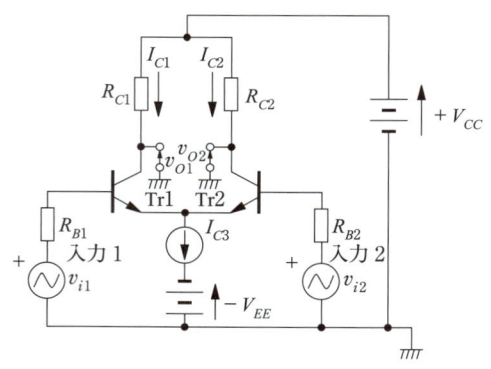

図 24.22　差動増幅回路

② 中間増幅段

中間増幅段では，いままで学んできたエミッタ接地増幅回路や差動増幅回路が主に用いられている．エミッタ接地増幅回路では直結型多段増幅器を使用している．増幅度を高くするために増幅用トランジスタのコレクタ電流がすべて出力増幅段に入力されるように，従来のコレクタ抵抗 R_C の代わりにトランジスタ 1 個を用いた定電流源を使用している．

③ 出力増幅段

トランスは IC の中に組み込むことが難しいため，出力増幅段には，エミッタホロワ回路または，コンプリメンタリ回路が用いられている（§16.2(4)を参照）．コンプリメンタリ回路は，図 24.23 に示すように 2 つの特性の揃った NPN トランジスタと PNP トランジスタを用いている．正弦波を増幅する場合，それぞれ GND に対して，NPN トランジスタは波形の正側，PNP トランジスタは波形の負側を B 級増幅で増幅している．また，コンプリメンタリ回路は，出力インピーダンスを小さくする働きもある．

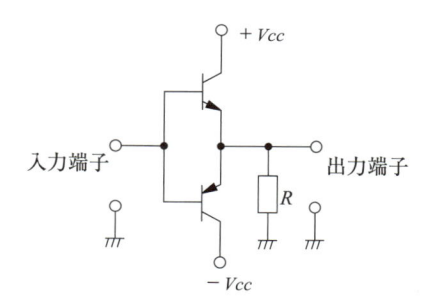

図 24.23　コンプリメンタリ回路

第24章 演習問題

1. 次のオペアンプを用いた回路の各部の電圧値と各部の電流値を求めよ．

(1)

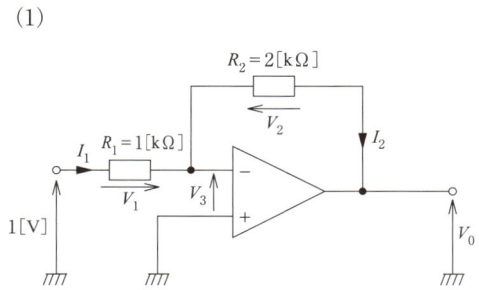

図 Q24.1

(2)

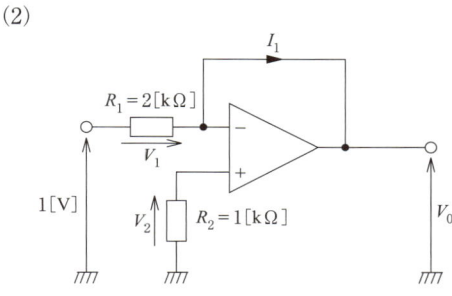

図 Q24.2

(3)

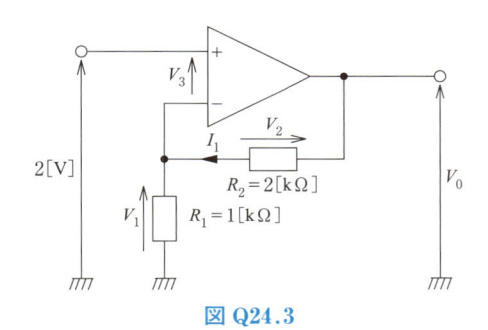

図 Q24.3

(4)

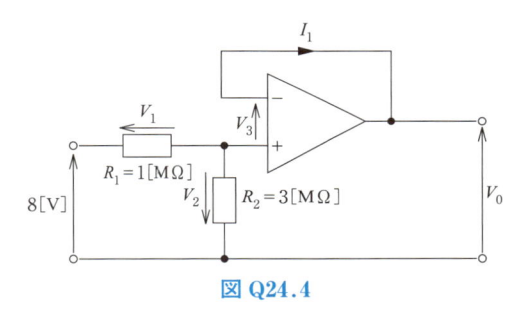

図 Q24.4

(5)

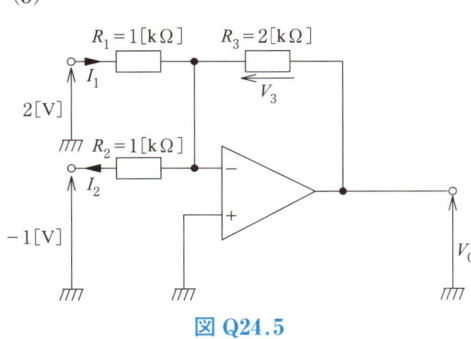

図 Q24.5

(6)

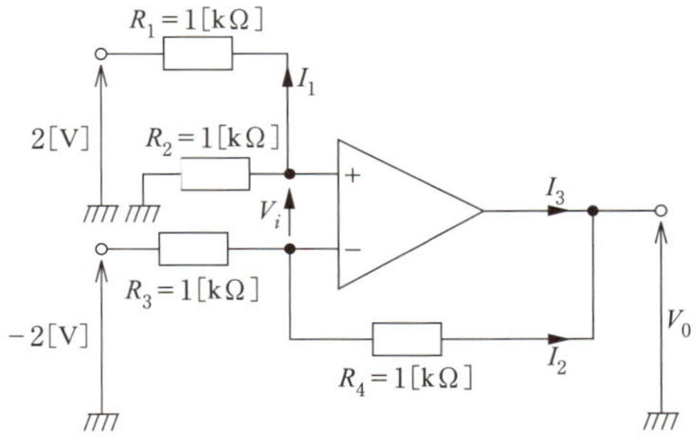

図 Q24.6

(7)

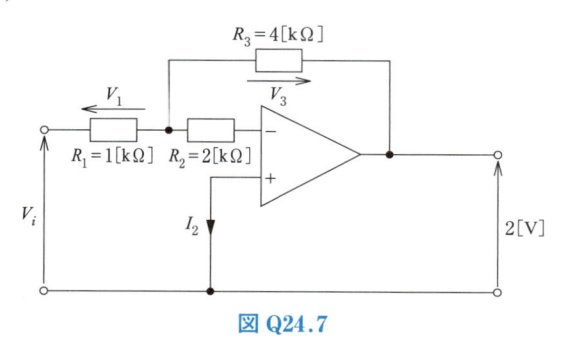

図 Q24.7

2. 次の各問(1)～(8)におけるオペアンプの回路において，各回路名を書け．また，入力電圧と出力電圧の関係を導出せよ．さらに(7)，(8)の問において，図 Q24.15 の波形が図 Q24.14 の v_i に印加された場合と，図 Q24.17 の波形が図 Q24.16 の v_i に印加された場合，それぞれの出力に出てくる波形を描け．

(1)

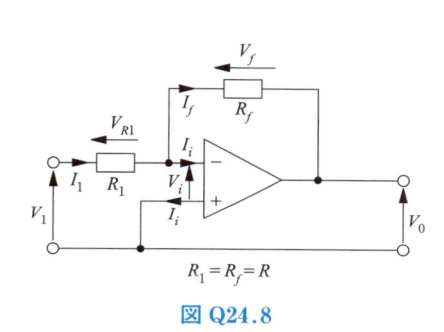

図 Q24.8

(2)

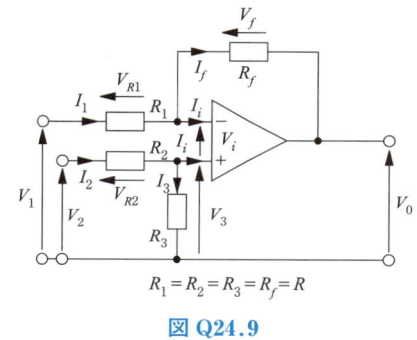

図 Q24.9

(3)

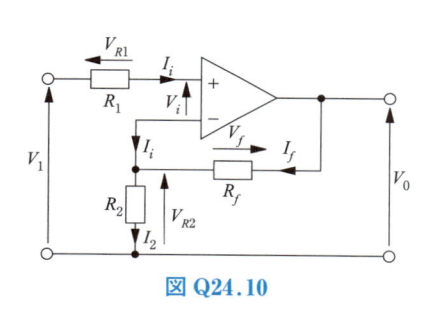

図 Q24.10

(4)

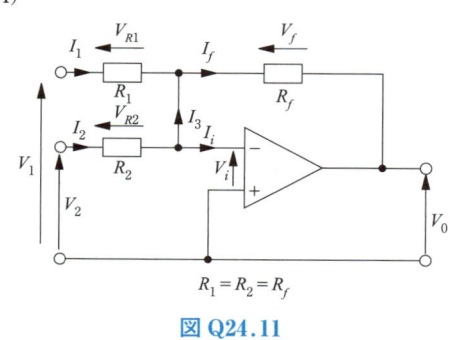

図 Q24.11

(5) 図 Q24.12

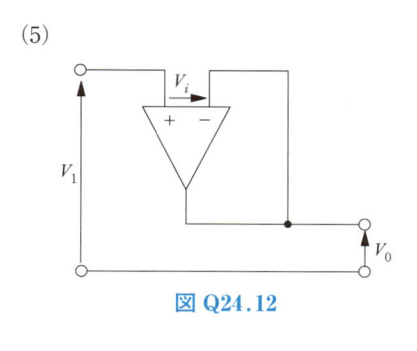

(6) 図 Q24.13

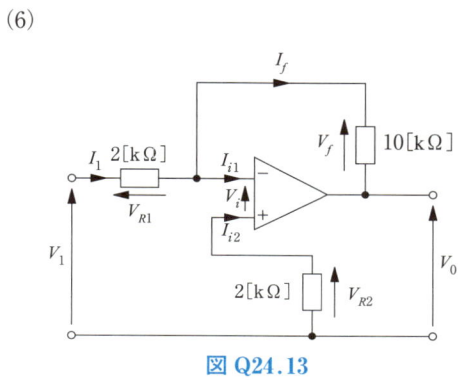

(7) 図 Q24.14　図 Q24.15

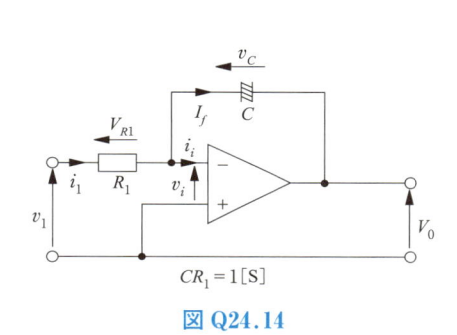

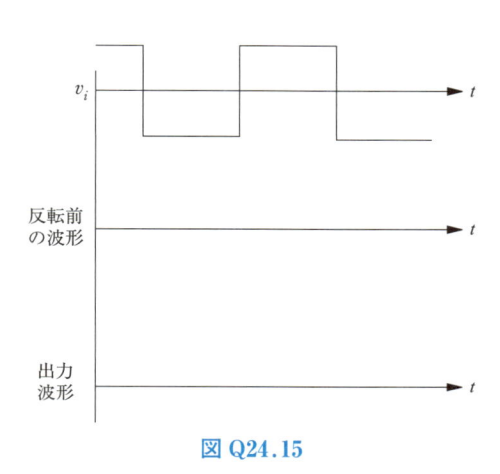

(8) 図 Q24.16　図 Q24.17

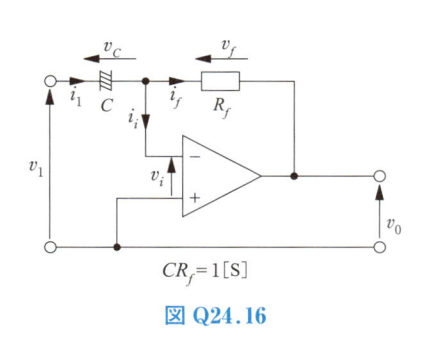

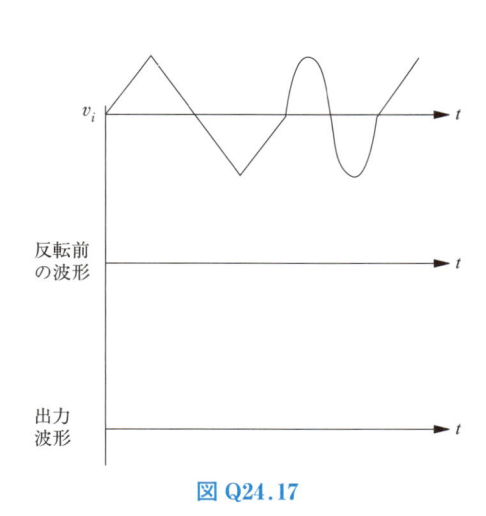

第25章
電源回路

この章では，交流電源の交流を直流に変換する直流安定化電源の回路について記述する．

実際に電子回路を働かせるには，直流電源が必要となる．直流の電源には乾電池と直流安定化電源があり，それぞれの特徴を表25.1に示す．

表25.1 乾電池と直流安定化電源の比較表

	乾電池	直流安定化電源
電気代（ランニングコスト）	高い （×）	安い （○）
電圧の可変	困難 （×）	容易 （○）
安定度（温度，負荷，時間的）	悪い （×）	良い （○）
内部抵抗	新品は0[Ω]．時間と共に大きくなる（×）	常に0[Ω] （○）
携帯（持ち運び）	可 （○）	不可 （×）
停電	無関係 （○）	関係あり （×）
機能	新品は定電圧源．使い古すと電圧源になる	定電圧源と定電流源の2つの働きがある

直流電源には図25.1に示すシリーズ型と図25.2に示すスイッチングレギュレータ型があり，前者は出力電圧が簡単に変えられるため実験用として使われる．後者は回路が複雑で高周波ノイズが出やすいが小型・軽量で多くの用途に使われている．25.1節以降に，電源回路の基本であるシリーズ型について記述する．なお，スイッチングレギュレータ型に関しての詳細は省略する．

図25.1 シリーズ型直流電源回路のブロック図

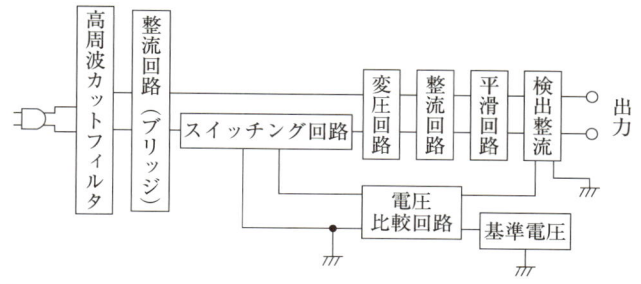

図 25.2 スイッチングレギュレータ型直流電源回路のブロック図

25.1 変圧回路

図 25.1 における変圧回路は，図 25.3 に示すような電源トランスで構成される．
電源トランスは，

$$\frac{v_i}{v_0} = \frac{n}{1} \tag{25-1}$$

$$\frac{i_i}{i_0} = \frac{1}{n} \tag{25-2}$$

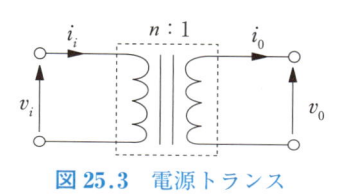

の関係があり，一般に v_i は 100[V]，v_0 は電源の最大出力電圧の大きさによって決定される．ただし，最大出力電圧がたとえば 20[V] 必要なとき，v_0（実効値）は，$\frac{20}{\sqrt{2}}[V] \fallingdotseq 14[V]$ より若干大きめの電圧値でよい．

図 25.3 電源トランス

25.2 整流回路

交流から直流に変換するシリーズ型の整流回路には，図 25.4 の半波整流回路と図 25.5 の全波

図 25.4 半波整流回路

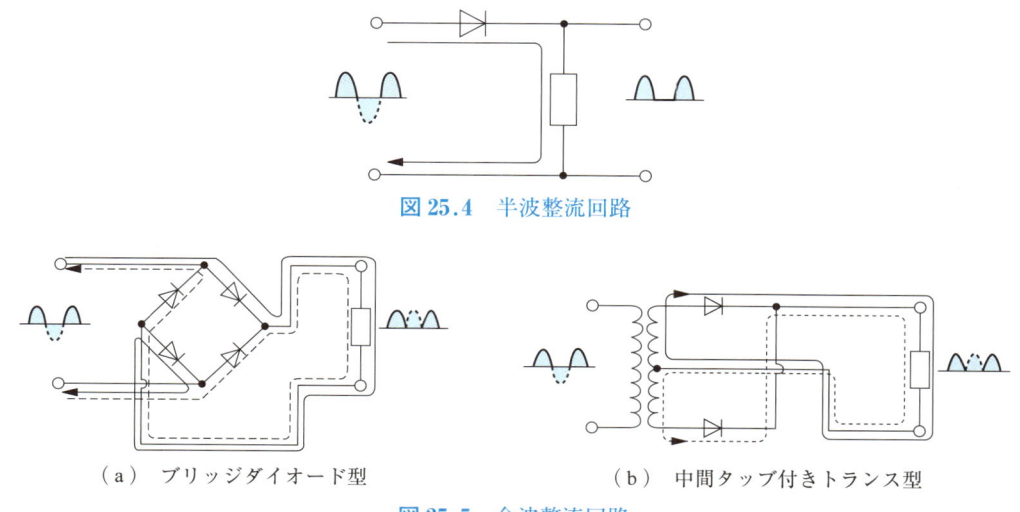

（a）ブリッジダイオード型　　　（b）中間タップ付きトランス型

図 25.5 全波整流回路

図 25.6　倍電圧整流回路

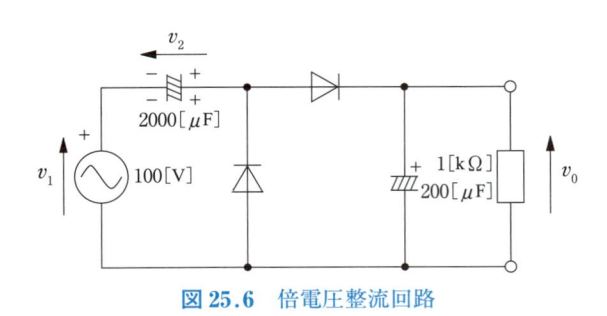

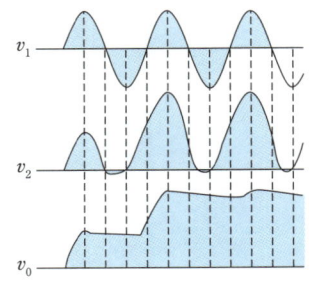

図 25.7　倍電圧整流回路の各部の波形

整流回路がある．全波整流回路には，図 25.5 (a) のブリッジダイオード型と (b) の中間タップ付きトランス型の 2 種類がある．その他に図 25.6 に示すような倍電圧整流回路もあり，この回路の波形は，図 25.7 に示す．

25.3　平滑回路

図 25.5 の整流回路で整流された全波整流波形は，周期的に変動する脈流である．その脈流の度合いを示す指標としてリプル率がある．リプル率は，式 (25-3) で表わされる．

$$\text{リプル率} = \frac{\text{変動電圧の実効値}}{\text{直流電圧（平均値）}} \times 100 [\%] \tag{25-3}$$

このリプル率が小さいと，直流に近づく．

表 25.2　平滑回路のない場合のリプル率

	波形	リプル率 [%]
半波整流		121
全波整流		48

表 25.3　各種平滑回路とそれらの特徴

平滑回路 （フィルタ）	リプル率	コスト	出力電圧
	↑ 大 (悪い)	↑ 安い (良い)	小
			小
			大
	↓ 小 (良い)	↓ 高い (悪い)	大

整流されただけの波形（平滑回路がない場合）のリプル率は，表25.2に示すとおりである．この表からもわかるとおり，半波整流に比べ全波整流の方が非常にリプル率は小さいが，それでも理想の直流にはほど遠い．さらにリプル率を小さく，理想の直流にするために平滑回路が必要である．平滑回路を用いるとリプル率は数 [%] 以下に小さくできる．

平滑回路には，いくつかの種類があり，表25.3に各平滑回路の比較と共に示す．それぞれの特徴もその表中に示す．

さらに平滑性を良くするために，図25.8 (a) に示すようなL型フィルタの代わりに，図25.8 (b) に示すリプルフィルタを使う方法がある．このリプルフィルタは，コンデンサCで交流分がカットされ直流分のみがトランジスタで増幅されるため，L形フィルタに比べると h_{fe}（トランジスタの電流増幅度）倍だけリプル率を小さくすることができる．

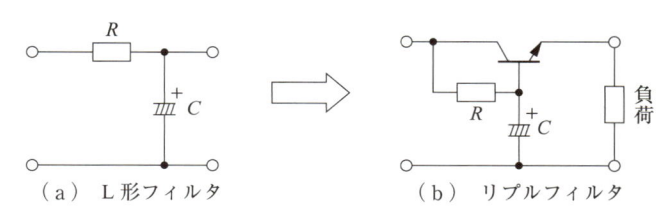

図 25.8 トランジスタとCRを用いた平滑回路

25.4 定電圧安定化回路

図25.9に，定電圧安定化回路のブロック図を示す．入力電圧や負荷抵抗の大きさの変動に対

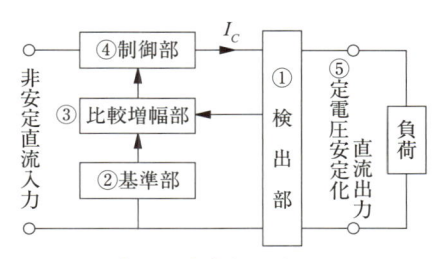

図 25.9 定電圧安定化回路のブロック図

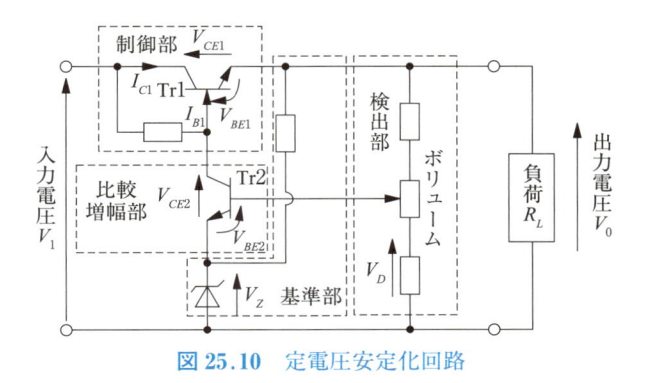

図 25.10 定電圧安定化回路

し，出力電圧を常に一定にするために①検出部で出力電圧を検出し，②その電圧と基準電圧を比較し，③比較した差の電圧を増幅し，④その電圧で制御部の電流 I_C をコントロールし，⑤出力電圧を一定にしようとしている．

具体的な回路は，図 25.10 に示す．検出部のボリュームを変えることで出力電圧値を指定できる．たとえば，入力電圧 V_I または，負荷 R_L が大きくなった場合の制御の仕方を図 25.11 にまとめて示す．R_L が小さくなった場合は，その逆を考えればよい．

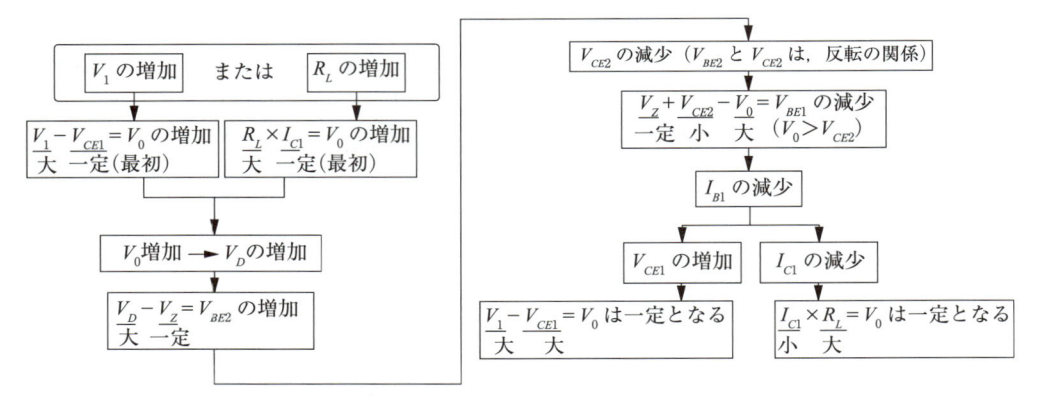

図 25.11 定電圧安定化回路の過程

25.5 直流定電圧安定化電源の回路例

これまで記述したシリーズ型直流電源回路において，変圧回路，整流回路，平滑回路，定電圧安定化回路をすべて接続して回路を作ると図 25.12 のような直流定電圧安定化電源ができる．

変圧回路では，中間タップ無しの電源トランスを用い，整流回路にはブリッジ整流，平滑回路は $C_1=2000[\mu F]$ の電解コンデンサと R_1，C_2，Tr1 からなるリプルフィルタを使用している．また，Tr1 と Tr2 はダーリントン接続となっている．

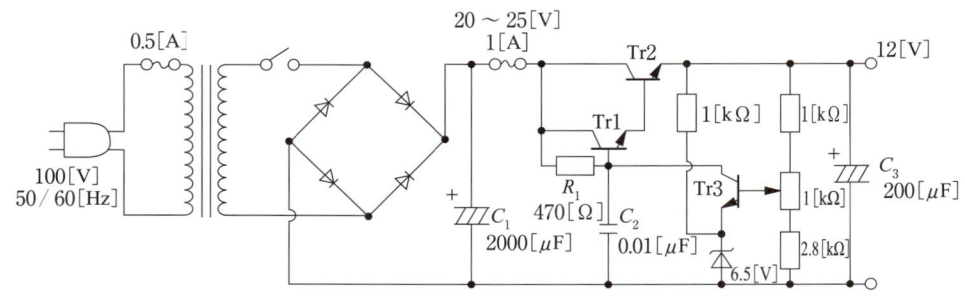

図 25.12 直流定電圧安定化電源の回路例

付　録

A.1　NPN 型トランジスタの動作原理

　ここでは第 5 章で学んだトランジスタの動作（増幅）原理を，NPN 型シリコントランジスタを用いた回路（図 A.1，図 A.2）と，この回路をもっとわかりやすくした水路模型（図 A.3，図 A.4）を使って考えてみる．

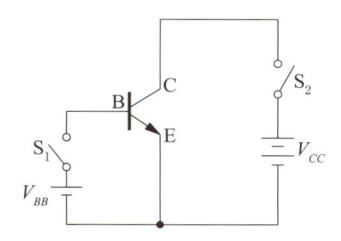

図 A.1　実際のトランジスタ回路

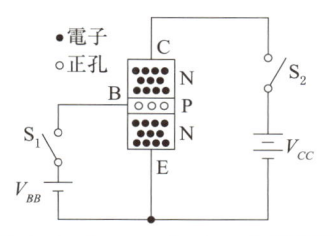

図 A.2　トランジスタの内部模型

　いま，図 A.3 の水路模型において，V_{BB} のポンプと V_{CC} のポンプは図 A.1，図 A.2 における V_{BB}，V_{CC} に相当するものである．ここで水路は導線に，水の流れは電流の流れに，弁と水門の組み合わせの破線で囲んだ部分は，トランジスタに対応している．また，弁と水門は図 A.4 に示すように連動しており，図 A.3 と図 A.4 に示される通り，B 点から E 点へ水が流れると弁が開き，これに連動して水門が開くことになる．この弁は B 点から E 点へ水を流せるが，E 点から B 点へは水が流れない構造になっている．すなわち一方通行で，回路ではダイオードの働きをしている．

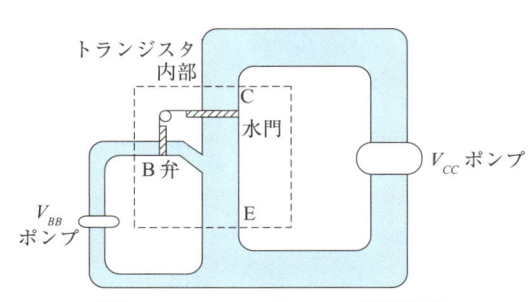

図 A.3　トランジスタの水路模型

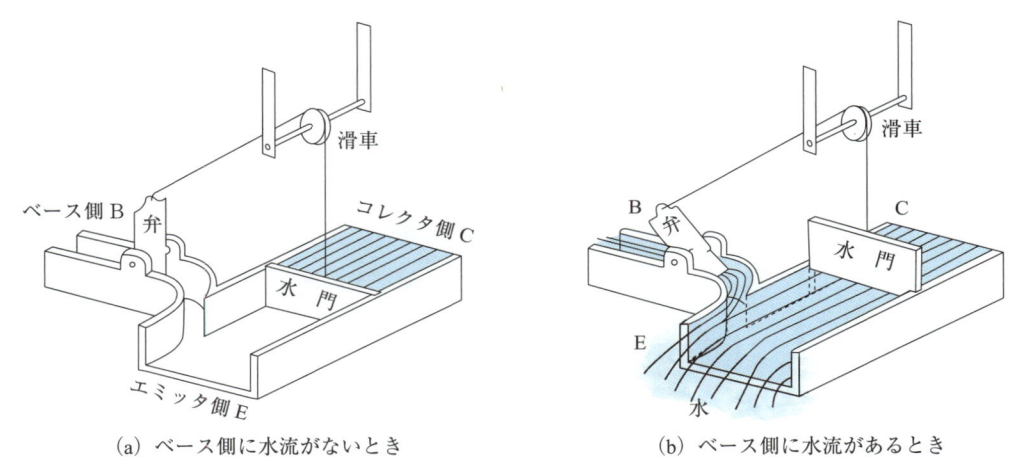

(a) ベース側に水流がないとき　　(b) ベース側に水流があるとき

図 A.4　弁と水門

以下に，S_1 と S_2 の ON，OFF 状態の違いを示す．S_1，S_2 の両方のスイッチが OFF の場合は動作しないので (1) S_1＝ON，S_2＝OFF と，(2) S_1＝OFF，S_2＝ON と，(3) S_1＝ON，S_2＝ON の 3 通りの場合について示す．

(1) S_1＝ON，S_2＝OFF の場合（水門 S_1 が開き，水門 S_2 が閉じている状態）

図 A.2 において B-E 間に電圧を印加した状態（スイッチ S_1 を入れた状態）を用いて考えると図 A.5 のようになる．

V_{BB} が接続されている B-E 間を見ると，これは明らかに第 4 章におけるダイオードの PN 接合と同じである．図 A.5 の状態では B-E 間だけに電流が流れるため，C-E 間には増幅された電流は流れないことになる．

このことを図 A.3 の水路模型で考えると，図 A.6 に示すように水門 S_1 が開き V_{BB} のポンプによって水は流れるが，V_{CC} 側は水門 S_2 が閉じているため水は流れない．

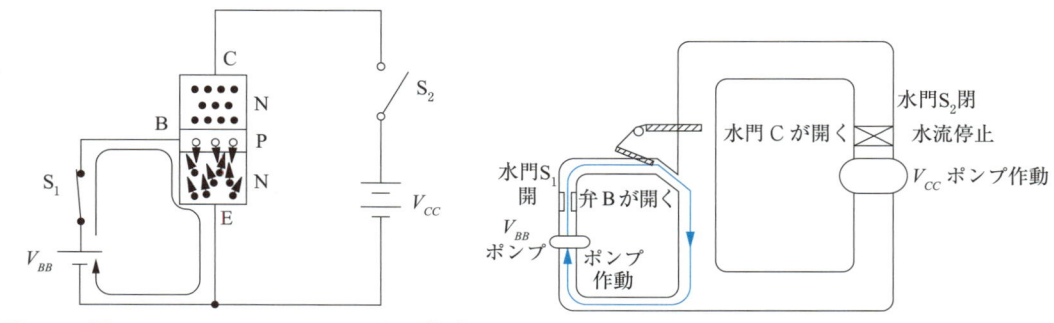

図 A.5　図 A.2 の S_1＝ON，S_2＝OFF の場合におけるトランジスタの内部模型

図 A.6　S_1＝ON，S_2＝OFF の場合の水路模型

(2) S_1＝OFF，S_2＝ON の場合（水門 S_1 が閉じ，水門 S_2 が開いている状態）

図 A.1 において，C-E 間だけに電圧を印加した場合（スイッチ S_2 だけ ON の状態）を，トランジスタの内部模型（図 A.7）と水路模型（図 A.8）を用いて考えてみる．

まず，図 A.7 のトランジスタの内部模型から考えると，コレクタ側の N 型半導体内の電子

は，V_{CC} の正の電位によって＋の方向に引き寄せられ，エミッタ側のN型半導体内の電子は V_{CC} の負の電位によって反発するため，コレクタ側の方へ移動することになる．しかし，ベースのP型半導体内を通り抜けることはできないため，図 A.7 の状態では電子をエミッタからコレクタへ流すことはできない．すなわち，コレクタからエミッタへ電流は流れない．また，このことを図 A.8 の水路模型を用いて考えると，水門 S_1 は閉じているため水は流れず弁も閉じたままである．したがって，水門 C は開かないため，V_{CC} ポンプが働いていても水は流れない．

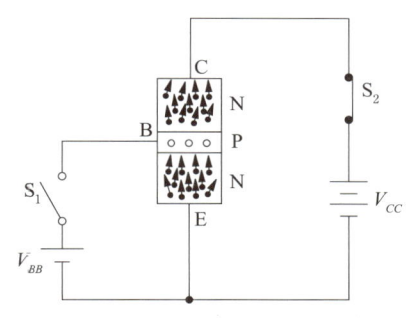

図 A.7 S_1＝OFF，S_2＝ON の場合におけるトランジスタの内部模型

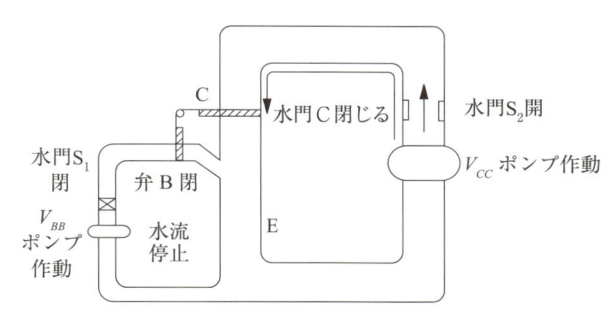

図 A.8 S_1＝OFF，S_2＝ON の場合の水路模型

(3) S_1＝ON，S_2＝ON（水門 S_1 も S_2 も開いている状態）

最後に図 A.1 において，B-E 間，および C-E 間の両方に電圧を印加した場合を考えてみる．図 A.9 において V_{BB} が印加されている B 側へは E 側の N 型半導体の電子が流れ込み，さらに V_{BB} より大きい V_{CC} の電圧がかかっているコレクタ側の領域へと引き寄せられる．したがって，エミッタ側の一部の電子はベースの方へ流れるが，大部分はコレクタ側へ流れて行くことになる．このようにベースにわずかな電流を流すことによって，エミッタ側に存在する電子が大量にコレクタ側へ流れ，電流を増幅したということになる．また，このことを図 A.10 の水路模型で考えると，V_{BB} のポンプが働くことにより，V_{BB} のポンプから汲みだされた水が流れ，水門 S_1 が開いているのでその水流によって弁が開き，水門 C が開く．また，水門 S_2 が開いているため，より多くの水が図 A.10 の C から E に流れることになる．

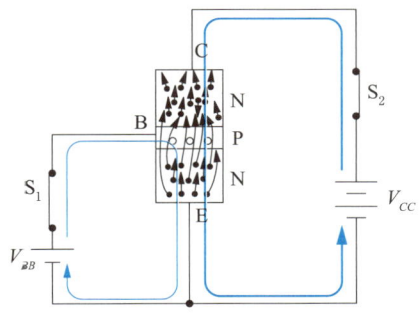

図 A.9 S_1，S_2 ともに ON の場合におけるトランジスタの内部模型

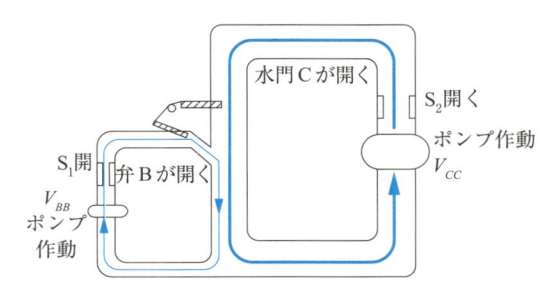

図 A.10 S_1，S_2 ともに ON の場合における水路模型

A.2　PNP 型トランジスタの動作原理

図 A.11 に PNP 型トランジスタの回路記号図を示す．PNP 型トランジスタは NPN 型とは半導体の型の並べ方が逆なので，動作も逆になる．したがって，図 A.12 に示すように B-E 間，C-E 間にかける電圧も NPN 型とは逆にしなければならず，電流の流れ方も逆になる．

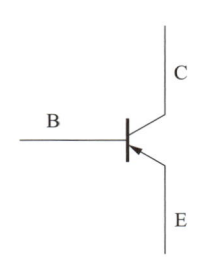

図 A.11　PNP 型トランジスタの回路記号図

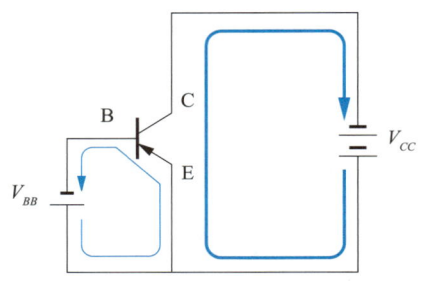

図 A.12　PNP 型トランジスタを用いた回路の組み方と電流の流れ方

A.3　ダイオードを用いた回路における各部波形の正確な求め方

図 A.13 において，v_1 の波形がわかっているとき i, v_D, v_R の波形を次の手順によって求める．（図 A.14 参照）

(1)　抵抗 R の電圧電流特性①を描く．
(2)　ダイオード D の電圧電流特性②を描く．
(3)　R と D の特性を電圧方向に対して加えた $(R+D)$ の電圧電流特性③を描く．
(4)　v_1 の波形④を描く．
(5)　v_1 の波形④から $(R+D)$ の特性③を用いて作図法により i の波形⑤を求める．
(6)　i の波形⑤から R の特性①を用いて作図法により v_R の波形⑥を求める．
(7)　i の波形⑤から D の特性②を用いて作図法により v_D の波形⑦を求める．

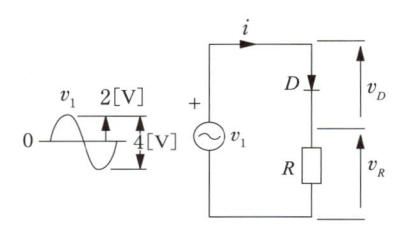

図 A.13　ダイオードを用いた回路

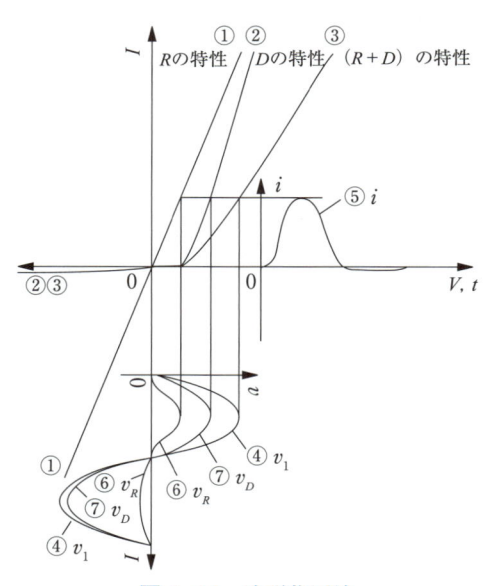

図 A.14　波形作図法

解答集

第2章

1.

(1)

表 A2.1

量名	量記号	単位記号	単位の名称
周波数	f	Hz	ヘルツ
電圧	V	V	ボルト
電流	I	A	アンペア
抵抗	R	Ω	オーム
アドミタンス	Y	S	ジーメンス
インダクタンス	L	H	ヘンリー
リアクタンス	X	Ω	オーム
キャパシタンス	C	F	ファラド,ファラッド

(2)

表 A2.2

	電流源	定電流源	電圧源	定電圧源
交流	$z \neq \infty$		$z \neq 0$	$z = 0$
直流	$r \neq \infty$		$r \neq 0$	$r = 0$

2.

(1)　$8[\mu V] \div 2[mA] = 4[m\Omega]$

(2)　$4 \times 10^{-3}[MV] \times 2[nA] = 8[\mu W]$

(3)　$280[nA] \div 7[pV] = 40[kS]$

(4)　$300 \times 10^{-13}[GV] \div 3 \times 10^{5}[mA] = 100[\mu\Omega]$

第3章

1. $V_R = 6[V]$, $I_1 = -3[A]$, $I_2 = 3[A]$
2. $V_1 = -4[V]$, $V_2 = 6[V]$, $V_3 = -16[V]$, $V_4 = 4[V]$, $V_5 = 4[V]$, $V_6 = -6[V]$, $I_1 = -4[A]$,

$I_2=2[\text{A}]$, $I_3=2[\text{A}]$, $I_4=4[\text{A}]$

3. (a) L, (b) N, (c) N

4. ① (a) の回路は直流回路であるためコンデンサは開放状態である．したがって R_3 に電流は流れず，R_3 の抵抗の電圧は $0[\text{V}]$ となる．

　② 分圧則により $V_1=1[\text{V}]$, $V_C=-2[\text{V}]$

　③ (b) の回路は直流回路であるためコイルの部分を短絡と考える．
　　よって回路の合成抵抗は $\{R_3 \cdot R_4/(R_3+R_4)\}+R_2=(2\times 2)\div(2+2)\}+1=2[\Omega]$

　④ 回路の電流はオームの法則 $V/R=I$ より $I_1'=12/2=6[\text{A}]$, $I_1=-I_1'=-6[\text{A}]$

　⑤ I_1' は R_3 と R_4 に分流され，R_3 と R_4 の抵抗値は同じであるため，半分の $3[\text{A}]$ が R_4 に流れ，$3[\text{A}]\times 2[\Omega]=6[\text{V}]$ が V_4 となる．

5. 回路を電位の視点から，わかりやすい回路に書き直すと図 A3.1 (a) のようになる．また電流の流れ方の視点で回路を書き直すと図 A3.1 (b) のようになる．その結果合成抵抗は $5[\Omega]$ となる．

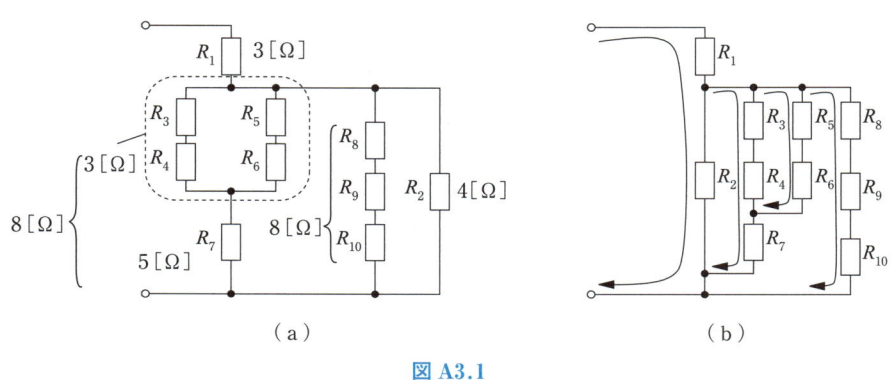

図 A3.1

6. 重ね合わせの理より下記の2つの回路に分けられる．

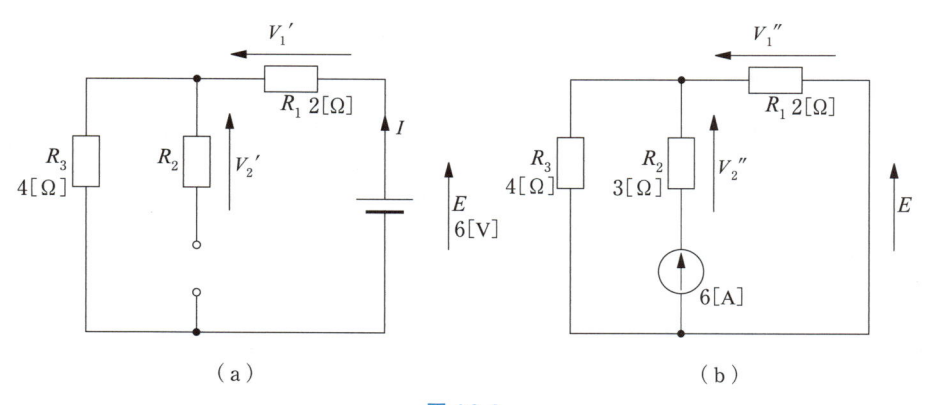

図 A3.2

① (a) の回路は，定電圧源に注目した回路で，電流源のところが開放状態であるため V_2' は $0[\text{V}]$ となる．これより (a) の回路の電流は $I=E/(R_1+R_3)=6/6=1[\text{A}]$
$V_1'=-I\times R_1=-1\times 2=-2[\text{V}]$

② (b) の回路は定電流源に注目した回路で定電圧源の部分は短絡される．R_2 に $6[\text{A}]$ の電流が流

れるので $V_2''=R_2\times -I=3\times(-6)=-18[\text{V}]$

分流比より R_1 のところには $4[\text{A}]$ の電流が流れるので $V_1''=4\times 2=8[\text{V}]$

③ 2つの回路で求めた電圧を加算すると，

$V_1=V_1'+V_1''=-2+8=6[\text{V}]$, $V_2=V_2'+V_2''=0+(-18)=-18[\text{V}]$

7. (a) $\frac{1}{3}R$, (b) $2R$

8.

(a) **直流電圧**

$V_1=5[\text{V}]$

コンデンサは直流時に開放となる．$V_2=0[\text{V}]$, $V_3=0[\text{V}]$, $V_4=5[\text{V}]$ となる．

交流電圧

$v_1=3[\text{V}]$

$1[\text{kHz}]$ の交流を $1000[\mu\text{F}]$ のコンデンサに印加するとインピーダンスは，

$\left|\frac{1}{j\omega C}\right|=\left|-j\frac{1}{2\pi fC}\right|=j0.16[\Omega]$

となり，無視できる．すなわち，短絡とみなすことができる．

これにより，$v_4=0[\text{V}]$ となる．

電圧比の法則より，

$v_2=\dfrac{2[\text{k}\Omega]}{2[\text{k}\Omega]+3[\text{k}\Omega]}\times 3[\text{V}]=\dfrac{2[\text{k}\Omega]}{5[\text{k}\Omega]}\times 3[\text{V}]=1.2[\text{V}]$

$v_3=\dfrac{3[\text{k}\Omega]}{2[\text{k}\Omega]+3[\text{k}\Omega]}\times 3[\text{V}]=\dfrac{3[\text{k}\Omega]}{5[\text{k}\Omega]}\times 3[\text{V}]=1.8[\text{V}]$

(b) **直流電圧**

$V_5=5[\text{V}]$

直流のときにコイルは短絡（$j\omega L=j\times 0\times L=0$）であるため $V_6=0[\text{V}]$ となる．V_6 と V_7 は同じ電圧なので $V_7=0[\text{V}]$ となる．

交流電圧

$v_5=3[\text{V}]$

交流のときにコンデンサは短絡（インピーダンスは $0.16[\Omega]$ で無視する）であるので $v_7=0[\text{V}]$ となり，v_6 と v_7 は同じ電圧なので $v_6=0[\text{V}]$ となる．

9. **直流電圧**

$V_1=1.5[\text{V}]$, $V_3=1.5[\text{V}]$

直流のときにコンデンサは開放なので，電流は流れず，$V_5=0[\text{V}]$ となる．R_2 と R_3 は並列で合成抵抗は $6[\text{k}\Omega]$ となる．$V_2=V_4=V_6(V_5=0)$ で分圧比の関係から $V_1:V_2:V_3=3[\text{k}\Omega]:6[\text{k}\Omega]:3[\text{k}\Omega]=1:2:1=\dfrac{6}{4}[\text{V}]:\dfrac{6}{2}[\text{V}]:\dfrac{6}{4}[\text{V}]=1.5[\text{V}]:3[\text{V}]:1.5[\text{V}]$ となる．したがって $V_2=V_4=V_6=3[\text{V}]$ となる．

交流電圧

交流のときコンデンサは短絡（インピーダンスが $0[\Omega]$ に近い），$v_6=0[\text{V}]$ となる．したがって，R_2, R_3, R_4 は並列となり合成抵抗は $\dfrac{12[\text{k}\Omega]}{3}=4[\text{k}\Omega]$ となる．分圧比の関係から，

$v_1=0.3[V]$, $v_2=0.4[V]$, $v_3=0.3[V]$, $v_2=v_4=v_5=0.4[V]$ となる.

10. この回路は並列回路であるから,コンデンサと抵抗の両端に掛かる電圧は1[V]になる.また,コンデンサのインピーダンスは,

$$|\dot{Z}_C|=\frac{1}{2\pi fC}=\frac{1}{2\times\pi\times 60\times 10^3\times 1\times 10^{-6}}\fallingdotseq 2.65[\Omega]$$

となるので,i_1, i_2 は

$$i_1=\frac{1}{2.65}\fallingdotseq 0.38[A]=380[mA]$$

$$i_2=\frac{1}{500\times 10^3}=2[\mu A]$$

となる.また,$i_3=i_1+i_2\fallingdotseq 380[mA]$

11. (a)の並列の場合は,消費電力 $P=\frac{V^2}{R}$ で A も B も同じ電圧が印加されるため R の値が小さい方が P が大きくなり発熱も多くなる.そのため B の方が熱くなる.

    (b)の直列の場合は,A と B に同じ電流が流れ $P=I^2R$ で R が大きい方が発熱する.そのため A が正解となる.

12. 回路中にはコイル L があり,直流を印加した場合はコイル L のインピーダンスは $0[\Omega]$ となり,短絡なので,R_3 へは直流電流は流れない.したがって,直流電圧はすべて R_1 にかかる.交流ではコイルのインピーダンスは $628[k\Omega]$ となり無視する.また,コンデンサのインピーダンスは非常に小さいので短絡とみなす.交流電流は R_4 と R_2 に分流して流れるので,R_2 に電流が流れ電圧降下が生じる.まとめると直流電圧はゼロで交流電圧は約 2[V] となり,交流電圧の方が大きい.その理由はコンデンサやコイルが影響するからである.

13. (a) I_a は大きくなる (b) I_b は変化なし (c) I_c は変化なし.(d) I_d は変化なし,V_a は大きくなる.

第4章

1.
(a) ダイオードには順方向に 0.65[V] 以上の電圧をかけなければ電流は流れない.したがって,この場合順方向に 10[V] かかっている(順方向バイアスである)ので,電流は流れる.
(b) ダイオードは逆方向バイアスになっているため電流は流れない.
(c) ダイオードは順方向であるが,0.65[V] 以上の電圧がダイオードにかかっていないので電流は流れない.
(d) 逆方向バイアスになっているので電流は流れない.

2.
(1) ① ダイオードの向きは順方向である.
    ② E の電圧は 7[V] で 0.7[V] 以上であることから $V_D=0.7[V]$ となる.
    ③ $V_R=V_D-E=0.7-7=-6.3[V]$
    ④ $R=V_R/I=(-6.3[V])/(-2.1[mA])=3[k\Omega]$
(2) ① ダイオードの向きは順方向である.
    ② ダイオードが2つあるため E の電圧が $0.7[V]\times 2$ 以上ないと,この回路に電流が流れない.E が $20[V]>0.7[V]\times 2$ であるためこの回路に電流が流れる.

③ 矢印の向きにより $V_{D1}=V_{D2}=-0.7$[V] となる.

④ $V_R=V_{D1}+V_{D2}+E=-0.7-0.7+20=18.6$[V]

⑤ $I=V/R=18.6$[V]$/9.3$[kΩ]$=2$[mA]

(3) ① 初めに直流部分について考える.ダイオードの向きは順方向である.

② E の電圧は 10[V] で 0.7[V] 以上であるからこの回路に電流が流れる.

③ 矢印の向きにより $V_D=-0.7$[V] となる.

④ 抵抗 R_1, R_2 は直列接続であるから合成抵抗 R は $R=R_1+R_2=5$[kΩ]$+4.3$[kΩ]$=9.3$[kΩ]

⑤ オームの法則より,$I=(E+V_D)/R=(10$[V]-0.7[V]$)/9.3$[kΩ]$=1$[mA]

⑥ $V_1=I\times R_1=1$[mA]$\times 5$[kΩ]$=5$[V], $V_2=I\times R_2=1$[mA]$\times 4.3$[kΩ]$=4.3$[V] となる.

⑦ 次に交流について考える.まず回路の合成抵抗について考える.交流の場合はダイオードの内部抵抗も含まれるので $R=r+R_1+R_2=0.7$[kΩ]$+5$[kΩ]$+4.3$[kΩ]$=10$[kΩ].

⑧ $i=e/R=50$[mV]$/10$[kΩ]$=5$[μA]

矢印の向きにより $v_D=i\times r=5$[μA]$\times 0.7$[kΩ]$=3.5$[mV]

⑨ $v_1=i\times R_1=5$[μA]$\times 5$[kΩ]$=25$[mV], $v_2=i\times R_2=5$[μA]$\times 4.3$[kΩ]$=21.5$[mV]

第 5 章

1. $V_1=2.3$[V], $V_2=-4$[V], $V_{CE}=6$[V], $I_1=0.01$[mA], $I_2=0.4$[mA], $I_3=-0.4$[mA]

2. $V_1=-0.3$[V], $V_2=10$[V], $V_{CE}=15$[V], $I_1=0.1$[mA], $I_2=10$[mA] または 10.1[mA], $I_3=10$[mA]

   $v_1=-3$[mV], $v_2=0.1$[V], $v_{CE}=-0.1$[V], $i_1=1$[μA], $i_2=0.1$[mA] または 0.101[mA], $i_3=0.1$[mA]

第 6 章

1. 交流の信号を通し,直流をカットするため.

2. 大きくすると V_{BE} の直流バイアス電圧が低くなる.最初 A 級アンプであった場合バイアス電圧が小さくなり,AB 級アンプとなる.さらにバイアス電圧を低くすると B 級アンプになり,もっと抵抗を大きくすると C 級アンプになる.

   小さくすると消費電力は大きくなる.R_A が非常に小さくなると信号が V_{CC} 側に流れ,出力が小さくなる.

3. 短絡すると直流 V_{BE} が大きくなり直流 V_{CE} が小さくなる.また安定度が悪くなる.

   開放するとバイアス電流,動作電流が流れなくなり信号が出力されなくなる.

第 7 章

1.

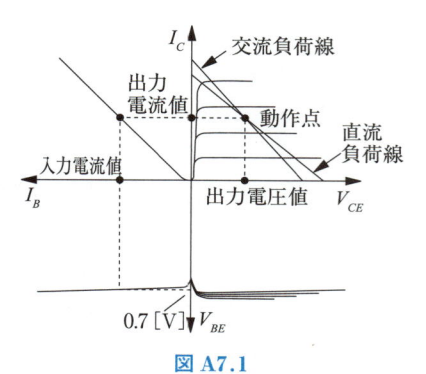

図 A7.1

2.

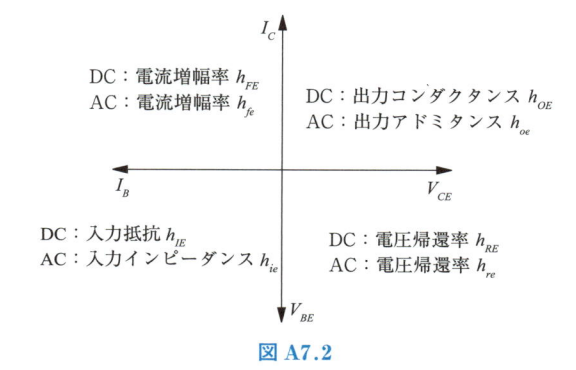

図 A7.2

第 8 章

1.

(1)

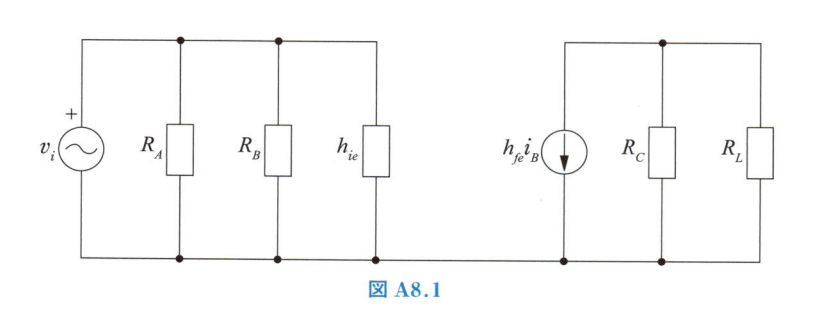

図 A8.1

(2)

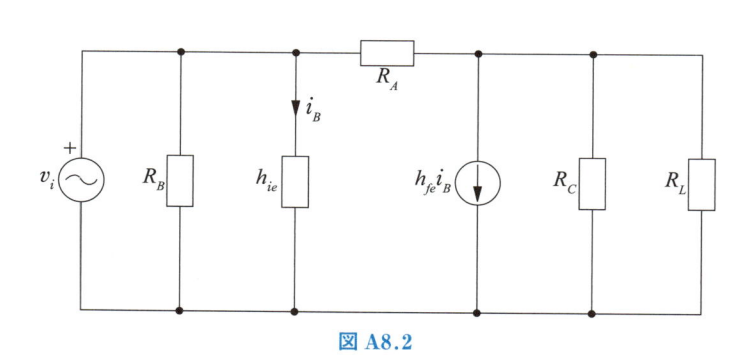

図 A8.2

2. 等価回路は第8章で記述したように，交流（小信号）について考えたものなので，コンデンサ C_1，C_C，C_E や直流定電圧源 V_{CC} は短絡と考える．

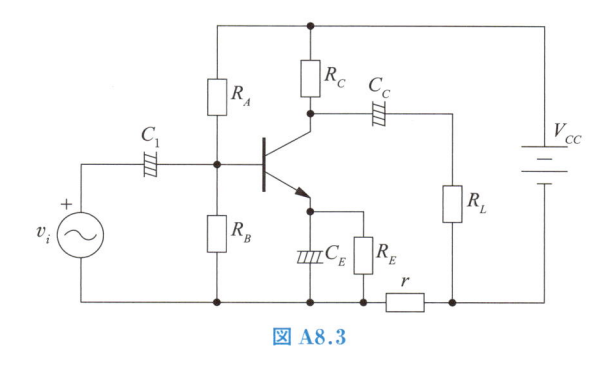

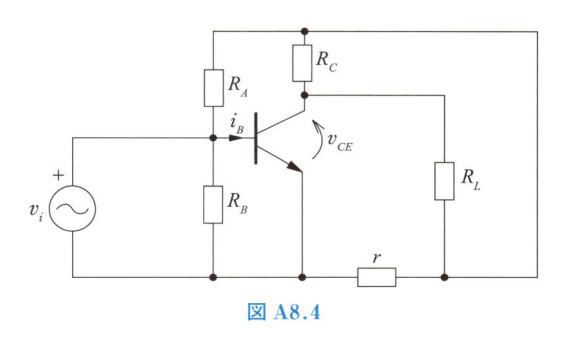

図 A8.3

↓　　C_1, C_E, C_C, V_{CC} を短絡する．

図 A8.4

↓　　ここで，トランジスタを等価回路に書き直す．

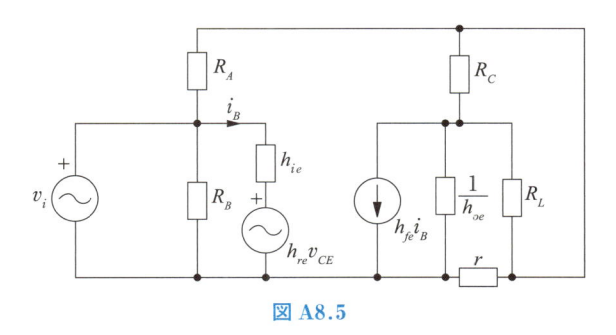

図 A8.5

↓　　R_L と r の位置を，わかりやすくするために書きなおす．

図 A8.6

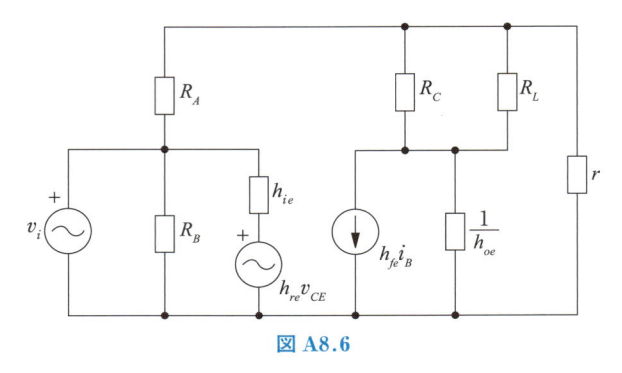

↓ さらに出力側の部分をわかりやすい形に書き直す．

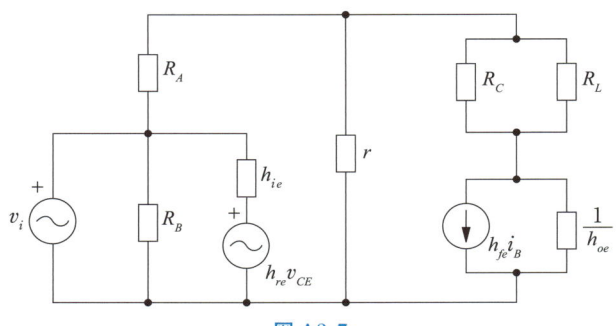

図 A8.7

↓ また R_A の位置をわかりやすい位置に書き換え，最終的な等価回路が完成する．ただし，$h_{re}v_{CE}$ の定電圧電源部のインピーダンス部は短絡で，$1/h_{oe}$ のインピーダンスは解放と考えてよい．

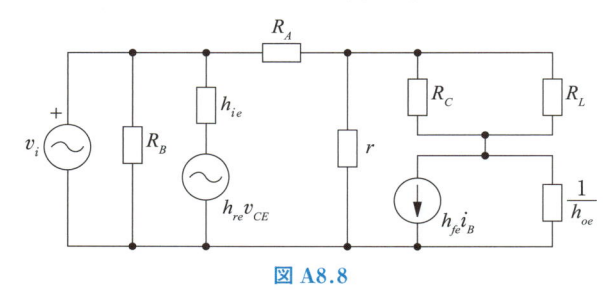

図 A8.8

3.
(1) $v_i = v_{BE}$，その理由は，C_1 と C_E が短絡であるとみなせるので，v_i と v_{BE} は，同じ電圧を見ていることになるため．

(2) $v_{CE} = v_L$，その理由は，C_E と C_C が短絡であるとみなせるので，v_{CE} と v_L は，同じ電圧を見ていることになるため．

(3) v_i が大きくなると，v_{BE} が大きくなり，i_B が増加し，その結果，i_E が増加し，その i_E が R_L と R_C に分流して流れる．そのとき R_L に流れる電流の向きと，R_L に印加される電圧 v_L の極性の向きが反対なので，位相は反転する．v_L の極性と v_{CE} の極性は(2)の答えより同じ大きさで同じ向きである．したがって，v_{BE} と v_{CE} も位相は反転する．すなわち，v_i と v_{BE} は同相，v_{CE} と v_L は同相で，v_i と v_L は反転で，v_{BE} と v_{CE} も反転の関係にある．

第 9 章

1.

表 A9.1

A	B	C	D	正誤
1[kΩ]	1[kΩ]	1[kΩ]	1[kΩ]	○
1[kΩ]	2[kΩ]	3[kΩ]	4[kΩ]	×
1[kΩ]	2[kΩ]	2[kΩ]	1[kΩ]	×
1[kΩ]	1[kΩ]	2[kΩ]	2[kΩ]	○
1[kΩ]	2[kΩ]	1[kΩ]	2[kΩ]	×

第 10 章

1.

(1)

図 A10.1 小信号等価回路

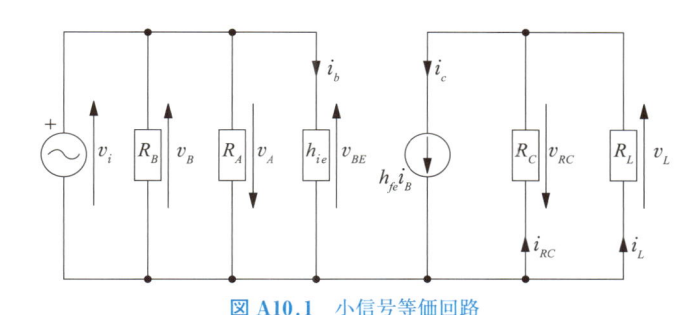

(2) まずは分圧比の法則を用いて V_A と V_B をそれぞれ求める.

$V_A = \dfrac{R_A}{R_A + R_B} \times V_{CC} = \dfrac{6[\text{k}\Omega]}{6[\text{k}\Omega] + 3[\text{k}\Omega]} \times 15 = 10[\text{V}]$

$V_B = V_{CC} - V_A = 15 - 10 = 5[\text{V}]$

$V_B = 5[\text{V}]$, $V_{BE} = 0.7[\text{V}]$ より, V_E を求めることができる.

$V_E = V_B - V_{BE} = 5 - 0.7 = 4.3[\text{V}]$

$V_E = 4.3[\text{V}]$, $R_E = 1[\text{k}\Omega]$ より I_E を求める.

$I_E = V_E / R_E = 4.3[\text{V}] / 1[\text{k}\Omega] = 4.3[\text{mA}]$

$h_{FE} = 100$ より I_B が求まる.

$I_B = I_E / h_{FE} = 4.3[\text{mA}] / 100 = 43[\mu\text{A}]$

キルヒホッフの電流則より, $I_E = I_C + I_B$ となり,

$I_C = I_E - I_B = 4.3[\text{mA}] - 43[\mu\text{A}] \fallingdotseq 4.3[\text{mA}]$

$V_{RC} = I_C \times R_C = 4.3[\text{mA}] \times 2[\text{k}\Omega] = 8.6[\text{V}]$

$V_{CC} = V_{RC} + V_{CE} + V_E$ より,

$V_{CE} = V_{CC} - V_{RC} - V_E = 15 - 8.6 - 4.3 = 2.1[\text{V}]$

V_L には電流が流れないので, $V_L = 0[\text{V}]$

C_C のコンデンサには電流は流れないが, 電圧はかかる.

キルヒホッフの電圧則より $V_L+V_C=V_E+V_{CE}$ が成り立つ．
$V_L=0[\mathrm{V}]$，$V_{CE}=2.1[\mathrm{V}]$，$V_E=4.3[\mathrm{V}]$ より，
$V_C=V_{CE}+V_E-V_L=2.1[\mathrm{V}]+4.3[\mathrm{V}]-0[\mathrm{V}]=6.4[\mathrm{V}]$
となる．

(3) 図 A10.1 の小信号等価回路より
$v_i=10[\mathrm{mV}]$ であり，電圧，電流の方向より，
$v_A=-10[\mathrm{mV}]$，$v_B=10[\mathrm{mV}]$ となる．
v_{BE} 間の抵抗は，$h_{ie}=2[\mathrm{k\Omega}]$ なので，
$i_B=v_{BE}/h_{ie}=10[\mathrm{mV}]/2[\mathrm{k\Omega}]=5[\mathrm{\mu A}]$
コレクタ電流はベースに入る電流を h_{fe} 倍増幅するので，
$i_C=i_B\times h_{fe}=5[\mathrm{\mu A}]\times 100=0.5[\mathrm{mA}]$ となる．
$i_C\gg i_B$ なので，$i_E=i_B+i_C\fallingdotseq i_C=0.5[\mathrm{mA}]$
次に分流比の公式を用いて，
$$i_L=\frac{R_C}{R_C+R_L}\times i_C=\frac{2[\mathrm{k\Omega}]}{2[\mathrm{k\Omega}]+2[\mathrm{k\Omega}]}\times 0.5[\mathrm{mA}]=0.25[\mathrm{mA}]$$
R_C に流れる電流は $i_{RC}=i_C-i_L$ より，
$i_{RC}=i_C-i_L=0.5[\mathrm{mA}]-0.25[\mathrm{mA}]=0.25[\mathrm{mA}]$
オームの法則より，v_L，v_{RC} を求める．
$v_L=-i_L\times R_L=-0.25[\mathrm{mA}]\times 2[\mathrm{k\Omega}]=-0.5[\mathrm{V}]$
$v_{RC}=i_{RC}\times R_C=0.25[\mathrm{mA}]\times 2[\mathrm{k\Omega}]=0.5[\mathrm{V}]$
抵抗 R_E は並列につながっているバイパスコンデンサ C_E によって短絡されているとみなされ，電圧がかからず，
$v_E=0[\mathrm{V}]$ となる．
C_C のコンデンサも短絡状態なので電圧はかからない．ゆえに
$v_C=0[\mathrm{V}]$ となる．
また v_{CE} は，$v_{CE}=v_L$ より，
$v_{CE}=v_L=-0.5[\mathrm{V}]$ となる．

2.

(1)

図 A10.1

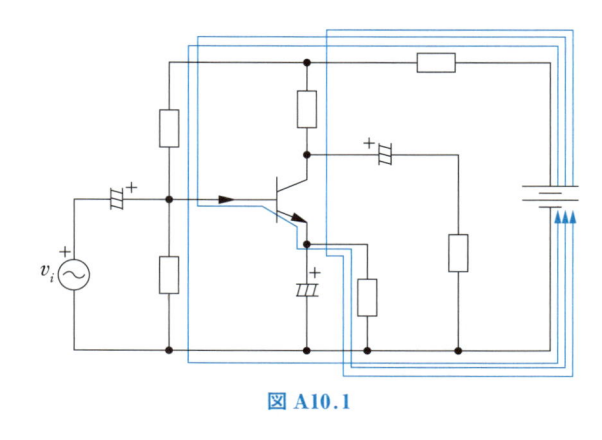

(2)

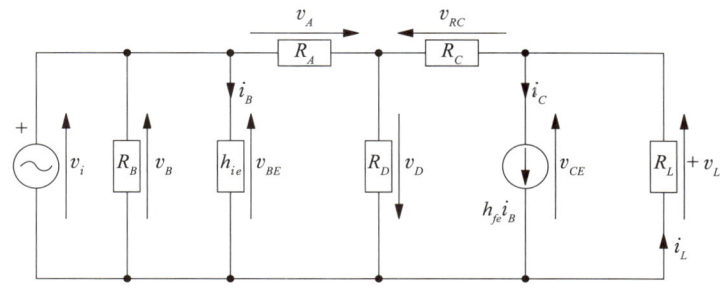

図 A10.2 入力側，出力側両方の等価回路

(3) 増幅回路を直流成分で考える．

V_B=3[V] なので，V_{BE}=0.7[V], V_E=2.3[V] となる．

V_E=2.3[V], R_E=2.3[kΩ] より，I_E=V_E/R_E=2.3[V]/2.3[kΩ]=1[mA]

$I_E=I_C+I_B$ の式より，$I_E=h_{FE}\cdot I_B+I_B$ となり，$I_E=(h_{FE}+1)I_B$

これより $I_E=(100+1)I_B$ となり，I_B=1/101≒10[μA]

$I_C=I_E-I_B$=1[mA]−10[μA]≒1[mA]

R_C=2[kΩ], I_C=1[mA] より，$V_{RC}=R_C\cdot I_C$=2[kΩ]×1[mA]=2[V]

抵抗 R_B に流れる電流は，$I_{RB}=V_B/R_B$=3[V]/3[kΩ]=1.0[mA]

$I_{RB}≒I_{RA}$ なので，$V_A=R_A\cdot I_{RA}≒R_A\cdot I_{RB}$

∴ V_A=9[kΩ]×1.0[mA]=9[V]

$V_{CC}=V_B+V_A+V_D$ なので 14[V]=3[V]+9[V]+V_D となり，V_D=14−12=2[V]

また $V_E+V_{CE}+V_{RC}=V_B+V_A$ より，2.3[V]+V_{CE}+2[V]=3[V]+9[V] となり，

∴ V_{CE}=12[V]−4.3[V]=7.7[V]

コンデンサ C_C があるため，V_L には電流が流れない．

∴ I_L=0[A], $V_L=-I_L\cdot R_L$=0[A]×2.9[kΩ]=0[V]

コンデンサ C_C には電流が流れないが，電圧はかかる．

$V_E+V_{CE}=V_L+V_C$ より，2.3[V]+7.7[V]=0[V]+V_C, ∴ V_C=10[V]

(4) 図 A10.2 において，重ね合わせの理を用いて解析する．

① v_i の電源に注目

$h_{fe}\cdot i_B$ の定電流源は内部インピーダンスが∞のため開放とすると図 A10.3 が描ける．

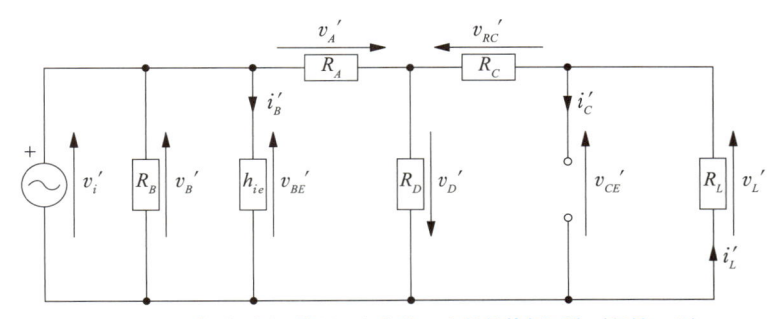

図 A10.3 定電圧源に注目したときの小信号等価回路（記号のみ）

図 A10.3 の等価回路を用いるならば，$v_i' = v_B' = 10\,[\mathrm{mV}]$ となる．
バイパスコンデンサ C_E の両端の電圧 $v_E = 0\,[\mathrm{V}]$ なので，$v_{BE}' = v_i = 10\,[\mathrm{mV}]$
$i_B' = v_{BE}/h_{ie} = 10\,[\mathrm{mV}]/1\,[\mathrm{k\Omega}] = 10\,[\mu\mathrm{A}]$, $v_A' = -9.16\,[\mathrm{mV}] \fallingdotseq -9.2\,[\mathrm{mV}]$,
$v_D' = -0.84\,[\mathrm{mV}] \fallingdotseq -0.8\,[\mathrm{mV}]$, $v_{RC}' \fallingdotseq 0.3\,[\mathrm{mV}]$, $v_{CE}' = v_L' \fallingdotseq 0.5\,[\mathrm{mV}]$
$i_L' = -v_L'/R_L \fallingdotseq -0.2\,[\mu\mathrm{A}]$, $i_C' = 0\,[\mathrm{A}]$

以上のことより図 A10.4 に計算して求めた値を入れる．

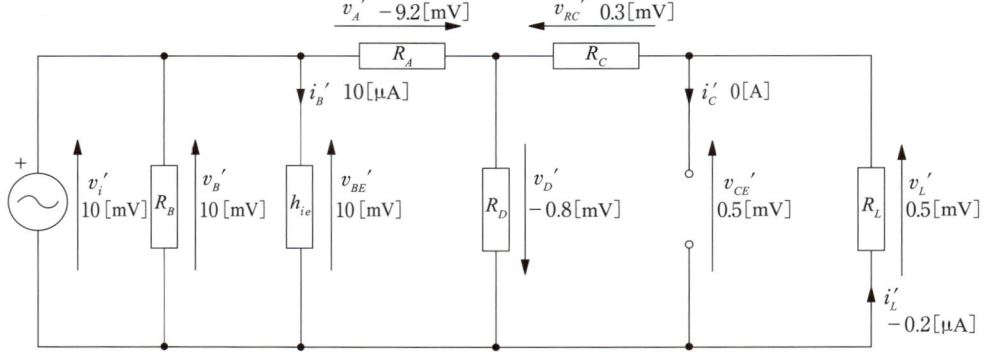

図 A10.4 定電圧源に注目したときの小信号等価回路（数値入り）

②定電流電源（$h_{fe}i_B$）に注目

定電流源に注目したときの等価回路を図 A10.5 に示す．（重ね合わせの理を用いて考えると，v_i'' の定電圧源は短絡となる．）

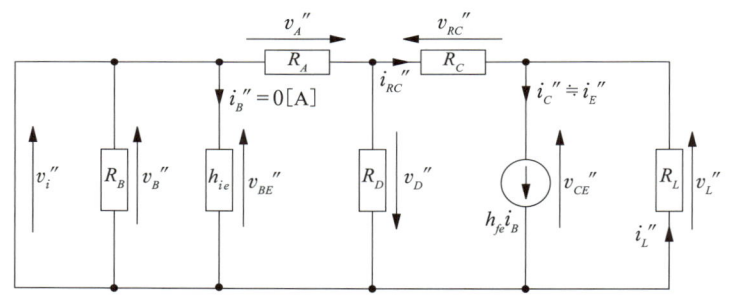

図 A10.5 定電流源に注目したときの小信号等価回路（記号のみ）

この等価回路をわかりやすく描き換えると下図のようになる．

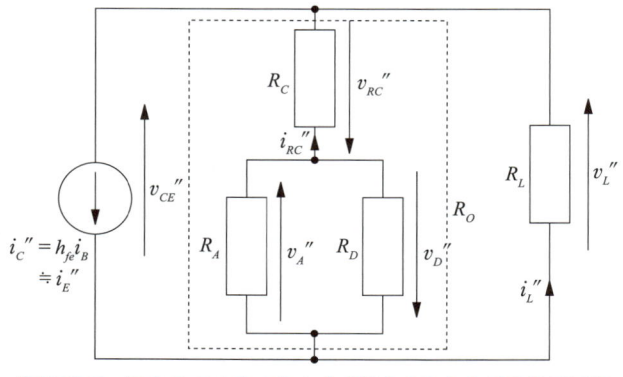

図 A10.6 図 A10.5 をわかりやすく描き直した小信号等価回路

ここで h_{ie} に流れる $i_B{''}$ は $0[\mathrm{A}]$ であるが定電流源の i_B の値は $i_B{'}$ と同じ値である．したがって
定電流源の $h_{fe} \cdot i_B = i_{fe} \cdot i_B{'} = 100 \times 10 [\mu\mathrm{A}] = i_C{''} \fallingdotseq i_E{''}$ となる．

次に R_A と R_D と R_C の合成抵抗 R_0 を求める．

$R_0 = ((R_A \cdot R_D)/(R_A + R_D)) + R_C = ((9[\mathrm{k}\Omega] \times 1[\mathrm{k}\Omega])/(9[\mathrm{k}\Omega] + 1[\mathrm{k}\Omega])) + 2[\mathrm{k}\Omega] = 2.9[\mathrm{k}\Omega]$

ここで分流比の法則を使用して $i_L{''}$ を求める．

$i_L{''} = (2.9[\mathrm{k}\Omega]/(2.9[\mathrm{k}\Omega] + 2.9[\mathrm{k}\Omega])) \times 1[\mathrm{mA}] = 0.5[\mathrm{mA}]$，

$i_{RC}{''}$ に流れる電流は $i_{RC}{''} = i_C{''} - i_L{''}$ より，$i_{RC}{''} = 1[\mathrm{mA}] - 0.5[\mathrm{mA}] = 0.5[\mathrm{mA}]$，

$v_L{''} = R_L \cdot (-i_L{''}) = 2.9[\mathrm{k}\Omega] \times (-0.5)[\mathrm{mA}] = -1.45[\mathrm{V}]$，$v_{CE}{''} = v_L{''} = -1.45[\mathrm{V}]$

$v_{RC}{''} = R_C \cdot i_{RC}{''} = 2[\mathrm{k}\Omega] \times 0.5[\mathrm{mA}] = 1[\mathrm{V}]$，

$v_D{''} = -(v_L{''} + v_{RC}{''}) = -(-1.45[\mathrm{V}] + 1[\mathrm{V}]) = 0.45[\mathrm{V}]$，

$v_A{''} = -v_D{''} = -0.45[\mathrm{V}]$，また $v_B{''} = v_{BE}{''} = 0[\mathrm{V}]$

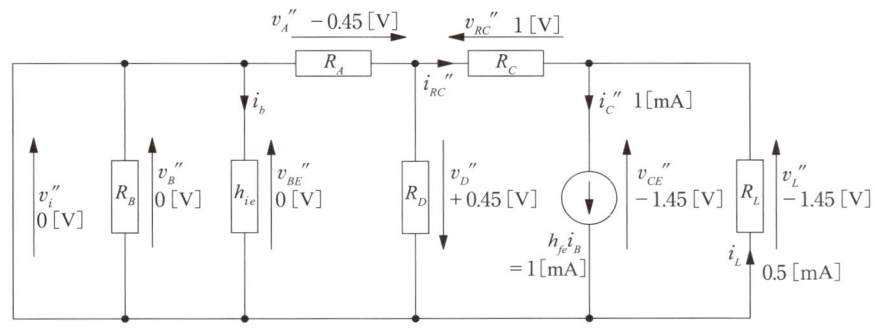

図 A10.7 定電流源に注目したときの小信号等価回路（数値入り）

③以上のことより重ね合わせの理を用いて図 A10.4 と図 A10.7 の各電圧値から正しい電圧値を求める．

R_E はバイパスコンデンサ C_E が並列につながっていることによって電圧がかからない（C_E のインピーダンスが 0 に近いため短絡していると考える）．

∴ $v_E = 0[\mathrm{V}]$

C_C は短絡なので $v_C = 0[\mathrm{V}]$ となる．

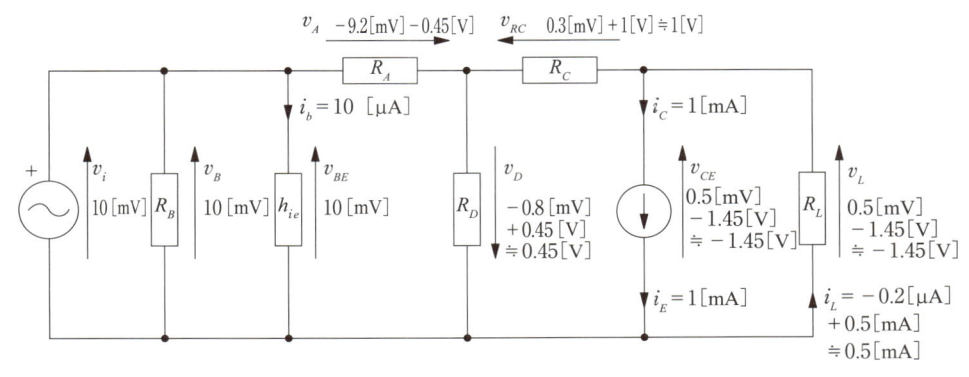

$v_i = v_i{'} + v_i{''} = 10[\mathrm{mV}] + 0[\mathrm{V}] = 10[\mathrm{mV}]$，

$v_B = v_B{'} + v_B{''} = 10[\mathrm{mV}] + 0[\mathrm{V}] = 10[\mathrm{mV}]$，

図 A10.8 重畳法で合成したときの各部の電圧電流値

$v_{BE} = v_{BE}' + v_{BE}'' = 10[\text{mV}] + 0[\text{V}] = 10[\text{mV}]$,

$v_A = v_A' + v_A'' = -9.2[\text{mV}] - 0.45[\text{V}] \fallingdotseq -0.45[\text{V}]$,

$v_D = v_D' + v_D'' = -0.8[\text{mV}] + 0.45[\text{V}] \fallingdotseq 0.45[\text{V}]$,

$v_{RC} = v_{RC}' + v_{RC}'' = 0.3[\text{mV}] + 1[\text{V}] \fallingdotseq 1[\text{V}]$,

$v_{CE} = v_{CE}' + v_{CE}'' = 0.5[\text{mV}] - 1.45[\text{V}] \fallingdotseq -1.45[\text{V}]$,

$v_L = v_L' + v_L'' = 0.5[\text{mV}] + (-1.45)[\text{V}] \fallingdotseq -1.45[\text{V}]$,

$i_B = i_B' = 10[\mu\text{A}]$

$i_C = i_C'' = 1[\text{mA}]$

$i_E = i_C = 1[\text{mA}]$

$i_L = i_L' + i_L'' = -0.25[\mu\text{A}] + 0.5[\text{mA}] \fallingdotseq 0.5[\text{mA}]$

3.

(1) R_A の電圧 $V_A = \dfrac{R_A}{R_A + R_B} V_{CC} = \dfrac{15[\text{k}\Omega]}{15[\text{k}\Omega] + 5[\text{k}\Omega]} \times 12[\text{V}] = 9[\text{V}]$

R_B の電圧 $V_B = \dfrac{R_B}{R_A + R_B} V_{CC} = \dfrac{5[\text{k}\Omega]}{15[\text{k}\Omega] + 5[\text{k}\Omega]} \times 12[\text{V}] = 3[\text{V}]$

(または $V_B = V_{cc} - V_A = 12[\text{V}] - 9[\text{V}] = 3[\text{V}]$)

R_E の電圧 $V_E = V_B - V_{BE} = 3[\text{V}] - 0.7[\text{V}] = 2.3[\text{V}]$

R_E に流れる電流 $I_E = \dfrac{V_E}{R_E} = \dfrac{2.3[\text{V}]}{1[\text{k}\Omega]} = 2.3[\text{mA}]$

$I_E \fallingdotseq I_C$ なので，R_C の電圧 $V_C = I_C R_C \fallingdotseq I_E R_C = 2.3[\text{mA}] \times 2[\text{k}\Omega] = 4.6[\text{V}]$

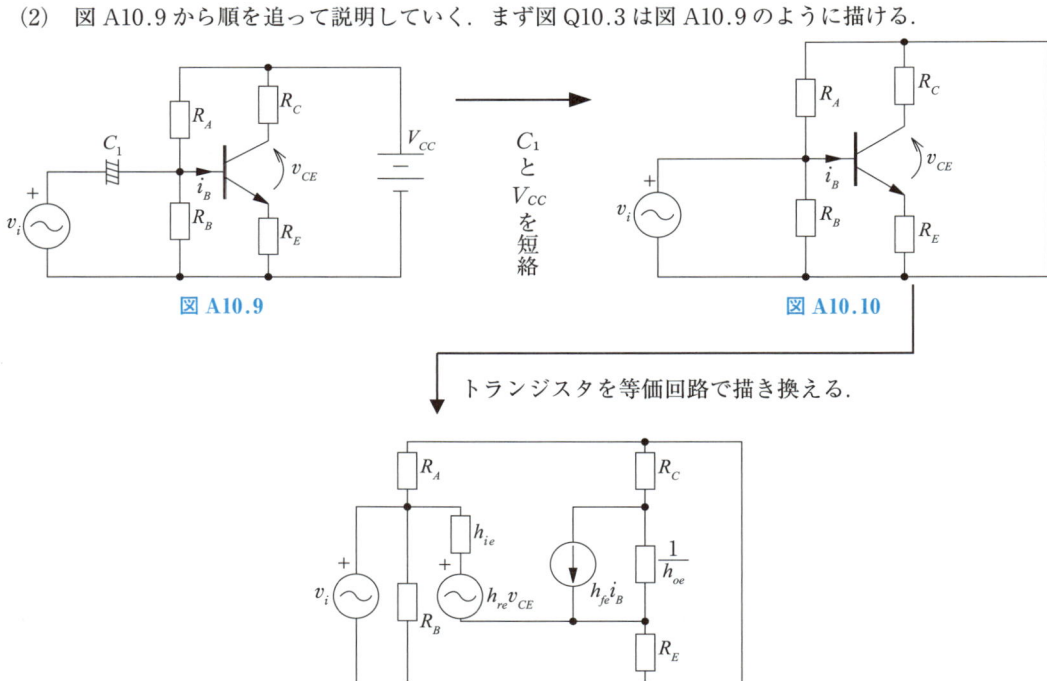

(2) 図 A10.9 から順を追って説明していく．まず図 Q10.3 は図 A10.9 のように描ける．

図 A10.9

C_1 と V_{CC} を短絡

図 A10.10

トランジスタを等価回路で描き換える．

図 A10.11

図 A10.12 へ

ここでわかりやすい回路に描き直すと，図 A10.12 となり最終的な等価回路が完成したことになる．

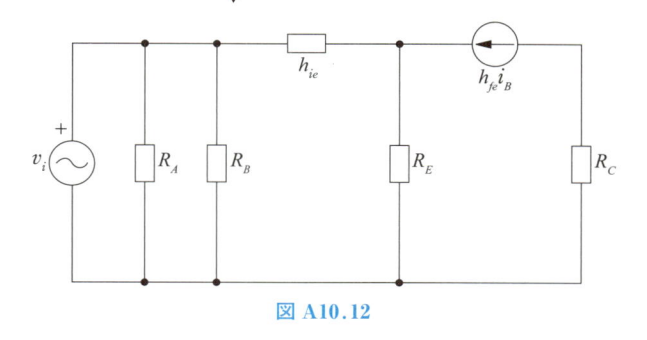

図 A10.12

(3)

図 A10.13

図 A10.14

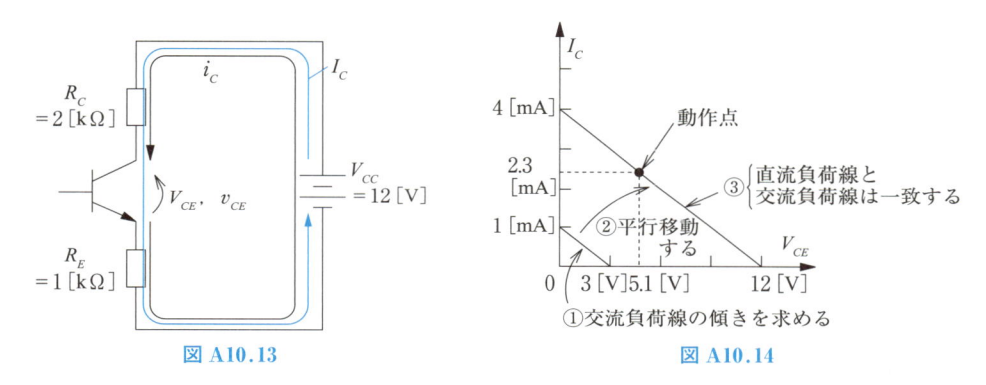

問題の図より，回路の出力部分を抜き出すと図 A10.13 のようになり，交流出力電流，直流動作電流は同じところを通ることがわかる．

・直流負荷線の求め方

出力側の電圧は，$V_{CC} = V_{CE} + I_C(R_E + R_C)$

で表される．この式に $R_C = 2 [\text{k}\Omega]$，$R_E = 1 [\text{k}\Omega]$，$V_{CC} = 12 [\text{V}]$ を代入すると，

$12 [\text{V}] = V_{CE} + I_C(2 [\text{k}\Omega] + 1 [\text{k}\Omega])$ となる．

この式で $V_{CE} = 0$ のときの I_C の値と，$I_C = 0$ のときの V_{CE} の値を求めると，

$V_{CE} = 0$ のとき，

$12 [\text{V}] = 0 + I_C \times (2 [\text{k}\Omega] + 1 [\text{k}\Omega])$

∴ $I_C = \dfrac{12 [\text{V}]}{3 [\text{k}\Omega]} = 4 [\text{mA}]$

$I_C = 0$ のとき，

$12 [\text{V}] = V_{CE} + 0 \times (2 [\text{k}\Omega] + 1 [\text{k}\Omega])$

∴ $V_{CE} = 12 [\text{V}]$

となる．

この結果から図 A10.14 に示すように，$I_C = 0$ のとき $V_{CE} = 12 [\text{V}]$ の点と，$V_{CE} = 0$ のとき $I_C = 4 [\text{mA}]$ の点の 2 つの点が求められ，その 2 つの点を直線で結ぶと直流負荷線が求まる．

・交流負荷線の求め方

交流負荷線の求め方は，交流出力信号が通るところの合成抵抗から傾きを求めることから始める．図 A10.13 において，

合成抵抗 $R=R_C+R_E=2[\text{k}\Omega]+1[\text{k}\Omega]=3[\text{k}\Omega]$

となり，この値は，

$$3[\text{k}\Omega]=\frac{3[\text{V}]}{1[\text{mA}]}$$

と置き換えることができる．（ただし，この 3[V]，1[mA] の数値は適当に決める．たとえば 6[V]/2[mA] でもよい）．図 A10.14 に示すように，V_{CE} 軸上の $V_{CE}=3[\text{V}]$ の点と I_C 軸上の $I_C=1[\text{mA}]$ の 2 点を，直線で結ぶことにより交流負荷線の傾きを求めることができる．

動作点は直流負荷線上にあることから交流負荷線の傾きの線を次に求める動作点の位置まで平行移動させる．この問題ではたまたま直流負荷線の傾きと交流負荷線の傾きは一致するため，直流と交流の負荷線は完全に重なる．

・動作点の求め方

動作点は回路の出力側の直流成分であることから，

出力動作電圧 $V_{CE}=V_{CC}-(V_C+V_E)$

ここで V_C，V_E は本問(1)より求まり，

$V_{CE}=12[\text{V}]-(4.6[\text{V}]+2.3[\text{V}])=5.1[\text{V}]$

出力動作電流 $I_C=\dfrac{V_C}{R_C}=\dfrac{4.6[\text{V}]}{2[\text{k}\Omega]}=2.3[\text{mA}]$

この値を図 A10.14 の中にとればこれが動作点となる．

4.
(1) 答えは第 6 章の表 6.1 を参考にするとよい．

R_A について

開放：バイアスがかからないため，小信号入力の場合，出力は出ない．しかし入力が大きい場合，出力波形が歪んだ状態で増幅される．

短絡：入力電流は V_{CC} の直流定電圧源に流れ込み，トランジスタのベースに流れず出力は出ない．（動作点も変化する）．

R_B について

開放：V_B の電圧が高くなる．また安定度が悪くなる．

短絡：入力側が短絡されてしまい，トランジスタのベースに信号が流れないため出力は出ない．

R_C について

開放：トランジスタの C_E 間に増幅のための直流電圧がかからないので，入力信号を増幅しない．したがって，出力も出ない．

短絡：出力信号がすべて V_{CC} の電源側に流れ，負荷抵抗に流れなくなり，出力は出ない．

R_E について

開放：直流のベース電流 I_B もエミッタ電流 I_E もコレクタ電流 I_C も流れないので増幅されない．

短絡：安定度が悪くなり，熱暴走が起こりやすい．

C_1 について

開放：交流入力信号が流れないので増幅もされない．

短絡：入力側に直流電流が流れこんできてバイアス電圧が低下する．

C_C について

開放：交流信号が負荷に流れず，出力は出ない．

短絡：直流電流が負荷に流れ込んでしまう．

C_E について

開放：交流入力信号が抵抗 R_E に流れることにより減衰され，出力も減衰する．

短絡：安定度が悪くなり，熱暴走が起こりやすい．

(2) C_1, $C_C=10[\mu F]$, $C_E=100[\mu F]$ のとき増幅回路の周波数特性がよくなる．コンデンサは交流に対して短絡と考えてきたが，厳密にはわずかながらリアクタンスがある．このリアクタンス値は，同じ周波数ではコンデンサの容量が大きいほど小さくなる．またコンデンサ C_E のリアクタンス値は交流信号に対して h_{fe} 倍大きくなる．（§10.2 参照．ここでは直流に対して議論しているが交流についても同様のことがいえる）ので，コンデンサ C_E には容量の大きいコンデンサを使う方がよいことがわかる．

5

(1) 交流入力電流の流れ道は図 A10.15 に，交流出力電流の流れ道は図 A10.16，直流の各電流は図 A10.17 に示す．

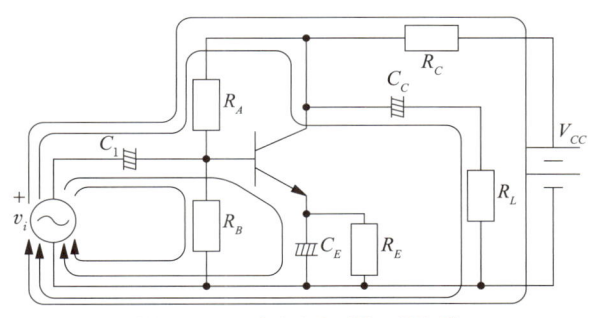

図 **A10.15**　交流入力電流の流れ道

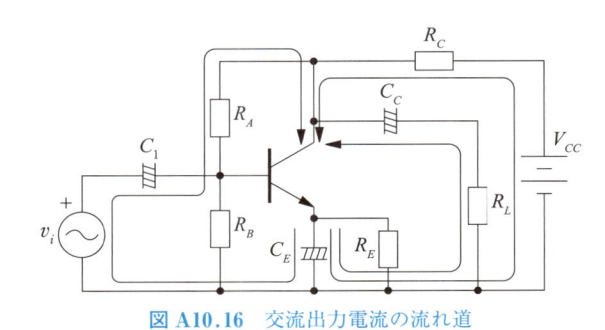

図 **A10.16**　交流出力電流の流れ道

図 A10.17　直流電流の流れ道

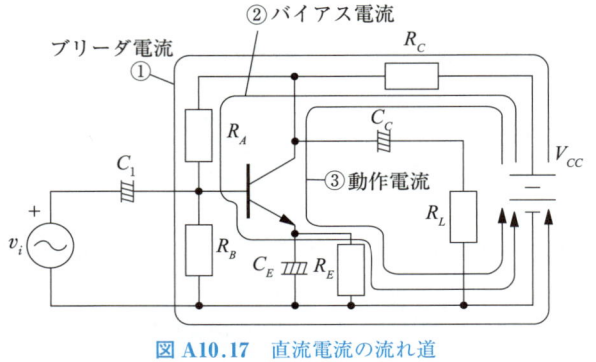

(2) 元の回路から順に追って説明するならば図 A10.18⇒図 A10.22 になる．
① 元の回路

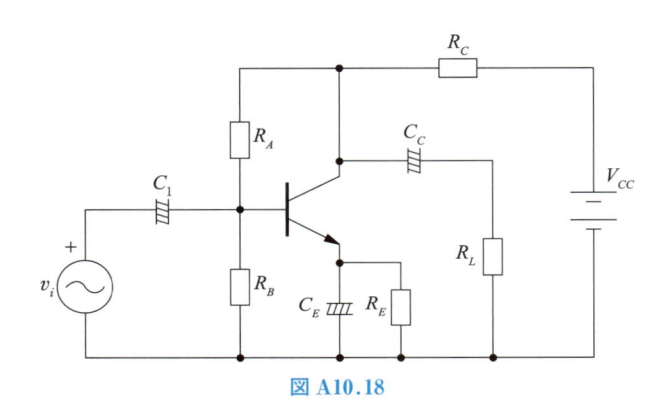

図 A10.18

② 図 A10.18 で C_1, C_E, C_C, V_{CC} を短絡する．

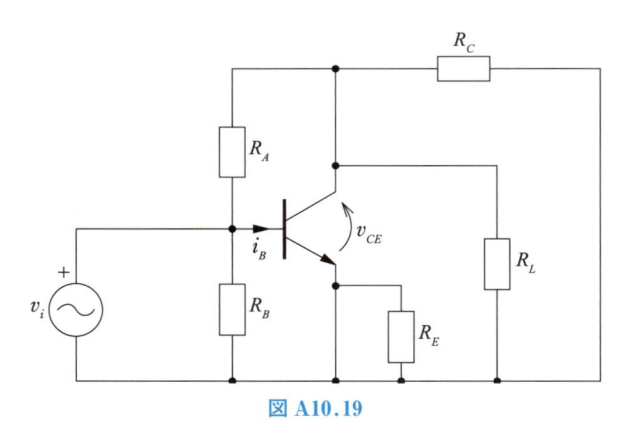

図 A10.19

③ トランジスタ自身の等価回路に書き替える．また R_E は短絡しているので取り除く．

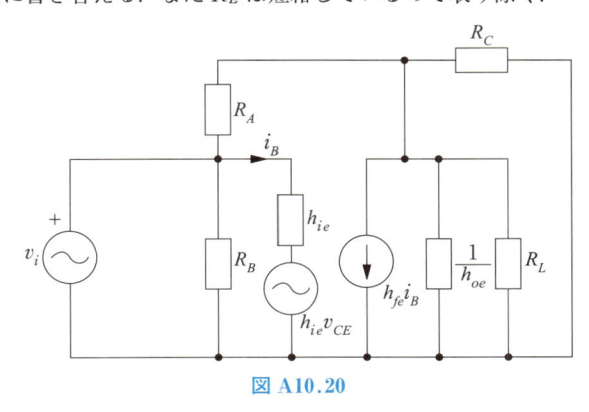

図 A10.20

④ わかりやすく回路を整理する．

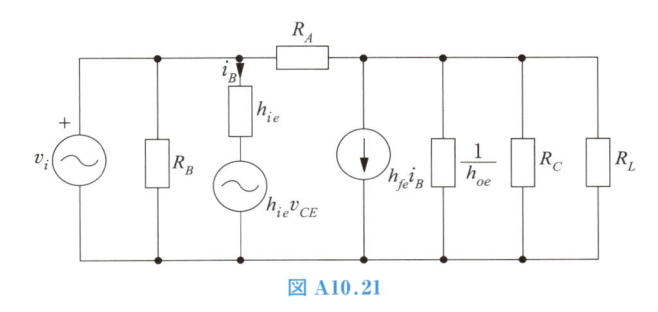

図 A10.21

⑤ $h_{oe}=0$, $h_{re}=0$ であるため，より簡易な回路に書き換える．

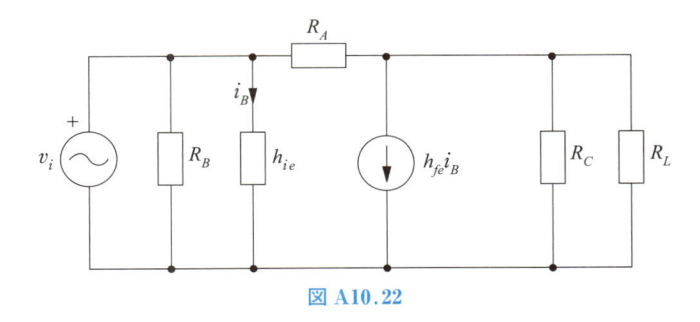

図 A10.22

第 11 章

1. 電子回路の周囲の温度が上昇することでトランジスタの温度が上昇し，トランジスタの増幅率 h_{FE} が大きくなり，トランジスタの入力抵抗 h_{IE} が減少する．入力抵抗 h_{IE} が減少すると入力電流 I_B が増加し，それに応じて出力電流 I_C も増加する．これによりトランジスタ内のジュール熱 I_C^2/h_{OE} が発生する．その熱により h_{FE} が増加し h_{IE} が減少する．この現象が繰り返し起こることでトランジスタが破壊される．これが熱暴走の過程である．

2. エミッタ側に抵抗 R_E をつければ良い．またそれに並列に C_E をつければ良い．これにより周囲の温度が上昇しても直流電流 I_B と I_C の増加を抑えることができる．R_E の値は大きい方が効果は大

きくなる．
3. 周囲温度の変化と電源電圧 V_{CC} の変化と，入力信号の電圧値の変化などに対して，どの程度出力の電圧や電流が変化するかという度合いを示すもので，実際は周囲温度の変化がもっとも安定度に影響する．
4. R_E の値を大きくするか，R_A，R_B の値を小さくすれば良い．または h_{FE} の値の小さいトランジスタを選べば良い．
5. ①周囲温度（または電源電圧や入力電圧をいう場合もある）　②交流出力電圧，または交流出力電流，または増幅度．

第 12 章

1. R_A と R_B を大きくする．
2. $R_C = R_L$ にすることでマッチングをとることができる．
3. 入力側と出力側の両方のマッチングをとる．またはトランジスタ h_{fe} が大きいものを選ぶ．
4. V_{CC} または R_B の値を大きくするか R_A または R_E の値を小さくする．
5. V_{CC} または R_B，R_E の値を大きくするか R_A の値を小さくする．
6. V_{CC}，R_B，R_C または R_L の値を大きくするか R_A または R_E の値を小さくする．ただし R_B，R_C は大き過ぎると逆効果となる．また R_A，R_E も小さ過ぎると逆効果になる．

第 13 章

1.
(1) エミッタ接地回路
(2) コレクタ接地回路
(3) ベース接地回路
(4) どれにも該当しない

第 14 章

1.
(1) トランジスタの電流増幅率 h_{FE} の増加
(2) ベース電流 I_B の増加
(3) 電圧降下 V_E の増加
(4) ベース電流 I_B の減少
(5) コレクタ電流 I_C の減少

第 16 章

1. A, D
2. ダーリントン接続
3. NPN 型トランジスタ

4.

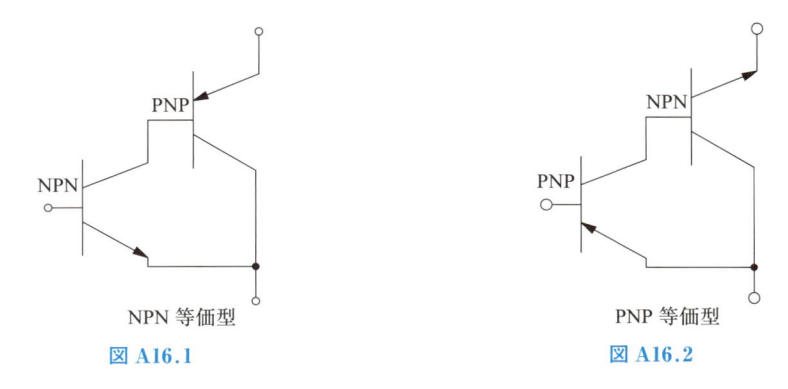

図 A16.1　NPN 等価型

図 A16.2　PNP 等価型

5. 2個のトランジスタを組み合わせることで増幅度を高めることができるから．
6. $10 \times 50 = 500$［倍］

第 17 章

1. 増幅回路の出力の一部を入力に戻すことを帰還という．戻された出力信号が入力信号と合成されるとき，同相の場合を正帰還，逆相の場合を負帰還という．
2. ①負帰還増幅回路の増幅度 A_f は，
$$A_f = \frac{R_C \cdot R_L}{R_E(R_C + R_L)} = \frac{2[\mathrm{k}\Omega] \times 2[\mathrm{k}\Omega]}{100[\Omega] \times (2[\mathrm{k}\Omega] + 2[\mathrm{k}\Omega])} = 10[倍]$$
となる．
②基本増幅回路の増幅度 A_v は，
$$A_v = \frac{h_{fe}}{h_{ie}} \times \frac{R_C \cdot R_L}{R_C + R_L} = \frac{100}{1[\mathrm{k}\Omega]} \times \frac{2[\mathrm{k}\Omega] \cdot 2[\mathrm{k}\Omega]}{(2[\mathrm{k}\Omega] + 2[\mathrm{k}\Omega])} = 100[倍]$$
となる．

第 18 章

1. 入力信号がないのに，出力から交流の正弦波や矩形波を得ることができる回路のこと．
2.
(1)　直流電源（エネルギー供給源）
(2)　増幅回路
(3)　正帰還ループ
(4)　周波数選択回路
3. 可変周波数範囲が広い．周波数特性が良い．小型，軽量．
4. 回路が簡単．波形の歪みが少ない．高周波数で小型，軽量，安価である．

第 19 章

1.
(1)　多重通信
(2)　搬送波

(3) 有線の場合は外部からのノイズに強い．
　　無線の場合はケーブルが全く無いので配線コストがかからず受信機の移動も容易になる．
(4) AM 変調，FM 変調，パルス符号変調
(5)

表 A19.1

	利点	欠点
振幅変調（AM）	回路が簡単	ノイズが発生しやすい
周波数変調（FM）	ノイズが発生しにくい	回路がとても複雑
パルス符号変調（PCM）	ノイズにとても強い	高い周波数が必要

(6) 変調する必要はない．
(7)

表 A19.2

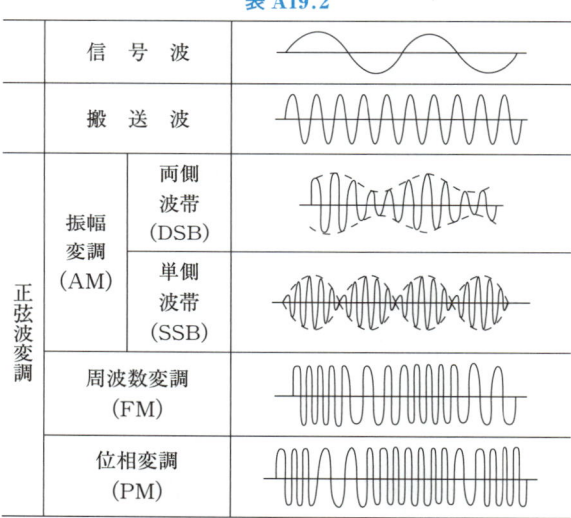

信号波		
搬送波		
正弦波変調	振幅変調（AM）	両側波帯（DSB）
		単側波帯（SSB）
	周波数変調（FM）	
	位相変調（PM）	

第 23 章

1.
　バイポーラトランジスタ：(1)，(4)，(5)，(6)
　FET　　　　　　　　　：(2)，(3)

2.
$$i_D = g_m \cdot v_{GS} = 200[\mathrm{mS}] \times 10[\mathrm{mV}] = 2[\mathrm{mA}]$$
$$v_L = -i_D \cdot \frac{R_D \cdot R_L}{R_D + R_L} = -2[\mathrm{mA}] \times \frac{400[\Omega] \times 600[\Omega]}{400[\Omega] + 600[\Omega]} = -480[\mathrm{mV}]$$
$$G = \left|\frac{v_L}{v_i}\right| = \left|\frac{-480[\mathrm{mV}]}{10[\mathrm{mV}]}\right| = 48[倍]$$

図 A23.1

3.

$$i_D = g_m \cdot v_{GS} = 100[\text{mS}] \times 10[\text{mV}] = 1[\text{mA}]$$

$$v_L = -i_D \cdot \frac{R_D \cdot R_L}{R_D + R_L} = -1[\text{mA}] \times \frac{2[\text{k}\Omega] \times 2[\text{k}\Omega]}{2[\text{k}\Omega] + 2[\text{k}\Omega]} = -1[\text{V}]$$

$$G = \left|\frac{v_L}{v_i}\right| = \left|\frac{-1000[\text{mV}]}{10[\text{mV}]}\right| = 100[\text{倍}]$$

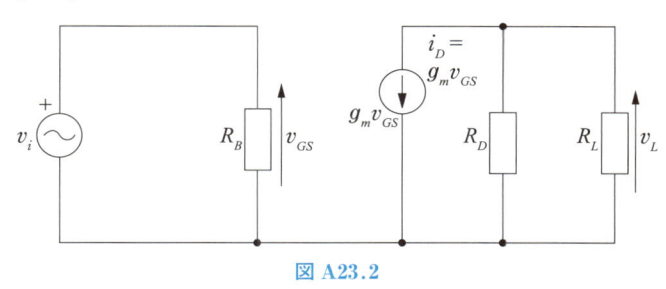

図 A23.2

第24章

1.

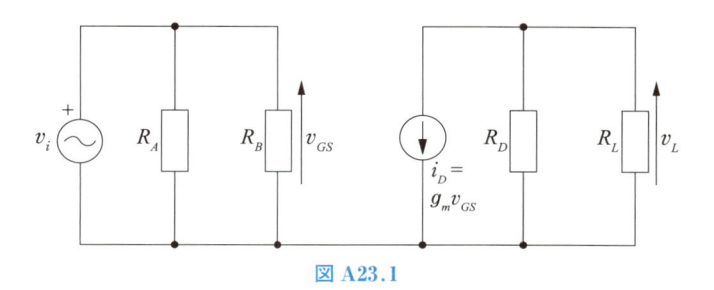

(1) $V_1 = -1[\text{V}]$, $I_1 = 1[\text{mA}]$, $V_2 = 2[\text{V}]$, $V_3 = 0[\text{V}]$, $V_0 = -2[\text{V}]$, $I_2 = 1[\text{mA}]$

(2) $V_1 = -1[\text{V}]$, $V_2 = 0[\text{V}]$, $V_0 = 0[\text{V}]$, $I_1 = 0.5[\text{mA}]$

(3) $V_1 = 2[\text{V}]$, $V_2 = 4[\text{V}]$, $V_3 = 0[\text{V}]$, $V_0 = 6[\text{V}]$, $I_1 = 2[\text{mA}]$

(4) $V_1 = 2[\text{V}]$, $V_2 = -6[\text{V}]$, $V_3 = 0[\text{V}]$, $V_0 = 6[\text{V}]$, $I_1 = 0[\text{A}]$

(5) $I_1 = 2[\text{mA}]$, $I_2 = 1[\text{mA}]$, $V_3 = 2[\text{V}]$, $V_0 = -2[\text{V}]$

(6) $V_i = 0[\text{V}]$, $I_1 = -1[\text{mA}]$, $I_2 = -3[\text{mA}]$, $I_3 = 3[\text{mA}]$, $V_0 = 4[\text{V}]$

(7) $V_i = -0.5[\text{V}]$, $V_1 = -0.5[\text{V}]$, $I_2 = 0[\text{mA}]$, $V_3 = 2[\text{V}]$

2.

(1) 符号変換器

オペアンプの性質より，

$$V_i = 0[\text{V}] \tag{A24-1}$$

$$I_i = 0[\text{A}] \tag{A24-2}$$

V_1 はキルヒホッフの電圧則と式 (A24-1) より，

$$V_{R1} = V_1 - V_i = V_1 - 0 = V_1 \tag{A24-3}$$

次にオームの法則と式 (A24-3) より，

$$I_1 = \frac{V_{R1}}{R_1} = \frac{V_1}{R_1} \tag{A24-4}$$

キルヒホッフの電流則と式（A24-2），（A24-4）より，

$$I_f = I_1 - I_i = I_1 - 0 = I_1 = \frac{V_1}{R_1} \tag{A24-5}$$

電圧降下の式の I_f に式（A24-5）を代入すると，

$$V_f = I_f \cdot R_f = \frac{R_f}{R_1} V_1 \tag{A24-6}$$

これより，求める出力電圧は，キルヒホッフの電圧側と式（A24-6）より，

$$V_o = V_i - V_{Rf} = 0 - \frac{R_f}{R_1} V_1 = -\frac{R_f}{R_1} V_1 \tag{A24-7}$$

$R_1 = R_f$ の条件が成り立つので，出力電圧 V_o は，

$$V_o = -V_1$$

(2) 減算器

オペアンプの性質より，

$$V_i = 0 [\text{V}] \tag{A24-8}$$
$$I_i = 0 [\text{A}] \tag{A24-9}$$

キルヒホッフの電圧則と分圧側と式（A24-8）から，

$$V_o = V_3 + V_i - V_f = \frac{R_3}{R_2 + R_3} V_2 + 0 - V_f \tag{A24-10}$$

$R_2 = R_3 = R$ なので

$$V_o = \frac{1}{2} V_2 - V_f \tag{A24-11}$$

次にオームの法則（電圧降下の式）により，

$$V_f = I_f \cdot R_f \tag{A24-12}$$

キルヒホッフの電流則と式（A24-9）により，

$$I_f = I_1 - I_i = I_1 - 0 = I_1 \tag{A24-13}$$

式（A24-12）の I_f に式（A24-13）を代入すると，
$V_f = I_f \cdot R_f = I_1 \cdot R_f = V_{R1}$ なので，式（A24.11）は

$$V_o = \frac{1}{2} V_2 - V_f = \frac{1}{2} V_2 - V_{R1} \tag{A24-14}$$

ここで

$$V_{R1} = V_1 - V_3 - V_i = V_1 - V_3 = V_1 - \frac{R_3}{R_2 + R_3} V_2 \tag{A24-15}$$

$R_2 = R_3$ なので

$$V_{R1} = V_1 - \frac{1}{2} V_2 \tag{A24-16}$$

式（A24-14）に式（A24-16）を代入すると

$$V_o = \frac{1}{2} V_2 - \left(V_1 - \frac{1}{2} V_2 \right) = V_2 - V_1 \tag{A24-17}$$

となる．

(3) 非反転増幅器

オペアンプの性質より，

$$V_i = 0\,[\mathrm{V}] \tag{A24-18}$$

$$I_i = 0\,[\mathrm{A}] \tag{A24-19}$$

次にオームの法則と式（A24-19）により，

$$V_{R1} = R_1 \cdot I_i = 0 \tag{A24-20}$$

これにより V_{R2} は，キルヒホッフの法則と式（A24-18）と式（A24-20）より，

$$V_{R2} = V_1 - V_i - V_{R1} = V_1 - 0 - 0 = V_1 \tag{A24-21}$$

オームの法則と式（A24-21）より，

$$I_2 = \frac{V_{R2}}{R_2} = \frac{V_1}{R_2} \tag{A24-22}$$

キルヒホッフの電流則と式（A24-19）より，

$$I_f = I_2 - I_i = I_2 - 0 = I_2 \tag{A24-23}$$

オームの法則と式（A24-23）と式（A24-22）より，

$$V_f = R_f \cdot I_f = R_f \frac{V_1}{R_2} = \frac{R_f}{R_2} V_1 \tag{A24-24}$$

これにより出力電圧 V_o は，式（A24-21）と式（A24-24）より，

$$V_o = V_{R2} + V_f = V_1 + \frac{R_f}{R_2} V_1 = \left(1 + \frac{R_f}{R_2}\right) V_1 = \frac{R_2 + R_f}{R_2} V_1 \tag{A24-25}$$

となる．

(4) 加算器

オペアンプの性質より，

$$V_i = 0\,[\mathrm{V}] \tag{A24-26}$$

$$I_i = 0\,[\mathrm{A}] \tag{A24-27}$$

$$V_{R2} = V_2 - V_i = V_2 \tag{A24-28}$$

$$I_2 = \frac{V_{R2}}{R_2} = \frac{V_2}{R_2} \tag{A24-29}$$

キルヒホッフの電流則と式（A24-29）より，

$$I_3 = I_2 - I_i = I_2 - 0 = I_2 = \frac{V_2}{R_2} \tag{A24-30}$$

$$V_{R1} = V_1 - V_i = V_1 - 0 = V_1 \tag{A24-31}$$

したがってオームの法則と式（A24-31）より，電流 I_1 は，

$$I_1 = \frac{V_{R1}}{R_1} = \frac{V_1}{R_1} \tag{A24-32}$$

キルヒホッフの電流則と式（A24-30）と式（A24-32）より，

$$I_f = I_1 + I_3 = \frac{V_1}{R_1} + \frac{V_2}{R_2} \tag{A24-33}$$

オームの法則と式（A24-33）より，

$$V_f = R_f \cdot I_f = \frac{R_f}{R_1} V_1 + \frac{R_f}{R_2} V_2 \tag{A24-34}$$

$R_1 = R_2 = R_f$ なので，

$$V_f = V_1 + V_2 \tag{A24-35}$$

したがって，出力電圧 V_o は，

$$V_O = V_i - V_f = 0 - V_f = -V_f = -(V_1 + V_2) \tag{A24-36}$$

(5) ボルテージホロワ

$$V_i = 0[\text{V}] \tag{A24-37}$$

$$V_O = V_1 + V_i = V_1 + 0 = V_1 \tag{A24-38}$$

(6) 反転増幅回路

$$V_{R2} = R_2 I_{i2} \tag{A24-39}$$

$I_{i2} = 0$ なので

$$V_{R2} = R_2 \cdot I_{i2} = 0 \tag{A24-40}$$

$$V_{R1} = V_1 - V_{R2} - V_i \tag{A24-41}$$

$V_i = 0$ と式（A24-40）を，式（A24-41）に代入すると

$$V_{R1} = V_1 \tag{A24-42}$$

$$I_1 = \frac{V_{R1}}{R_1} = \frac{V_1}{R_1} \tag{A24-43}$$

$$I_f = I_1 - I_{i1} = I_1 \tag{A24-44}$$

$$V_f = I_f R_f = I_1 R_f = \frac{V_1}{R_1} R_f = \frac{R_f}{R_1} V_1 \tag{A24-45}$$

$$V_0 = V_{R2} + V_i - V_f = 0 + 0 - V_f = -\frac{R_f}{R_1} V_1 \tag{A24-46}$$

(7) 積分器

オペアンプの性質より，

$$v_i = 0[\text{V}] \tag{A24-47}$$

$$i_i = 0[\text{A}] \tag{A24-48}$$

これにより，

$$v_{R1} = v_1 - v_i = v_1 - 0 = v_1 \tag{A24-49}$$

オームの法則と式（A24-49）より，

$$i_1 = \frac{v_{R1}}{R_1} = \frac{v_1}{R_1} \tag{A24-50}$$

また，キルヒホッフの電流則と式（A24-48）と式（A24-50）により，

$$i_f = i_1 - i_i = i_1 - 0 = i_1 = \frac{v_1}{R_1} \tag{A24-51}$$

静電容量の式 $q = C \cdot V$ より，

$$v_C = \frac{q}{C} \tag{A24-52}$$

ここで，$\frac{dq}{dt} = i$ より，

$$i_f dt = dq \tag{A24-53}$$

となり，式（A24-53）の両辺を積分すると，

$$\int i_f dt = \int dq = q \tag{A24-54}$$

となるので，

$$q = \int i_f dt \tag{A24-55}$$

が成り立つ．

また式（A24-52）の q に式（A24-55）を代入し，i_f に式（A24-51）を代入する．また，R_1 は定数なので積分の前に出すと式（A24-56）になる．

$$v_C = \frac{1}{C}\int i_f dt = \frac{1}{C}\int \frac{v_1}{R_1} dt = \frac{1}{CR_1}\int v_1 dt \tag{A24-56}$$

これにより，出力電圧 v_o は，

$$v_o = v_i - v_C = 0 - v_C = -\frac{1}{CR_1}\int v_1 dt \tag{A24-57}$$

ここで，例えば $C=100[\mu\mathrm{F}]$，$R_1=10[\mathrm{k}\Omega]$ とすれば，$CR_1=1[\mathrm{F}\cdot\Omega]$ となる．単位の $[\mathrm{F}\cdot\Omega]$ は $[\mathrm{s}]$ と等価なので，$CR_1=1[\mathrm{s}]$ となる．したがって，

$$v_o = -\int v_1 dt \tag{A24-58}$$

入力波形と出力波形の関係は図 A24.1 になる．

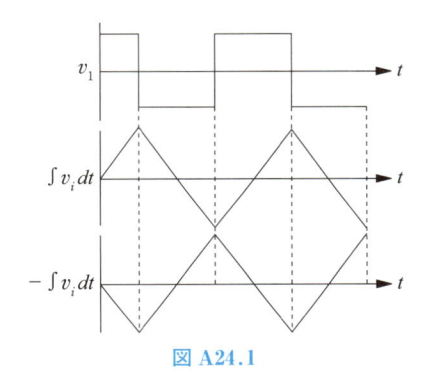

図 A24.1

(8) 微分器

オペアンプの性質より，

$$v_i = 0[\mathrm{V}] \tag{A24-59}$$
$$i_i = 0[\mathrm{A}] \tag{A24-60}$$

また v_C は，

$$v_C = v_1 - v_i = v_1 - 0 = v_1 \tag{A24-61}$$
$$i_1 = \frac{dq}{dt} \tag{A24-62}$$

$q = C\cdot V$ の静電容量の式と式（A24-61）より式（A24-62）は，

$$i_1 = \frac{dq}{dt} = \frac{dCv_C}{dt} = C\frac{dv_C}{dt} = C\frac{dv_1}{dt} \tag{A24-63}$$

となる．またキルヒホッフの電流則と式（A24-60）より，

$$i_f = i_1 - i_i = i_1 - 0 = i_1 \tag{A24-64}$$

となる．

オームの法則と式（A24-64）と式（A24-63）より，

$$v_f = i_f\cdot R_f = i_1\cdot R_f = C\frac{dv_1}{dt}\cdot R_f = CR_f\frac{dv_1}{dt} \tag{A24-65}$$

キルヒホッフの電圧則と式（A24-65）より，出力電圧 v_o は，

$$v_o = v_i - v_f = 0 - v_f = -CR_f \frac{dv_1}{dt} \tag{A24-66}$$

入力波形と出力波形の関係は図 A24-2 となる．

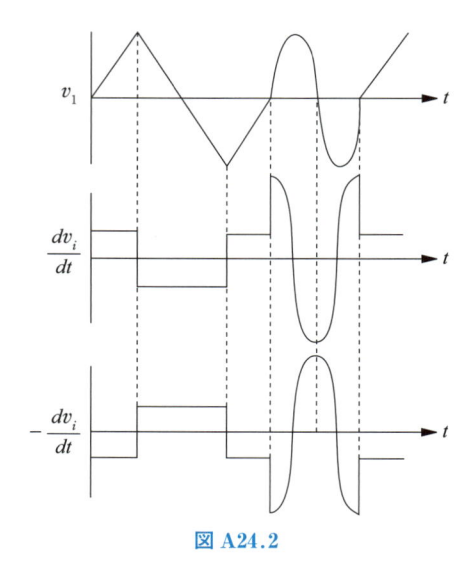

図 A24.2

索　引

【ア，イ】
アドミタンス　11
安定指数　102, 123
安定度　102, 164
位相変調　150
インダクタンス　8
インピーダンス　11

【エ】
AM　150
A級増幅　70
AGC回路　177
影像周波数　165
影像妨害　165
hパラメータ　67
AB級増幅　71
SEPP電力増幅回路　129
NPN型トランジスタの動作原理　217
FET　180
FM　150
MOS型FET　181, 184
LC発振回路　144
エンハンスメント型　186
エンハンスメント型MOS FET　187

【オ】
Opアンプ　190
オペアンプ　190
音響的忠実度　165

【カ，キ】
重ね合わせの理　24
重ねの理　24
加算器　198
感度　164
逆方向バイアス　42
キャパシタンス　9

局部発振回路　170, 174
キルヒホッフの第一法則（電流則）　23
キルヒホッフの第二法則（電圧則）　23

【ク，ケ】
組合せバイアス回路　119, 122
減算器　199
検波　149
検波回路　154, 177

【コ】
コイル　8
高周波増幅回路　168, 173
交流負荷線　66
固定バイアス回路　119
混合回路　175
コンダクタンス　11
コンデンサ　9
コンプリメンタリ　129

【サ】
サセプタンス　11
差動増幅回路　133, 207

【シ】
CR結合　125
CR発振回路　142
CMOS　182
C級増幅　72
自己バイアス回路　119
重畳法　24
周波数特性　95
周波数復調　157
周波数変換　163
周波数変調　150, 155
周波数変調回路　156
順方向バイアス　42

小信号等価回路　76
除算器　205
ショットキーバリアFET　182
シリーズ型　212
シングル電力増幅回路　127
振幅復調回路　154
振幅変調　150,151
振幅変調回路　153

【ス】

水晶発振回路　146
スイッチングレギュレータ型　212
水路模型　217
ストレート方式　160
スーパーヘテロダイン方式　161,164

【セ】

正帰還　135
正孔　33
静特性　58
整流回路　213
積分器　201
接合型FET　181,184,188
接地方式　116
選択度　164

【タ，チ】

ダイオード　33
ダーリントン回路　132,132
中間周波増幅回路　176
忠実度　165
直接結合　126
直流安定化電源　212
直流バイアス　42
直流バイアス回路　119
直流負荷線　65

【テ】

DEPP電力増幅回路　129
抵抗　7

定電圧安定化回路　215
定電圧源　4,6
定電流源　4,7
デプレッション型　186
電圧帰還型バイアス回路　119,120
電圧源　4,5
電圧増幅回路　179
電解コンデンサ　9
電気的忠実度　165
電子　33
電流帰還型バイアス回路　119,121
電流源　4,6
電力増幅回路　127,179

【ト】

等価回路　75
動作点　62
動作電圧　62
動作電流　62
同調回路　167
トランジスタ　45
トランス　8
トランス結合　126

【ネ】

熱暴走　100

【ハ】

バイアス点　61
バイアス電圧　61
バイアス電源　42
バイアス電流　61
バイポーラトランジスタ　45,180
発振回路　141
パルス位置変調　150
パルス振幅変調　150
パルス数変調　150
パルス幅変調　150
パルス符号変調　150
搬送波　149

反転増幅器　194

【ヒ】

PM　150
B級増幅　71
非反転増幅器　195
微分器　203

【フ】

負荷線　62
負帰還　135
負帰還増幅回路　135
復調　149
復調回路　177
符号変換器　192
プッシュプル電力増幅回路　128
ブリーダ抵抗　57
ブリーダ電流　87

【ヘ, ホ】

平滑回路　214
変圧回路　213
変調　148
変調波　149
ボルテージホロワ　206

【マ, ミ】

マッチング　82
ミキシング回路　171, 175

【ユ】

ユニポーラトランジスタ　180

【ラ, リ】

ラジオ　159
リプル率　214

おわりに

　この本を出版するにあたり，金沢工業大学電子工学科，情報通信工学科，電気電子工学科の多くの学生（卒業研究生）の多大の尽力と，金沢工業大学の野口啓介教授，深田晴己准教授をはじめ諸先生方からのご助言に，厚くお礼申し上げます．

　また，共立出版の岩下孝男氏，横田穂波氏，三浦拓馬氏をはじめ関係各位のご助力にも感謝申し上げます．

　特に平成24年度卒業生の近藤直樹氏と福島和範氏には本教科書の編集と内容の検討に多大な貢献をしていただきました．近藤氏には演習問題の作成等を，福島氏には図面の作成等を担当していただきました．

　また，平成23年度卒業生の小菅将彦氏と平成22年卒業生の宮山泰暢氏には本書の原版作成に，非常に多くの時間を割いていただきましたことを心から御礼申し上げます．四人の協力なしに本書は作れなかったと思います．

　さらに昭和63年度の卒業研究生の濱崎章二氏，小河啓郎氏，佐々木貫太郎氏をはじめ，諸谷徹郎氏，倉元淳氏，小酒啓志郎氏，高瀬直智氏には，本書の基礎となった『基礎から学ぶ電子回路』の作成に多大なる協力をいただきました．

　また，卒業研究生の藤島大亮氏，伊関幸輝氏，黒田敦氏，清水昌宏氏，豊後善弘氏らにも助言をいただきました．

　最後になりましたが，本書を書くきっかけを作っていただいた昭和60年度の卒業研究生の山本勝則氏，橋本隆志氏，今井克志氏，岩瀬賢仁氏にも感謝の意を表します．

　このように多くの方々が，それぞれの立場で最善を尽くしていただいた結果，本書を作ることができました．しかし，もとより浅学非才の私であるゆえ不徳の致すところ説明不足によるわかりにくい箇所も多くあると思います．読者の皆様からご指摘いただければ幸いです．そして今後，より一層の努力を重ね，よりよい本に発展させていきたいと思います．

著　者

著者紹介

坂本 康正
（さかもと やすただ）

1972年　　金沢工業大学電気工学科卒業
1995年～1996年　米国マサチューセッツ工科大学(MIT)客員研究員
現　在　　金沢工業大学電子情報通信工学科客員教授
　　　　　工学博士
専　門　　画像ディスプレイ工学・アナログ電子回路

電子回路　—基礎から応用まで— Electronic Circuits —Fundamentals & Applications—	著　者　坂本　康正　Ⓒ 2013 発行者　南條　光章 発行所　共立出版株式会社 　　　　〒112-0006 　　　　東京都文京区小日向 4-6-19 　　　　電話 03-3947-2511（代表） 　　　　振替 00110-2-57035 　　　　URL　www.kyoritsu-pub.co.jp
2013年 9 月10日　初版第 1 刷発行 2020年 3 月10日　初版第 5 刷発行	
検印廃止 NDC 549.3 ISBN 978-4-320-08572-5	印　刷　新日本印刷 製　本　協栄製本 一般社団法人 自然科学書協会 会員 Printed in Japan

JCOPY　〈出版者著作権管理機構委託出版物〉
本書の無断複製は著作権法上での例外を除き禁じられています．複製される場合は，そのつど事前に，出版者著作権管理機構（TEL：03-5244-5088，FAX：03-5244-5089，e-mail：info@jcopy.or.jp）の許諾を得てください．

量記号と単位記号

量 名	量記号	単位記号（[ ]に入れて使用）	単位の名称
電圧（電位，電位差）	V, v	[V]	ボルト
起電力	E, e	[V]	ボルト
電流	I, i	[A]	アンペア
電荷	Q, q	[C]	クーロン
有効電力（消費電力）	P, p	[W]＝[J/s]	ワット＝ジュール毎秒
無効電力	Q	[var]	バール
皮相電力	S	[VA]	ボルトアンペア
電力量（エネルギー）	W	[W・s]＝[J]	ワット秒＝ジュール
電力量（エネルギー）	W	[W・h]＝3600[J]	ワット時
時間，時刻	t	[s]	秒
時間，時刻	t	[h]	時
周期	T	[s]	秒
位相角	θ（シータ）	[°]	度
位相角	θ（シータ）	[rad]	ラジアン
周波数	f	[Hz]	ヘルツ
角周波数	ω（オメガ）	[rad/s]	ラジアン毎秒
レジスタンス（抵抗）	R, r	[Ω]	オーム
コンダクタンス	G, g	[S]	ジーメンス
インダクタンス（自己インダクタンス）	L	[H]	ヘンリー
相互インダクタンス	M	[H]	ヘンリー
キャパシタンス（静電容量）	C	[F]	ファラッド，ファラド
インピーダンス	Z	[Ω]	オーム
リアクタンス	X	[Ω]	オーム
アドミタンス	Y	[S]	ジーメンス
サセプタンス	B	[S]	ジーメンス

（注）$\omega = 2\pi f$, $f = \dfrac{1}{T}$

接頭語

記号	名称	単位に乗ぜられる倍数	記号	名称	単位に乗ぜられる倍数
T	テラ	10^{12}	m	ミリ	10^{-3}
G	ギガ	10^{9}	μ	マイクロ	10^{-6}
M	メガ	10^{6}	n	ナノ	10^{-9}
k	キロ	10^{3}	p	ピコ	10^{-12}
c	センチ	10^{-2}	f	フェムト	10^{-15}